ANALYTISCHE GEOMETRIE

VON

Dr. FRITZ NEISS

PROFESSOR AN DER HUMBOLDT-UNIVERSITÄT
BERLIN

MIT 64 ABBILDUNGEN

SPRINGER-VERLAG
BERLIN / GÖTTINGEN / HEIDELBERG
1950

ISBN-13: 978-3-540-01487-4   e-ISBN-13: 978-3-642-92547-4
DOI: 10.1007/978-3-642-92547-4

Nr. 721/1/50 GB DG-W

Meiner lieben Mutter

zum 94. Geburtstag

Vorwort.

Das vorliegende Buch ist in gewisser Hinsicht eine Fortsetzung meines im gleichen Verlag erschienenen Buches über „Determinanten und Matrizen" und setzt den dort behandelten Stoff als bekannt voraus. Die Hinweise unter der Abkürzung „Det." beziehen sich auf die dritte Auflage 1948. Es ist als Lehrbuch für Studierende gedacht, das neben den Vorlesungen auch zum Selbststudium benutzt werden kann.

Wenn hier ein verhältnismäßig umfangreicher Stoff in dieser Kürze dargestellt werden konnte, so war das nur möglich, weil die Theorie der Determinanten und Matrizen ausgiebig gebraucht wurde, ohne dieses Hilfsmittel selbst zu entwickeln. Die lineare Algebra verdient als selbständige Disziplin einen breiteren Raum und sollte meines Erachtens nicht am Rande eines Lehrbuches für analytische Geometrie behandelt werden,

Wie das Inhaltsverzeichnis zeigt, erscheinen manche Überschriften zweimal (z. B. Pol und Polare). Denn neben der Darstellung in allgemeinerem, größerem Zusammenhang sollte die elementare Betrachtungsweise nicht unbeachtet bleiben, die mit Rücksicht auf den Unterricht in der Schule für den zukünftigen Lehrer von Interesse sein dürfte. Es ist deshalb ein einführendes Kapitel vorangestellt. Dieses schließt unmittelbar an die Vorbildung der Studierenden an, benutzt das Rechnen mit Determinanten und Matrizen noch nicht und zeigt zugleich, wie weit man noch bequem ohne dieses Hilfsmittel kommen kann.

Dem KLEINschen Erlanger Programm entsprechend ist metrische und projektive Geometrie klar unterschieden und der projektive Gehalt elementarer Sätze hervorgehoben. Dadurch wird die Geometrie der Schule von einem höheren, gruppentheoretischen Standpunkt aus gesehen, dem Verständnis näher gebracht und schließlich eine Verbindung geschaffen zwischen dem, was die Universität bringt, und dem, was die Schule lehrt.

Jedes Kapitel enthält zahlreiche Übungsaufgaben und Beispiele. Sie sind nicht nur zu Übungszwecken gedacht, sondern sollen auch den Stoff durch eine Reihe von einzelnen Sätzen erweitern, deren Beweis im wesentlichen dem Leser überlassen bleibt. Dazu gehört insbesondere das Rechnen mit projektiven Koordinaten, das in der allgemeinen Entwicklung zu kurz kommt und dessen Vorzüge an den Beispielen des IV. und V. Kapitels gezeigt werden.

Besonderen Dank schulde ich dem Springer-Verlag, der es ermöglichte, das Buch in derselben schönen Ausstattung erscheinen zu lassen wie meine Determinantentheorie.

Charlottenburg, im Sommer 1950.

Fritz Neiss.

Inhaltsverzeichnis.

Erstes Kapitel: Elementare Einführung.

Erstes Kapitel.

Elementare Einführung.

A. Gerade und Ebene.

§ 1. Orientierung und Cartesische Koordinaten.

Zwei verschiedene Punkte A und B bestimmen eine Gerade; sie ist der Träger der Strecke AB, deren Länge durch Anfangspunkt und Endpunkt festgelegt ist. Durch Angabe einer Reihenfolge der beiden Punkte, z. B. A vor B, erhält die Gerade einen „Richtungssinn“. Wir schreiben $\overrightarrow{AB}$ und nennen die somit gerichtete Strecke einen Vektor. Es gilt:

$$\overrightarrow{AB} = -\overrightarrow{BA}.$$

Durch Vertauschung der beiden Punkte wird der Richtungssinn entgegengesetzt. Zwei derartige Punkte, bei denen es, wie gesagt, auf die Reihenfolge ankommt, nennt man ein geordnetes Punktepaar, und eine mit einem Richtungssinn versehene Gerade heißt orientiert.

Durch ein Koordinatensystem auf einer Geraden soll jedem ihrer Punkte eine Zahl zugeordnet werden, die mit $x, x_1, x_2, \ldots$ bezeichnet wird. Dazu sind zwei Punkte O und E erforderlich. O heißt der Nullpunkt oder Anfangspunkt (die Bezeichnung rührt von origo (lat.), der Ursprung, her). An dieser Stelle ist $x = 0$. E ist der Einheitspunkt. Hier ist $x = 1$. $\overrightarrow{OE}$ gibt die positive Richtung der Geraden an, und die Koordinate x eines beliebigen Punktes der Geraden ist sein Abstand vom Nullpunkt, wenn die Strecke $\overrightarrow{OE}$ als Längeneinheit gewählt wird. Das Vorzeichen ist positiv oder negativ, je nachdem der Punkt auf derselben oder auf der entgegengesetzten Seite wie E liegt. Der Abstand zweier Punkte A_1 und A_2 mit den Koordinaten x_1 bzw. x_2 ist

$$\overrightarrow{A_1 A_2} = x_2 - x_1.$$

Er kann positiv oder negativ sein.

$x_1, x_2, \ldots, x_n$ seien die Koordinaten der Punkte $A_1, A_2, \ldots, A_n$. Wie leicht zu sehen ist, gilt die Beziehung

$$\overrightarrow{A_1 A_2} + \overrightarrow{A_2 A_3} + \cdots + \overrightarrow{A_{n-1} A_n} = \overrightarrow{A_1 A_n}$$

oder

$$\overrightarrow{A_1 A_2} + \overrightarrow{A_2 A_3} + \cdots + \overrightarrow{A_{n-1} A_n} + \overrightarrow{A_n A_1} = 0.$$

Zur Orientierung einer Ebene sind drei geordnete Punkte A, B, C erforderlich, die nicht in einer Geraden liegen dürfen (Abb. 1). Sie bestimmen einen **Umlaufssinn**, der im Sinne des Uhrzeigers oder entgegengesetzt verläuft; das hängt davon ab, von welcher Seite die Ebene betrachtet wird. Erst in der orientierten Ebene ist es möglich, den Winkel zweier orientierter Geraden zu erklären (Abb. 2).

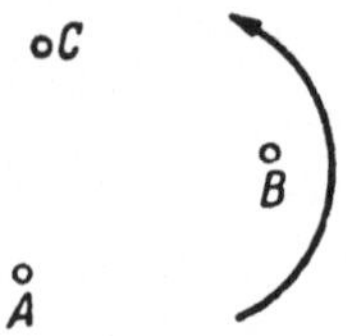

Abb. 1.

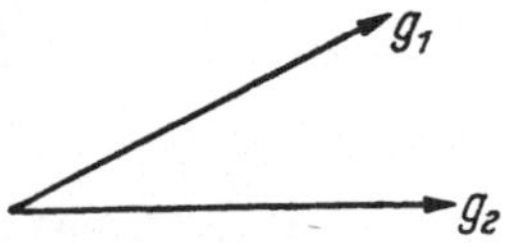

Abb. 2.

Unter $\sphericalangle (g_1, g_2)$ versteht man das Maß für die Drehung; es gibt an, um wieviel die Gerade g_1 im Sinne der Orientierung der Ebene gedreht werden muß, um mit der Richtung der Geraden g_2 zusammenzufallen. Daher ist:

$$\sphericalangle (g_1, g_2) = 2\pi - \sphericalangle (g_2, g_1) \quad \text{oder} \quad = - \sphericalangle (g_2, g_1).$$

Für mehrere Gerade $g_1, g_2, \ldots, g_n$ ist die Summe

$$\sphericalangle (g_1, g_2) + \sphericalangle (g_2, g_3) + \cdots + \sphericalangle (g_n, g_1)$$

ein Vielfaches von 2π.

Da $\cos (g_1, g_2) = \cos (g_2, g_1)$ ist, hängt diese Winkelfunktion nicht von der Orientierung der Ebene ab. Wird aber der Richtungssinn einer der beiden Geraden geändert, so geht der Winkel beider in den Nebenwinkel über, und der Cosinus wechselt das Vorzeichen.

Vier geordnete Punkte A, B, C, D, die nicht in einer Ebene liegen, bestimmen die Orientierung des Raumes, indem sie einen **Windungssinn** festlegen.

Die Punkte, die die Orientierungen auf der Geraden, in der Ebene oder im Raum angeben, können unter gewissen Einschränkungen in eine andere Lage gebracht werden, ohne daß die Orientierung geändert wird. Nur solche Bewegungen der einzelnen Punkte sind zulässig, bei denen niemals zwei zusammenfallen, niemals drei auf einer Geraden und niemals vier in einer Ebene liegen. Schließlich dürfen die Punkte das Gebilde, dessen Orientierung sie bestimmen sollen, nicht verlassen; d. h. etwa für die Ebene: es darf keiner der Punkte aus der Ebene in den Raum hinauswandern. Für den Raum ist diese letzte Einschränkung sinnlos.

Ist durch A', B' bzw. A', B', C' bzw. A', B', C', D' ebenfalls eine Orientierung gegeben, so stimmen beide nur dann überein, wenn unter Anwendung einer erlaubten Lageveränderung entsprechende Punkte, also A mit A', B mit B' usw. zur Deckung gebracht werden können.

Werden zwei der Punkte vertauscht, so geht die Orientierung in die entgegengesetzte über. Das ist für die Gerade unmittelbar einzusehen,

ebenso für die Ebene, denn die Dreiecke ABC und $A'B'C'$ (Abb. 3),
von denen das zweite aus dem ersten durch Vertauschung von A und B
entstanden ist, können nicht zur
Deckung gebracht werden. Legt
man nämlich A' auf A und B'
auf B, so liegen C und C' auf
verschiedenen Seiten der Geraden AB.

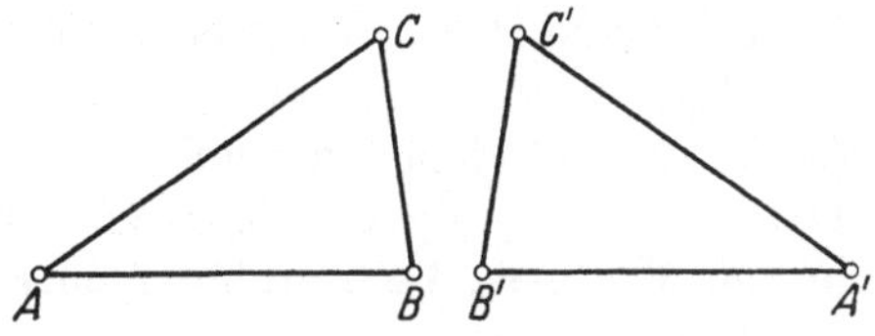

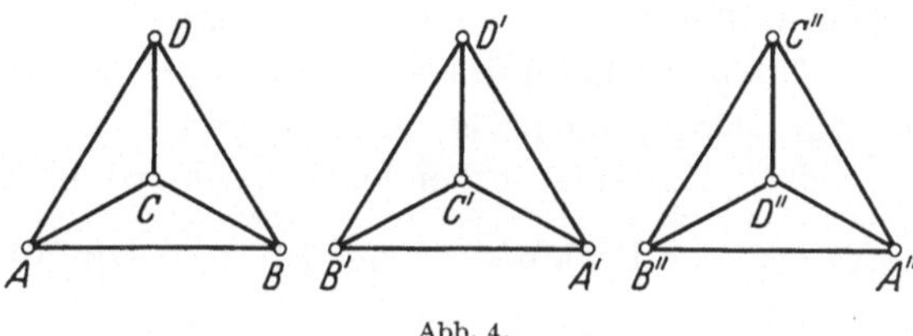

Abb. 3.

Um das gleiche auch für den
Raum zu zeigen, denken wir uns
die vier Punkte als Eckpunkte eines regulären Tetraeders (Abb. 4). Man
vertauscht A mit B, und es entsteht $A'B'C'D'$. Man kann D' auf D
und C' auf C legen, dann ist es jedoch nicht mehr möglich, A' mit A
und B' mit B zur Deckung zu bringen. Werden zwei weitere Punkte,
etwa C' und D', vertauscht, so gibt das jetzt entstandene Tetraeder
$A''B''C''D''$ dem Raum den gleichen Windungssinn wie $ABCD$, weil
nun die Punkte A mit A' usw. zur Deckung gebracht werden können.

Abb. 4.

Je nachdem die Punkte $A, B, \ldots$ gerade oder ungerade permutiert
werden, bleibt die Orientierung erhalten oder nicht.

Wie in der organischen Chemie gezeigt wird, läßt eine Verbindung
mit einem asymmetrischen C-Atom zwei Isomerien zu, die den beiden
möglichen Windungssinnen des Raumes entsprechen. Daher kann ein
solches C-Atom keine weiteren Isomerien bilden.

Weil $DCBA$ eine gerade Permutation von $ABCD$ ist (vgl. Det. II
§ 8), ist der Windungssinn in beiden Fällen der gleiche. Liegen diese vier
Punkte so auf einer Raumkurve, daß im Zug der Kurve einer auf den
anderen folgt, so ist dadurch ein Windungssinn bestimmt, der sich nicht
ändert, wenn die Kurve umgekehrt durchlaufen wird. Der Windungssinn ist also lediglich durch das Kurvenstück bestimmt, auf dem die
Punkte liegen; dabei ist nur zu beachten, daß die Punkte so dicht bei-
einander liegen, daß sich längs des Kurvenstückes die Orientierung
nicht ändert. So ist es auch zu erklären, daß eine Schraubenmutter auf
ein Gewinde auch dann paßt, wenn sie umgedreht wird.

Dagegen kann ein ebenes gekrümmtes Kurvenstück die Ebene nicht
orientieren, weil beim Durchlaufen des Bogens im umgekehrten Sinn
die Orientierung in die entgegengesetzte übergeht.

1*

Die Punkte $A, B, \ldots$ können auch durch Vektoren ersetzt werden. Zwei nicht parallele, geordnete Vektoren $\overrightarrow{A_1 B_1}$, $\overrightarrow{A_2 B_2}$ orientieren die Ebene ebenfalls. Um hieraus wieder zu den drei Punkten zu gelangen, verschieben wir den zweiten Vektor parallel so, daß sein Anfangspunkt A_2 mit dem Endpunkt B_1 des ersten Vektors zusammenfällt. Dann möge die durch $A_1 B_1 B_2$ gegebene Orientierung mit der durch die beiden Vektoren bestimmten identisch sein.

Im Raum braucht man drei geordnete Vektoren $\overrightarrow{A_1 B_1}$, $\overrightarrow{A_2 B_2}$, $\overrightarrow{A_3 B_3}$. Diese dürfen nicht einer Ebene parallel sein. Wie vorher verlegen wir den zweiten Vektor an den Endpunkt des ersten und verfahren mit dem dritten ebenso. Dann soll die durch die drei Vektoren gegebene Orientierung die gleiche sein wie die den Punkten $A_1 B_1 B_2 B_3$ entsprechende.

Ein rechtwinkliges Koordinatensystem in der Ebene wird durch zwei geordnete, zueinander senkrechte, orientierte Geraden oder, was dasselbe besagt, durch zwei senkrechte Vektoren $\overrightarrow{OX}$ und $\overrightarrow{OY}$ festgelegt, außerdem muß auf jeder der beiden Geraden der Einheitspunkt angegeben sein. Die erste heißt die X-Achse oder Abszissenachse, die zweite die Y- oder Ordinatenachse. Sind X und Y zwei Punkte auf den positiven Seiten der entsprechenden Achsen, so ist durch OXY oder durch $\overrightarrow{OX}$, $\overrightarrow{OY}$ der Umlaufssinn der Ebene bestimmt. Es ist also

$$\sphericalangle \left(\overrightarrow{OX}, \overrightarrow{OY} \right) = \frac{\pi}{2}.$$

Für den Raum kommt noch die Z-Achse hinzu. Sie steht auf der XY-Ebene in O senkrecht. Die Orientierungen und die Reihenfolge dieser Geraden geben den Windungssinn des Raumes. Er ist also entweder durch die vier Punkte $OXYZ$ oder durch $\overrightarrow{OX}$, $\overrightarrow{OY}$, $\overrightarrow{OZ}$ gegeben.

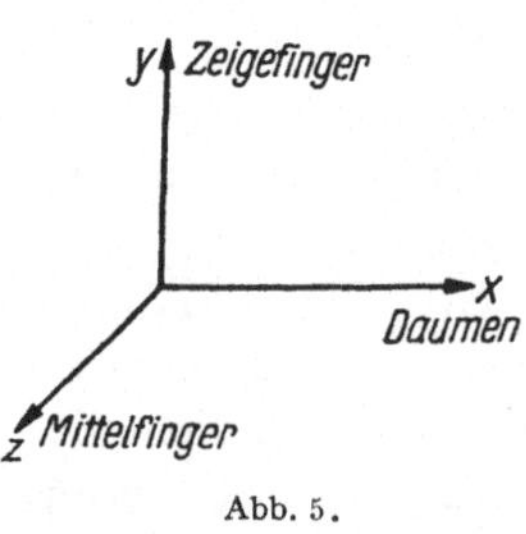

Abb. 5.

Lassen wir die X-Achse nach rechts, die Y-Achse nach oben und die Z-Achse nach vorne zeigen (Abb. 5), so haben sie den gleichen Windungssinn wie wenn man Daumen, Zeigefinger und Mittelfinger der rechten Hand zueinander senkrecht stellt. Ein solches System heißt rechts gewunden. Für die Bewegung eines vom Strom durchflossenen Leiters in einem magnetischen Feld gilt die Lenzsche Regel (Motorregel), nach der Strom, magnetische Kraftlinien und Bewegung ein rechts gewundenes System bilden. Für den Fall, daß durch die Bewegung eine Spannung induziert wird (Generatorregel), bilden diese drei Richtungen ein links gewundenes System.

Fällt man von einem beliebigen Punkt P des Raumes Lote auf die drei Koordinatenebenen, so sind die Abstände die Koordinaten x, y, z dieses Punktes, und zwar ist x der Abstand von der YZ-Ebene usw. (Abb. 6). Es können auch von P aus die Lote auf die drei Achsen gefällt werden, dann ist x das auf der X-Achse abgeschnittene Stück usw.

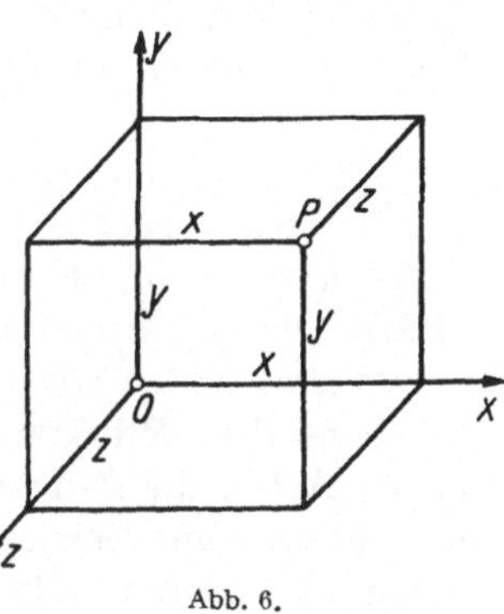

Abb. 6.

Damit diese Abstände durch Maßzahlen angegeben werden können, muß ein Einheitspunkt E gegeben sein, für diesen ist $x = y = z = 1$, und seine drei Abstände von den Koordinatenebenen bestimmen die Einheiten auf den drei Achsen, die i. a. nicht gleich zu sein brauchen. Ist $z = 0$, so liegt der Punkt in der XY-Ebene, und dann sind x und y seine Koordinaten, wie sie in der analytischen Geometrie der Ebene verwendet werden. Dieses Koordinatensystem heißt nach DESCARTES (1596—1650) ein Cartesisches.

Durch die X- und Y-Achse wird die ganze Ebene in vier Quadranten und der Raum durch die drei Koordinatenebenen in acht Oktanten aufgeteilt.

Alle Punkte mit demselben z bilden eine zur XY-Ebene parallele Ebene, und wenn man diesen Wert für z ändert, bekommt man eine Schar paralleler Ebenen. Nimmt man x und y statt z, so erhalten wir noch zwei Scharen paralleler Ebenen. Diese drei Scharen teilen den ganzen Raum in lauter Würfel, und weil jede dieser Ebenen auf jeder der beiden anderen Scharen senkrecht steht, liegt ein orthogonales Koordinatensystem vor

§ 2. Polarkoordinaten in der Ebene.

Es sei R der stets positiv zu nehmende Abstand eines Punktes P vom Nullpunkt und

$$\sphericalangle (X, \overrightarrow{OP}) = \varphi.$$

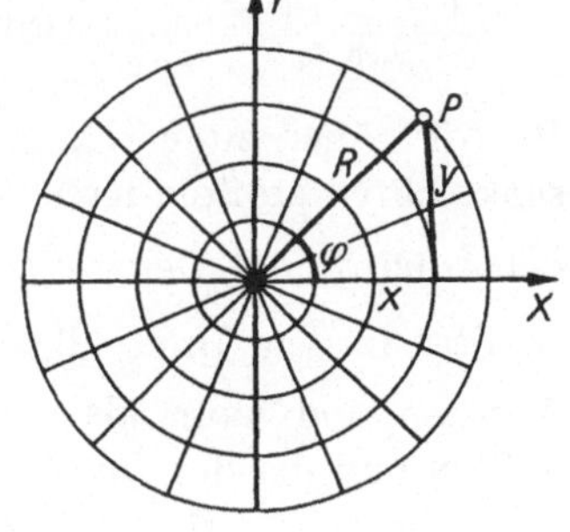

Abb. 7.

φ liegt in dem Intervall $0 \leqq \varphi < 2\pi$. R und φ sind durch P eindeutig bestimmt und umgekehrt; sie heißen Polarkoordinaten, und zwischen ihnen und den Cartesischen Koordinaten bestehen folgende Beziehungen (Abb. 7):

$$x = R \cos \varphi, \qquad y = R \sin \varphi,$$

und umgekehrt ist

$$R = \sqrt{x^2 + y^2} \quad \text{und} \quad \operatorname{tg} \varphi = \frac{y}{x}.$$

Alle Punkte mit konstantem R liegen auf einem Kreis um den Nullpunkt und alle Punkte mit konstantem φ auf einem von O ausgehenden Strahl. Da diese Strahlen auf den Kreisen senkrecht stehen, ist auch dieses System orthogonal, und die ganze Ebene ist in lauter „kleine Quadrate" unterteilt.

§ 3. Zylinderkoordinaten.

z sei wie vorher der Abstand eines Punktes P von der XY-Ebene, R und φ seien die Polarkoordinaten der Projektion von P auf die XY-Ebene. Die drei genannten Größen z, R, φ heißen Zylinderkoordinaten und bilden wieder ein orthogonales System. Denn alle Punkte mit demselben R liegen auf dem Mantel eines geraden Kreiszylinders, dessen Achse die Z-Achse ist; sind φ oder z konstant, so liegen alle diese Punkte auf Ebenen, die im einen Fall senkrecht zur Z-Achse verlaufen, im anderen Falle sind es Halbebenen, die die Z-Achse enthalten. Der ganze Raum wird in lauter „kleine Würfel" zerlegt.

§ 4. Kugelkoordinaten.

Um ein sphärisches Koordinatensystem, d. h. ein auf einer Kugeloberfläche liegendes, herzustellen, verfahren wir wie in der Ebene.

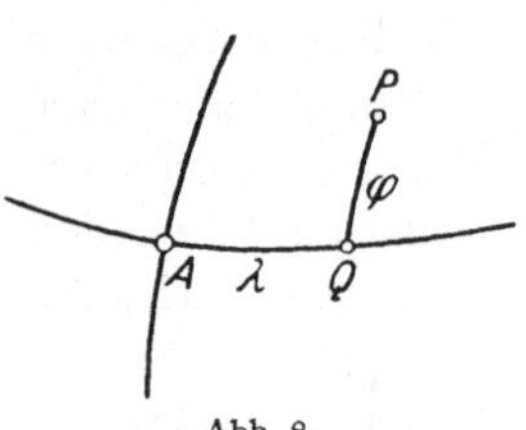
Abb. 8.

Statt der beiden senkrechten Geraden nehmen wir zwei zueinander senkrechte größte Kreise. Einer ihrer Schnittpunkte sei A. Für die Erde sind dies der Äquator und der nullte Längengrad (Abb. 8).

Die geographische Breite φ entspricht der Ordinate; sie ist der sphärische Abstand eines Punktes P vom Äquator. Um diesen Begriff näher zu erklären, legen wir durch P den auf dem Äquator senkrechten größten Kreis — das ist der Längengrad von P —, er trifft den Äquator in Q. Der zu $\overset{\frown}{PQ}$ gehörige Mittelpunktswinkel ist die Breite φ, sie liegt in dem Intervall $-\dfrac{\pi}{2} \leqq \varphi \leqq \dfrac{\pi}{2}$. Die Länge λ entspricht der Abszisse und kann als der Neigungswinkel zwischen der Ebene des nullten und der des durch P gehenden Längengrades oder als der sphärische Abstand $\overset{\frown}{AQ}$ erklärt werden. Da die Breitenkreise (das sind Punkte konstanter Breite) auf den Längenkreisen senkrecht stehen, haben wir innerhalb der Kugeloberfläche ein orthogonales System vor uns. Verändert man noch r, so wird jedem Punkt $P(x, y, z)$ ein Wertetripel r, λ, φ eindeutig zugeordnet; diese Größen heißen Kugelkoordinaten und sind ebenfalls orthogonal.

Um den Zusammenhang zwischen diesen und den Cartesischen Koordinaten herzuleiten, machen wir die XY-Ebene zur Ebene des

Äquators, seinen Mittelpunkt zum Nullpunkt und $\overrightarrow{OA}$ zur X-Achse. Die Richtung der Z-Achse ist so gewählt, daß für $\varphi > 0$ auch $z > 0$ ist. Abb. 9 stellt die XY-Ebene dar. P sei ein beliebiger Punkt des Raumes, $r = \overrightarrow{OP}$ sein Abstand vom Nullpunkt, P' die Projektion von P auf die XY-Ebene und Q die sphärische Projektion von P auf den Äquator. Es ist

$$x = OP' \cos \lambda \quad \text{und} \quad y = OP' \sin \lambda.$$

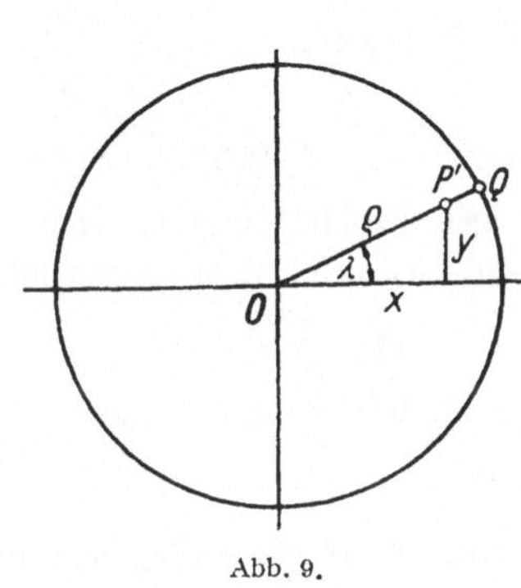

Abb. 9.

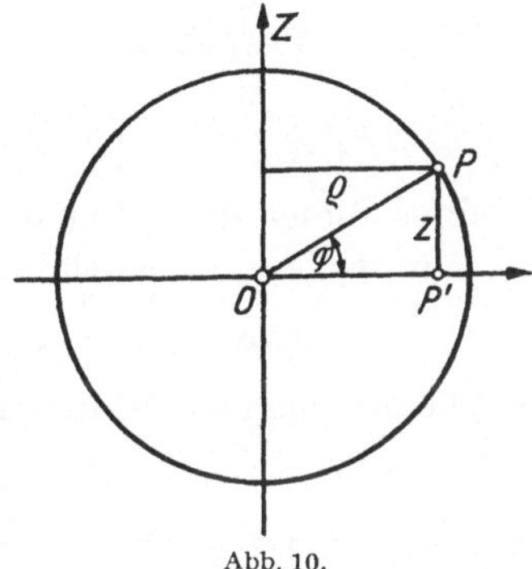

Abb. 10.

OP' ist der Radius des Breitenkreises, wie aus Abb. 10 zu ersehen ist. Hier ist als Zeichenebene die Ebene des durch P gehenden Längengrades gewählt. Danach ist

$$\sphericalangle P'OP = \varphi \qquad \text{und} \quad OP' = \varrho,$$

$$z = r \sin \varphi \quad \text{und} \quad OP' = r \cos \varphi,$$

also

$$x = r \cos \varphi \cos \lambda, \qquad y = r \cos \varphi \sin \lambda, \qquad z = r \sin \varphi.$$

Erhebt man diese drei Gleichungen ins Quadrat und addiert, so wird r durch x, y, z ausgedrückt

$$r^2 = x^2 + y^2 + z^2,$$

eine Formel, die sich auch daraus ergibt, daß r Raumdiagonale des in Abb. 6 gezeichneten Quaders ist. λ und φ erhält man aus

$$\operatorname{tg} \lambda = \frac{y}{x} \quad \text{und} \quad \sin \varphi = \frac{z}{\sqrt{x^2 + y^2 + z^2}}.$$

§ 5. Richtungscosinus.

Es sei $P(x, y, z)$ ein von O verschiedener Punkt im Raum. Sein stets positiv zu nehmender Abstand vom Nullpunkt ist, wie erwähnt,

$$r = \sqrt{x^2 + y^2 + z^2}.$$

P wird auf die X-Achse projiziert, sein Fußpunkt sei Q. Dann ist

$$\overrightarrow{OQ} = x.$$

Wir setzen

$$\sphericalangle (X, \overrightarrow{OP}) = \pm \alpha.$$

Da die Ebene OPQ nicht orientiert ist, bleibt das Vorzeichen des Winkels α unbestimmt. Es ist unabhängig vom Vorzeichen

$$\cos \alpha = \frac{x}{r}.$$

Dasselbe gilt für

$$\sphericalangle (Y, \overrightarrow{OP}) = \pm \beta \quad \text{und} \quad \sphericalangle (Z, \overrightarrow{OP}) = \pm \gamma,$$

danach ist

$$x = r \cos \alpha, \qquad y = r \cos \beta, \qquad z = r \cos \gamma.$$

Die Cosinus dieser drei Winkel werden die **Richtungscosinus** genannt. Wir wollen zur Abkürzung folgende Bezeichnung gebrauchen:

$$\cos \alpha = \lambda, \qquad \cos \beta = \mu, \qquad \cos \gamma = \nu.$$

Durch Quadrieren und Addieren findet man leicht die Beziehung:

$$\lambda^2 + \mu^2 + \nu^2 = 1.$$

Durch λ, μ, ν und r ist die Lage eines Punktes P eindeutig festgelegt und damit zugleich die Orientierung $\overrightarrow{OP}$ gegeben. Geht die Gerade nicht durch O, so kann man sie unter Beibehaltung ihres Richtungssinnes durch eine Parallele durch O ersetzen; damit sind für diesen Fall die Winkel α, β und γ bis auf das Vorzeichen bestimmt.

Ersetzt man λ, μ, ν durch $-\lambda, -\mu, -\nu$, so treten $\alpha + \pi, \beta + \pi$, $\gamma + \pi$ an die Stelle von α, β, γ und der Richtungssinn wird umgekehrt.

Zwei verschiedene Punkte A_1 und A_2 bestimmen eine orientierte Gerade $\overrightarrow{A_1 A_2}$. Um den Abstand s der beiden Punkte zu finden, ziehen wir durch A_1 die Parallelen zu den drei Koordinatenachsen und konstruieren, wie vorher einen Quader, in dem $A_1 A_2$ Raumdiagonale wird; die drei parallel zu den Achsen laufenden Kanten sind

$$x_2 - x_1, \qquad y_2 - y_1, \qquad z_2 - z_1.$$

Dann ist

$$s^2 = (x_2 - x_1)^2 + (y_2 - y_1)^2 + (z_2 - z_1)^2$$

und

$$x_2 - x_1 = \lambda s, \qquad y_2 - y_1 = \mu s, \qquad z_2 - z_1 = \nu s.$$

Im Gegensatz zu r sollen jetzt für s beide Vorzeichen zugelassen werden, und zwar ist mit Rücksicht auf die festgelegte Orientierung der Geraden

$$s = \overrightarrow{A_1 A_2}$$

positiv, während

$$-s = \overrightarrow{A_2 A_1}$$

ist. λ, μ und ν sind damit eindeutig erklärt. Umgekehrt ist auch durch λ, μ und ν die Gerade orientiert.

Häufig rechnet man mit drei Größen, die den Richtungscosinus proportional sind

$$u : v : w = \lambda : \mu : \nu$$

oder

$$u = c\,\lambda, \qquad v = c\,\mu, \qquad w = c\,\nu,$$

wo c der Proportionalitätsfaktor ist. Aus

$$u^2 + v^2 + w^2 = c^2(\lambda^2 + \mu^2 + \nu^2) = c^2$$

folgt

$$c = \sqrt{u^2 + v^2 + w^2}\,.$$

Infolge der Unbestimmtheit des Vorzeichens von c ist die Orientierung der Geraden durch u, v, w nicht gegeben.

Ist einer der Richtungscosinus, etwa $\nu = 0$, so ist $z_1 = z_2$, und $\overrightarrow{A_1 A_2}$ ist der XY-Ebene parallel. Ist außerdem noch $z_1 = z_2 = 0$, so liegt $\overrightarrow{A_1 A_2}$ ganz in dieser Ebene.

§ 6. Teilung einer Strecke in einem gegebenen Verhältnis.

Die drei Punkte $A_1(x_1, y_1, z_1)$, $A_2(x_2, y_2, z_2)$ und $P(x, y, z)$ liegen auf einer Geraden, und P teile die Strecke $A_1 A_2$ im Verhältnis $p : q$. Die Punkte werden auf die XY-Ebene projiziert, A_1', A_2', P' seien die Fußpunkte, dann ist nach dem Strahlensatz:

$$\overrightarrow{A_1' P'} : \overrightarrow{A_2' P'} - \overrightarrow{A_1 P} : \overrightarrow{A_2 P} - p : q\,.$$

Projiziert man A_1', A_2', P' weiter auf die X-Achse (Abb. 11), so bleibt diese Proportion ebenfalls erhalten. Die Länge einer projizierten Strecke ist die Differenz der Abszissen, daher ist

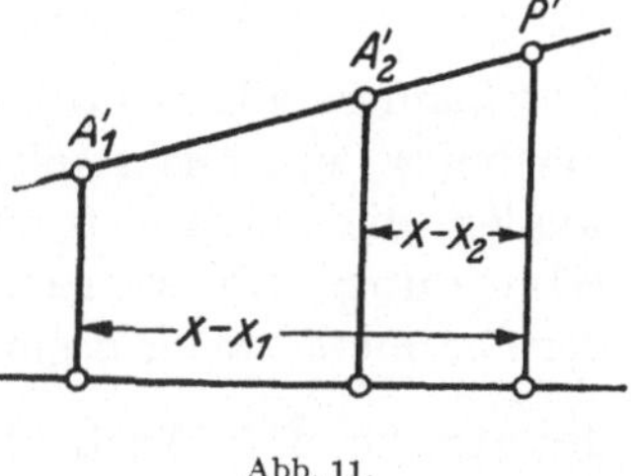

Abb. 11.

$$(x - x_1) : (x - x_2) = p : q,$$

$$x q - x_1 q = x p - x_2 p,$$

$$x = \frac{x_2 p - x_1 q}{p - q}\,.$$

Dieselben Formeln gelten auch für die beiden anderen Koordinaten

$$y = \frac{y_2 p - y_1 q}{p - q}, \qquad z = \frac{z_2 p - z_1 q}{p - q}\,.$$

Ist $p : q$ positiv, so liegt P außerhalb der Strecke $A_1 A_2$, und wir sagen, die Strecke ist nach außen im Verhältnis $p : q$ geteilt. Negatives $p : q$ bewirkt eine Teilung nach innen.

Sind auf $A_1 A_2$ zwei Punkte P_1 und P_2 vorhanden, so kann man den Quotienten

$$\frac{\overrightarrow{A_1 P_1}}{\overrightarrow{A_2 P_1}} : \frac{\overrightarrow{A_1 P_2}}{\overrightarrow{A_2 P_2}}$$

bilden, eine Größe, die uns in der projektiven Geometrie noch beschäftigen wird; sie heißt das Doppelverhältnis der vier Punkte A_1, A_2, P_1, P_2. Bemerkenswert ist der besondere Fall

$$\frac{\overrightarrow{A_1 P_1}}{\overrightarrow{A_2 P_1}} : \frac{\overrightarrow{A_1 P_2}}{\overrightarrow{A_2 P_2}} = -1 \quad \text{oder} \quad \frac{\overrightarrow{A_1 P_1}}{\overrightarrow{A_2 P_1}} = -\frac{\overrightarrow{A_1 P_2}}{\overrightarrow{A_2 P_2}}.$$

Dann wird die Strecke nach innen und nach außen im gleichen Verhältnis geteilt. Diese Teilung wird harmonische Teilung genannt.

Ist $p = -q$, so ist P die Mitte zwischen A_1 und A_2, also sind

$$\frac{x_1 + x_2}{2}, \qquad \frac{y_1 + y_2}{2}, \qquad \frac{z_1 + z_2}{2}$$

seine Koordinaten.

§ 7. Die Gleichung einer Geraden.

Es sei $A_1(x_1, y_1, z_1)$ ein fester und $P(x, y, z)$ ein beliebiger Punkt einer Geraden, die durch A_1 geht und die Richtungscosinus λ, μ, ν besitzt. Dann ist, wie in § 5 abgeleitet,

$$x = x_1 + \lambda s, \qquad y = y_1 + \mu s, \qquad z = z_1 + \nu s.$$

Durchläuft s alle positiven und negativen Werte, so stellen die Koordinaten x, y, z alle Punkte einer Geraden dar. Die drei Gleichungen werden die Parameterdarstellung einer Geraden oder auch Gleichung der Geraden in Parameterform genannt. s heißt der Parameter. Seine geometrische Bedeutung ist, wie gesagt, die Länge der Strecke $\overrightarrow{A_1 P}$. Nach Elimination von s wird die Gerade durch zwei Gleichungen dargestellt. Diese Umformung ergibt, wenn alle drei Richtungscosinus von Null verschieden sind:

$$\frac{x - x_1}{\lambda} = \frac{y - y_1}{\mu} = \frac{z - z_1}{\nu}.$$

Verwendet man statt λ, μ und ν die proportionalen Größen u, v, w, also $u = c\lambda$, $v = c\mu$, $w = c\nu$, so lauten diese Gleichungen

$$\frac{x - x_1}{u} = \frac{y - y_1}{v} = \frac{z - z_1}{w},$$

durch die eine Gerade durch einen ihrer Punkte und ihre Richtung bestimmt wird. Zu dieser besonders in der elementaren Mathematik üblichen Ausdrucksweise sei bemerkt, daß der Richtungssinn durch $u : v : w$ nicht bestimmt ist, weil das Vorzeichen von c noch offen ist.

Setzen wir

$$\frac{x - x_1}{u} = t, \qquad \frac{y - y_1}{v} = t, \qquad \frac{z - z_1}{w} = t,$$

so ist

$$x = x_1 + t\,u, \qquad y = y_1 + t\,v, \qquad z = z_1 + t\,w$$

auch eine Parameterdarstellung und der Parameter t ist dem Abstand $s = \overrightarrow{A_1 P}$ proportional:

$$t = c\,s.$$

Eine andere Parameterdarstellung enthalten die Formeln für die Teilung einer Strecke in einem gegebenen Verhältnis $p : q$ des vorigen Paragraphen. Hier ist $p : q$ der Parameter. Wenn diese Größe alle Werte annimmt, durchläuft P alle Punkte der Geraden $A_1 A_2$.

Handelt es sich nur darum, gerade Linien zu betrachten, die in der XY-Ebene liegen, so behält in dieser „Geometrie der Ebene" alles seine Gültigkeit. Es sind nur alle z-Koordinaten und $v = w = 0$ zu setzen. Dann lautet die Parameterdarstellung der Geraden $x = x_1 + u\,t$, $y = y_1 + v\,t$ und ihre Gleichung

$$\frac{y - y_1}{x - x_1} = \frac{v}{u} = m.$$

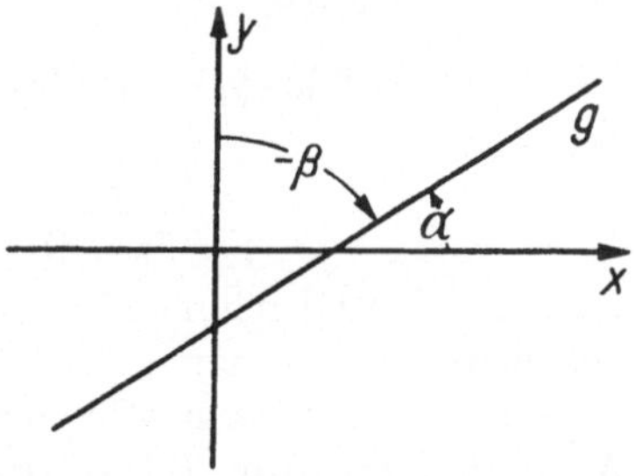

Die Bezeichnung m für $\frac{v}{u}$ ist in der Schulmathematik üblich, und wir erhalten so die bekannte Formel für die Gleichung einer Geraden, wenn ein Punkt und ihr Richtungsfaktor m gegeben sind.

Es ist (Abb. 12)

$$m = \frac{v}{u} = \frac{\cos \beta}{\cos \alpha}.$$

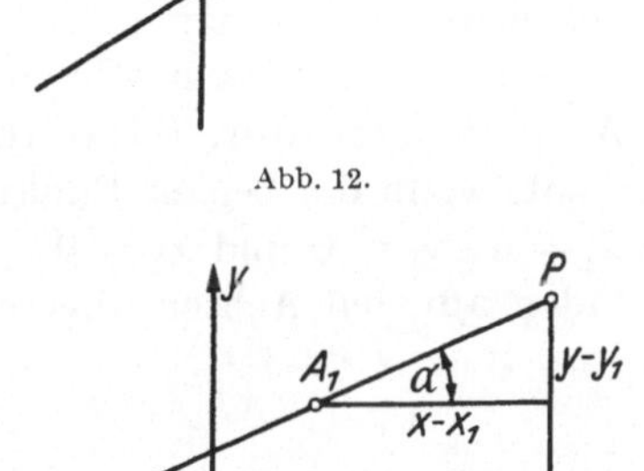

Abb. 12.

Abb. 13.

In der orientierten XY-Ebene sind α und β eindeutig, und es besteht folgende Beziehung:

$$\sphericalangle (X, g) + \sphericalangle (g, Y) + \sphericalangle (Y, X) = 0$$

oder

$$\alpha - \beta - \frac{\pi}{2} = 0, \qquad \alpha = \frac{\pi}{2} + \beta$$

und $\sin \alpha = \cos \beta$, also $m = \operatorname{tg} \alpha$.

Die Formel

$$\frac{y - y_1}{x - x_1} = m$$

für die Gleichung einer Geraden ergibt sich auch sofort aus Abb. 13.

Liegt A_1 auf der Y-Achse, also $x_1 = 0$, und setzt man $y_1 = b$, so geht diese Formel über in

$$y = m\,x + b.$$

Der Wert $\alpha = \dfrac{\pi}{2}$ ist in dieser Formel ausgeschlossen. Die Gerade ist dann senkrecht zur X-Achse, und ihre Gleichung ist

$$x - x_1 = 0.$$

Wie erwähnt, ist durch α die Orientierung der Geraden gegeben, aber nicht durch m, was man auch daraus erkennt, daß wegen $m = \operatorname{tg}\alpha = \operatorname{tg}(\alpha + \pi)$ zu jedem m zwei Werte α gehören.

Für die Koordinaten zweier Punkte A_1 und A_2 im Raum haben wir gezeigt, daß

$$(x_2 - x_1):(y_2 - y_1):(z_2 - z_1) = \lambda : \mu : \nu,$$

und wenn x, y, z die Koordinaten eines veränderlichen Punktes auf $A_1 A_2$ bezeichnen, ist

$$(x_2 - x_1):(y_2 - y_1):(z_2 - z_1) = (x - x_1):(y - y_1):(z - z_1)$$

oder

$$\frac{x - x_1}{x_2 - x_1} = \frac{y - y_1}{y_2 - y_1} = \frac{z - z_1}{z_2 - z_1}.$$

Diese beiden Gleichungen stellen also die Gerade im Raum durch zwei gegebene Punkte dar.

Für die analytische Geometrie der Ebene wird noch die sogenannte **Achsenform der Gleichung der Geraden** angegeben. Sie entsteht, wenn die beiden Punkte A_1 und A_2 auf den Achsen liegen, also $x_1 = a$, $y_1 = 0$ und $x_2 = 0$, $y_2 = b$ sind. a und b sind die von der Geraden auf den Achsen abgeschnittenen Stücke. Die Gleichung

$$\frac{y - 0}{x - a} = \frac{0 - b}{a - 0}$$

geht nach einer kleinen Umformung über in

$$\frac{x}{a} + \frac{y}{b} = 1.$$

In den genannten Formeln sind überall die Fälle gesondert zu behandeln, in denen einer der Nenner verschwindet.

Die Gleichung einer Geraden in der Ebene ist also eine lineare Gleichung der Form

$$A\,x + B\,y + C = 0.$$

Umgekehrt stellt eine jede derartige lineare Gleichung eine Gerade dar, nur dürfen die Größen A und B nicht beide zugleich verschwinden. Ist $B \neq 0$, kann die Gleichung auf die Form

$$y = -\frac{A}{B}\,x - \frac{C}{B}$$

gebracht werden, woraus sich $m = -\dfrac{A}{B}$ und $b = -\dfrac{C}{B}$ ergeben.

Ist $B = 0$, so ist die Gerade zur Y-Achse parallel $\left(\alpha = \dfrac{\pi}{2}\right)$. Entsprechendes gilt für $A = 0$. Die Richtungscosinus λ und μ erhält man aus

$$m = \frac{\mu}{\lambda} = -\frac{A}{B}, \qquad \lambda = \frac{\mp B}{\sqrt{A^2 + B^2}}, \qquad \mu = \frac{\pm A}{\sqrt{A^2 + B^2}}.$$

§ 8. Winkel zweier Geraden.

x_1, y_1, z_1 seien die Koordinaten eines Punktes P_1, λ_1, μ_1, ν_1 die Richtungscosinus der Geraden $\overrightarrow{OP_1}$ und r_1 die Länge $\overrightarrow{OP_1}$. Für einen zweiten Punkt P_2 werden die entsprechenden Größen mit dem Index 2 versehen. Um den Winkel

$$\varphi = \sphericalangle\,(\overrightarrow{OP_1}, \overrightarrow{OP_2})$$

zu bestimmen, wenden wir den Cosinussatz der ebenen Trigonometrie auf das Dreieck OP_1P_2 an. Danach ist

$$\overline{P_1P_2}^{\,2} = r_1^2 + r_2^2 - 2\,r_1\,r_2 \cos\varphi,$$

$$(x_2 - x_1)^2 + (y_2 - y_1)^2 + (z_2 - z_1)^2 = r_1^2 + r_2^2 - 2\,r_1\,r_2 \cos\varphi.$$

Die Klammern werden aufgelöst. Dann fallen r_1^2 und r_2^2 weg, weil

$$r_1^2 = x_1^2 + y_1^2 + z_1^2 \quad \text{und} \quad r_2^2 = x_2^2 + y_2^2 + z_2^2$$

ist. Es bleibt

$$x_1 x_2 + y_1 y_2 + z_1 z_2 = r_1 r_2 \cos\varphi.$$

Die Koordinaten werden durch $r_1\lambda_1$ usw. ersetzt, $r_1 r_2$ läßt sich kürzen, und es ist

$$\cos\varphi = \lambda_1\lambda_2 + \mu_1\mu_2 + \nu_1\nu_2.$$

Hiermit ist φ bis auf das Vorzeichen bestimmt. Mehr kann man nicht erwarten, da die Ebene, in der der Winkel liegt, nicht orientiert ist.

Die gleiche Formel gilt auch für zwei beliebige Gerade im Raum, da diese durch zwei gleichgerichtete parallele Gerade durch den Nullpunkt ersetzt werden können.

Insbesondere ist

$$\lambda_1\lambda_2 + \mu_1\mu_2 + \nu_1\nu_2 = 0$$

die Bedingung dafür, daß die Geraden aufeinander senkrecht stehen.

Wird die Richtung einer der Geraden umgekehrt, etwa indem λ_1, μ_1, ν_1 durch die entgegengesetzten Werte ersetzt werden, so geht $\cos\varphi$ in $-\cos\varphi$ und φ in $\pi - \varphi$ über.

Liegen die beiden Geraden g_1 und g_2 in der XY-Ebene, so ist

$$(X, g_1) + (g_1, g_2) + (g_2, X) = 0,$$
$$\alpha_1 + \varphi - \alpha_2 = 0,$$
$$\alpha_2 - \alpha_1 = \varphi.$$

Daher ist

$$\operatorname{tg} \varphi = \operatorname{tg}(\alpha_2 - \alpha_1) = \frac{m_2 - m_1}{1 + m_1 m_2}.$$

Sind $A_1 x + B_1 y + C_1 = 0$ und $A_2 x + B_2 y + C_2 = 0$ ihre Gleichungen, so ist

$$m_1 = -\frac{A_1}{B_1}, \qquad m_2 = -\frac{A_2}{B_2} \quad \text{und} \quad \operatorname{tg} \varphi = \frac{A_1 B_2 - B_1 A_2}{A_1 A_2 + B_1 B_2}.$$

$A_1 A_2 + B_1 B_2 = 0$ oder $m_1 m_2 + 1 = 0$ ist die bekannte Orthogonalitätsbedingung für zwei Richtungen in der Ebene.

§ 9. Gleichung der Ebene im Raum.

Ein Punkt $P(x_1, y_1, z_1)$ werde mit O verbunden. A, B, C seien den Richtungscosinus der Geraden $\overrightarrow{OP}$ proportional. Wir fragen nach der Gleichung der Ebene, die durch P geht und auf $\overrightarrow{OP}$ senkrecht steht. Sie wird durch die Gesamtheit der auf $\overrightarrow{OP}$ in P senkrechten Geraden gebildet. Sind A', B', C' den Richtungscosinus einer solchen Geraden proportional, so muß

$$A A' + B B' + C C' = 0$$

sein. Da diese Gleichung bei festen A, B, C unendlich viele Lösungen hat, gibt es natürlich auch unendlich viele senkrechte Gerade, deren Gesamtheit die Ebene ausmacht. Jede dieser Geraden wird durch

$$x - x_1 = A't, \qquad y - y_1 = B't, \qquad z - z_1 = C't$$

dargestellt. Hieraus werden A', B', C' und t eliminiert, indem die Gleichungen der Reihe nach mit A, B, C multipliziert und dann addiert werden. Das ergibt:

$$(x - x_1) A + (y - y_1) B + (z - z_1) C = 0.$$

Das ist die Gleichung der Ebene; denn, wenn umgekehrt $Q(x, y, z)$ ein Punkt ist, dessen Koordinaten diese Gleichung erfüllen, so wird damit zum Ausdruck gebracht, daß die Richtung von PQ, die durch

$$(x - x_1) : (y - y_1) : (z - z_1)$$

gegeben ist, senkrecht auf $\overrightarrow{OP}$ steht.

Faßt man alle von den veränderlichen Koordinaten freien Glieder zusammen, also

$$- A x_1, \ - B y_1, \ - C z_1 = D,$$

so wird

$$A x + B y + C z + D = 0$$

die Gleichung der Ebene. Wir erhalten für die geometrische Bedeutung von A, B, C folgenden

Satz 1:

$$A\,x + B\,y + C\,z + D = 0$$

ist die Gleichung einer Ebene, und A, B, C *sind den Richtungscosinus ihrer Normalen proportional. (Das ist eine auf der Ebene senkrechte Gerade.)*

Setzt man $z = 0$, so wird

$$A\,x + B\,y + D = 0$$

die Gleichung der **Spurgeraden dieser Ebene** mit der XY-Ebene.

Ist $A = 0$, so steht die Normale auf der X-Achse senkrecht, und die Ebene ist zur X-Achse parallel. Entsprechendes gilt für $B = 0$ oder $C = 0$.

Den Neigungswinkel zweier Ebenen findet man durch den Winkel ihrer Normalen.

§ 10. HESSEsche Normalform.

Die Koeffizienten A, B, C bzw. A, B, C, D, die bei den Gleichungen der Geraden bzw. der Ebene auftreten, sind nicht eindeutig bestimmt, weil mit einem beliebigen, von Null verschiedenen Faktor multipliziert werden kann. Trifft man hierüber irgendeine Festsetzung, so sagt man, die Gleichung wird **normiert**. Z. B. kann die Gleichung der Geraden durch $-B$ oder durch $-C$ dividiert werden, und man erhält die bereits genannten Formen

$$y = m\,x + b \quad \text{bzw.} \quad \frac{x}{a} + \frac{y}{b} = 1\,.$$

Auch die Gleichung der Ebene läßt sich, wenn $D \neq 0$ ist, auf die Achsenform bringen:

$$\frac{x}{a} + \frac{y}{b} + \frac{z}{c} = 1\,,$$

man erkennt, daß $a;O;O$ ein Punkt der Ebene ist; also ist a der von der Ebene auf der X-Achse abgeschnittene Abschnitt. Entsprechendes gilt für b und c.

A, B bzw. A, B, C sind, wie erwähnt, den Richtungscosinus der Normalen proportional, es liegt daher nahe, so zu normieren, daß diese Größen den Richtungscosinus gleich werden. Der Faktor k, mit dem multipliziert wird, ist also so zu wählen, daß

$$kA = \lambda, \qquad kB = \mu, \qquad kC = \nu$$

wird. Dann ist

$$k^2\,(A^2 + B^2 + C^2) = \lambda^2 + \mu^2 + \nu^2 = 1\,,$$

$$k = \frac{1}{\sqrt{A^2 + B^2 + C^2}}\,.$$

Danach lautet die Gleichung der Ebene

$$H(x, y, z) \equiv x\lambda + y\mu + z\nu - \delta = 0\,,$$

$$\delta = \frac{-D}{\sqrt{A^2 + B^2 + C^2}}\,,$$

und die der Geraden

$$H(x,\,y) \equiv x\,\lambda + y\,\mu - \delta = 0\,,$$

$$\delta = \frac{-C}{\sqrt{A^2 + B^2}}\,.$$

Die so normierten Gleichungen werden HESSEsche Normalform genannt.

Sie haben folgende Bedeutung: Ersetzt man in ihnen die Veränderlichen durch die Koordinaten eines beliebigen Punktes, so ist der Wert, den $H(x,\,y)$ bzw. $H(x,\,y,\,z)$ annimmt, gleich dem Abstand dieses Punktes von der Ebene bzw. von der Geraden.

Der Beweis hierfür ergibt sich leicht aus dem folgenden Satz 2. Zunächst ein Beispiel:

Soll der Abstand des Punktes $(6;\,-4)$ von der Geraden

$$3\,x + 4\,y - 7 = 0$$

berechnet werden, so dividieren wir diese Gleichung durch

$$\sqrt{3^2 + 4^2} = 5$$

und erhalten die HESSEsche Normalform

$$H(x,\,y) = \frac{3}{5}\,x + \frac{4}{5}\,y - \frac{7}{5}.$$

Dann ist

$$d = H(6;\,-4) = \frac{18}{5} - \frac{16}{5} - \frac{7}{5} = -1$$

der gesuchte Abstand.

Dieser kann positiv oder negativ sein. Jede Gerade teilt die Ebene in zwei Halbebenen. Mit der Festsetzung des Vorzeichens von k, das

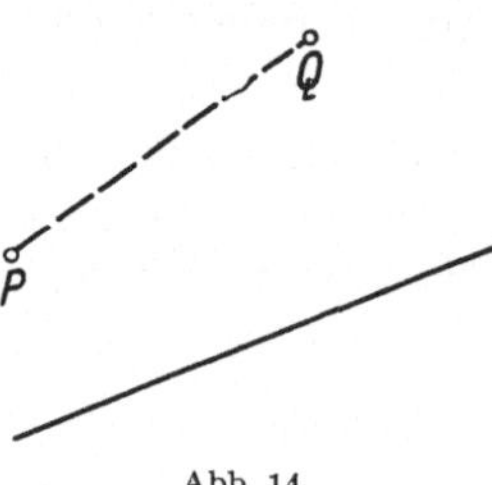

Abb. 14.

an sich willkürlich ist, sind $H(x,\,y)$ und damit auch die Abstände eindeutig bestimmt. Diese hatten für alle in der gleichen Halbebene liegenden Punkte gleiches Vorzeichen; denn man kann zwei solche Punkte P und Q so verbinden (Abb. 14), daß die Verbindungslinie PQ die Gerade nicht trifft; es kann also längs der ganzen Strecke PQ niemals $H = 0$ werden, das Vorzeichen muß also bleiben. Danach bezeichnet man die eine Seite als die positive und die andere als die negative Seite der Geraden.

Auf Grund der gleichen Überlegungen hat auch eine Ebene eine positive und eine negative Seite im Raum.

Um die Formel $H(x,\,y,\,z) = d$ bzw. $H(x,\,y) = d$ zu beweisen, gehen wir von einer Reihe im Raum gelegener Punkte $A_1, A_2, \ldots,$ A_n aus, die durch einen Linienzug miteinander verbunden werden

(Abb. 15). Diese Punkte werden auf eine orientierte Gerade projiziert. $B_1, B_2, \ldots, B_n$ seien die Fußpunkte. Dann ist

$$\overrightarrow{B_1 B_2} = \overrightarrow{A_1 A_2} \cos \alpha_1,$$

$$\overrightarrow{B_2 B_3} = \overrightarrow{A_2 A_3} \cos \alpha_2, \ldots,$$

$$\overrightarrow{B_{n-1} B_n} = \overrightarrow{A_{n-1} A_n} \cos \alpha_{n-1},$$

wenn

$$\alpha_1 = \sphericalangle (g, \overrightarrow{A_1 A_2}),$$

$$\alpha_2 = \sphericalangle (g, \overrightarrow{A_2 A_3}), \ldots$$

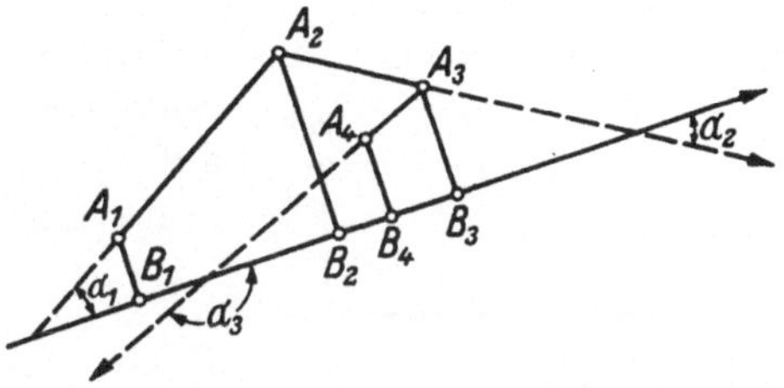

gesetzt ist. Danach ist

$$\overrightarrow{B_1 B_n} = \overrightarrow{B_1 B_2} + \overrightarrow{B_2 B_3} + \cdots + \overrightarrow{B_{n-1} B_n}$$

$$= \overrightarrow{A_1 A_2} \cos \alpha_1 + \overrightarrow{A_2 A_3} \cos \alpha_2 + \cdots + \overrightarrow{A_{n-1} A_n} \cos \alpha_{n-1}.$$

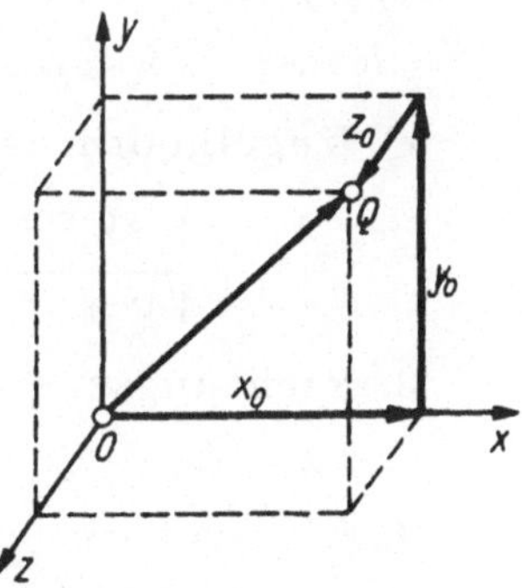

Abb. 15.

Die einzelnen Glieder dieser Summe können positiv oder negativ sein, je nachdem α spitz oder stumpf ist. In der Figur sind α_1, α_2 spitz, α_3 ist stumpf.

Fallen A_1 und A_n zusammen, so wird $\overrightarrow{B_1 B_n} = 0$, und wir erhalten als Ergebnis den

Satz 2: *Die Summe der Projektionen eines räumlichen, geschlossenen Polygonzuges auf eine Gerade ist gleich Null.*

Es sei

$$H(x, y, z) \equiv x \cos \alpha + y \cos \beta + z \cos \gamma - \delta = 0$$

die HESSEsche Normalform der Gleichung einer Ebene. Von O wird das Lot auf die Ebene gefällt, der Fußpunkt sei $Q(x_0, y_0, z_0)$ (Abb. 16). Die Ebene selbst ist in der Abbildung nicht angedeutet. Der durch die drei Koordinaten x_0, y_0, z_0 gebildete Linienzug wird auf $\overrightarrow{OQ}$ projiziert. Dann ist

$$\overrightarrow{OQ} = x_0 \cos \alpha + y_0 \cos \beta + z_0 \cos \gamma.$$

Andererseits ist, weil Q auf der Ebene liegt,

$$x_0 \cos \alpha + y_0 \cos \beta + z_0 \cos \gamma - \delta = 0.$$

Abb. 16.

Also ist

$$\delta = \overrightarrow{OQ} \quad \text{und} \quad H(O, O, O) = -\delta$$

der Abstand des Nullpunktes von der Ebene.

Um die Formel für einen beliebigen Punkt $P(x, y, z)$ zu beweisen, projizieren wir den Linienzug, der durch die drei Koordinaten x, y, z gebildet wird, wie vorher auf die Normale $\overrightarrow{OQ}$. P' sei der Endpunkt, also die Projektion von P auf $\overrightarrow{OQ}$. In Abb. 17 ist die durch O, Q, P ge-

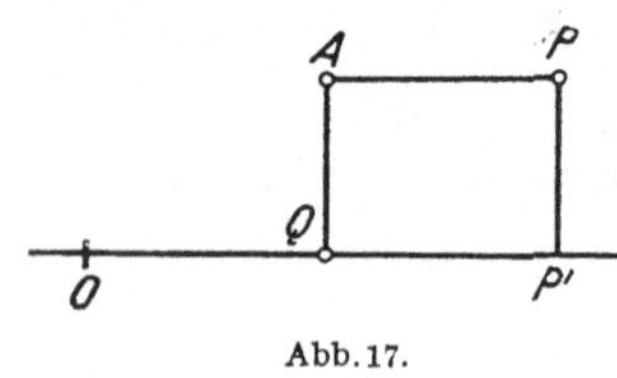

Abb. 17.

bildete Ebene die Zeichenebene. Das von P auf die Ebene $H = 0$ gefällte Lot AP liegt in der Zeichenebene, und es ist

$$d = AP = QP'.$$

Nach dem oben angegebenen Satz über die Projektion eines Linienzuges ist

$$\overrightarrow{OP'} = x \cos\alpha + y \cos\beta + z \cos\gamma = H(x, y, z) + \delta$$

$$\overrightarrow{OP'} - \overrightarrow{OQ} = \overrightarrow{QP'} = d = H(x, y, z).$$

§ 11. Zusammenstellung der Ergebnisse und Formeln von § 1 bis § 10.

1. Orientierung:

Richtungssinn einer Geraden durch ein geordnetes Punktepaar.

Umlaufssinn einer Ebene durch ein nicht in einer Gerade liegendes Punktetripel.

Windungssinn im Raum durch ein nicht in einer Ebene liegendes Punktequadrupel.

2. Andere orthogonale Koordinatensysteme:

a) Polarkoordinaten in der Ebene:

$$x = R\cos\varphi, \qquad y = R\sin\varphi; \qquad R = \sqrt{x^2 + y^2}, \qquad \operatorname{tg}\varphi = \frac{y}{x}.$$

b) Zylinderkoordinaten im Raum:

$$x = R\cos\varphi, \quad y = R\sin\varphi, \quad z = z; \qquad R = \sqrt{x^2 + y^2}, \qquad \operatorname{tg}\varphi = \frac{y}{x}$$

c) Kugelkoordinaten im Raum:

$$x = r\cos\varphi\cos\lambda, \qquad y = r\cos\varphi\sin\lambda, \qquad z = r\sin\varphi,$$

$$r = \sqrt{x^2 + y^2 + z^2}, \qquad \operatorname{tg}\lambda = \frac{y}{x}, \qquad \sin\varphi = \frac{z}{r}.$$

3. Richtungscosinus:

$$x = r\lambda, \qquad y = r\mu, \qquad z = r\nu; \qquad \lambda^2 + \mu^2 + \nu^2 = 1.$$

4. Abstand zweier Punkte:

$$d = \sqrt{(x_2 - x_1)^2 + (y_2 - y_1)^2 + (z_2 - z_1)^2}.$$

5. Teilung einer Strecke in einem gegebenen Verhältnis, Parameterdarstellung einer Geraden:

$$x = \frac{x_2 p - x_1 q}{p - q}, \qquad y = \frac{y_2 p - y_1 q}{p - q}, \qquad z = \frac{z_2 p - z_1 q}{p - q}$$

teilt die Strecke $\overrightarrow{A_1 A_2}$ derart, daß

$$\overrightarrow{A_1 P} : \overrightarrow{A_2 P} = p : q.$$

6. Gleichung einer Geraden in der Ebene:

$$A x + B y + C = 0, \qquad m = -\frac{A}{B}.$$

A und B sind den Richtungscosinus der Normalen proportional.

7. Gleichung einer Geraden im Raum in Parameterform:
Ein Punkt und ihre Richtungscosinus λ, μ, ν oder drei proportionale Größen u, v, w sind gegeben,

$$x = x_1 + \lambda s, \qquad y = y_1 + \mu s, \qquad z = z_1 + \nu s,$$
$$x = x_1 + u t, \qquad y = y_1 + v t, \qquad z = z_1 + w t.$$
$$u : v : w = \lambda : \mu : \nu,$$
$$\lambda = \frac{u}{\sqrt{u^2 + v^2 + w^2}}, \qquad \mu = \frac{v}{\sqrt{u^2 + v^2 + w^2}}, \qquad \nu = \frac{w}{\sqrt{u^2 + v^2 + w^2}}.$$

Der Parameter s ist der Abstand des veränderlichen Punktes von dem festen Punkt, und t ist diesem Abstand proportional.

$$s = t \sqrt{u^2 + v^2 + w^2}.$$

Nach Elimination der Parameter

$$\frac{x - x_1}{\lambda} = \frac{y - y_1}{\mu} = \frac{z - z_1}{\nu},$$
$$\frac{x - x_1}{u} = \frac{y - y_1}{v} = \frac{z - z_1}{w}.$$

Für die Gerade in der Ebene

$$\frac{y - y_1}{x - x_1} = m = \operatorname{tg} \alpha ; \qquad y = m x + b.$$

8. Gleichung der Geraden durch zwei gegebene Punkte

$$\frac{x - x_1}{x_2 - x_1} = \frac{y - y_1}{y_2 - y_1} = \frac{z - z_1}{z_2 - z_1},$$

Achsenform für die Ebene:

$$\frac{x}{a} + \frac{y}{b} = 1.$$

9. Winkel zweier Geraden:

$$\cos \varphi = \lambda_1 \lambda_2 + \mu_1 \mu_2 + \nu_1 \nu_2.$$

Für die Ebene

$$\operatorname{tg} \varphi = \frac{m_2 - m_1}{1 + m_1 m_2}.$$

Orthogonalitätsbedingung:

$$\lambda_1 \lambda_2 + \mu_1 \mu_2 + \nu_1 \nu_2 = 0; \qquad 1 + m_1 m_2 = 0.$$

2*

10. Gleichung der Ebene:

$$A x + B y + C z + D = 0.$$

A, B, C sind den Richtungscosinus der Normalen proportional.
Achsenform

$$\frac{x}{a} + \frac{y}{b} + \frac{z}{c} = 1.$$

11. Hessesche Normalform für die Gerade in der Ebene:

$$H(x, y) = \frac{A x + B y + C}{\sqrt{A^2 + B^2}}, \qquad H(x_0, y_0) = \text{Abstand von der Geraden.}$$

12. Hessesche Normalform für die Ebene:

$$H(x, y, z) = \frac{A x + B y + C z + D}{\sqrt{A^2 + B^2 + C^2}},$$

$$H(x_0, y_0, z_0) = \text{Abstand von der Ebene.}$$

§ 12. Aufgaben zu Kapitel IA.

1. Welches ist die Gleichung der Ebene durch die Punkte $(0, 0, 0)$, $(1; 1; 1)$ und $(1; 1; -1)$?

2. Gegeben sind die Gleichungen der beiden Ebenen

$$E_1 \equiv 3 x + 4 y - 2 z + 1 = 0,$$
$$E_2 \equiv 5 x - 7 y + z - 3 = 0.$$

a) Welches ist die Gleichung der Spurgeraden von $E_1 = 0$ mit der XY-Ebene?

b) Welches sind die Richtungscosinus der Spurgeraden beider Ebenen?

3. Man zeige, daß die vier Punkte $A(0; 0; 0)$, $B(1; 1; 2)$, $C(-1; 1; 0)$ und $D(2; -1; 1)$ in einer Ebene liegen und bestimme den Schnittpunkt von AB mit CD.

4. Die Gleichung der Projektion der Geraden

$$x = 1 + 3 t, \qquad y = 2 - t, \qquad z = -1 + 2 t$$

auf die XY-Ebene soll angegeben werden.

5. Welches ist die Gleichung der Geraden, die durch $(-1; 1; 2)$ geht und auf den beiden Geraden

$$x = 1 + 3 t, \qquad y = 2 - t, \qquad z = -1 + 2 t$$

und

$$x = -1 + 5 t', \qquad y = 3 + 2 t', \qquad z = 4 - t'$$

senkrecht steht?

6. Gegeben sind ein Punkt $P(1;1;3)$ und eine Gerade g, die als Spurgerade der beiden Ebenen

$$2y + z = 3 \quad \text{und} \quad x + z = 3$$

bestimmt ist. Gesucht ist:

a) Die Gleichung der Ebene durch P, die senkrecht auf g steht.

b) Der Schnittpunkt Q dieser Ebene mit g.

c) Der Abstand PQ.

d) Die Gleichung der Ebene, die durch P geht und senkrecht auf PQ steht.

7. Gegeben sind zwei gerade Linien

$$g_1: \quad x = 1 + 2t, \qquad y = -1 - 3t, \qquad z = 4t,$$
$$g_2: \quad x = 1 + 3s, \qquad y = -1 + s, \qquad z = 2s.$$

Gesucht ist die Gleichung einer Geraden, die auf beiden senkrecht steht, und die Gleichung der Ebene, die beide Geraden enthält.

8. Der Abstand des Punktes $P(4; -4; 3)$ von der Ebene $2x + 2y + z = 6$ und die Gleichung des Lotes von P auf die Ebene sollen angegeben werden.

9. Welches sind die Gleichungen der Winkelhalbierenden der beiden Geraden $3x + 4y - 10 = 0$ und $5x - 12y + 2 = 0$?

10. $H_1 = 0$, $H_2 = 0$ und $H_3 = 0$ sind die Gleichungen der Seiten eines Dreiecks in Hessescher Normalform ($H_\nu > 0$ für das Innere des Dreiecks).

a) Welches sind die Gleichungen der Winkelhalbierenden?

b) Die drei Innenwinkelhalbierenden gehen durch einen Punkt, ebenso zwei Außenwinkelhalbierende und die Innenwinkelhalbierende des dritten Winkels.

c) Die drei Schnittpunkte je einer Außenwinkelhalbierenden mit der gegenüberliegenden Seite liegen auf einer Geraden, ebenso verhalten sich zwei Innenwinkelhalbierende und die Außenwinkelhalbierende des dritten Winkels. (Beachte die Gleichungen $H_1 \pm H_2 \pm H_3 = 0$.)

11. $H_1 = 0, \ldots, H_4 = 0$ seien die Gleichungen von vier Ebenen in Hessescher Normalform, die die Seitenflächen eines Tetraeders bilden. Wieviel Kugeln gibt es im allgemeinen, die alle vier Ebenen gleichzeitig berühren? Die Mittelpunkte der Kugeln sollen als die Schnittpunkte von je sechs winkelhalbierenden Ebenen angegeben werden.

12. Ein horizontal liegendes Dreieck ABC ist in seinen drei Eckpunkten unterstützt. In einem Punkte S befindet sich die Masse m. Die Koordinaten der vier Punkte sind gegeben. Wie groß ist der Druck in den drei Eckpunkten? Beweise aus dem Ergebnis den Satz des Ceva (vgl. S. 121).

13. Die Gleichung einer Geraden zu finden, die die beiden gegebenen Geraden

$$y = 3x + 5 \qquad y = 4x - 7$$
$$\text{und}$$
$$z = 2x - 3 \qquad z = 5x + 3$$

schneidet und der Geraden $y = 7x$, $z = 8x$ parallel ist.

14. Durch $P\left(\dfrac{12}{7}; \dfrac{24}{7}\right)$ soll eine Gerade gelegt werden, die mit den beiden Achsen ein Dreieck bildet, dessen Inhalt 12 Einheiten beträgt.

B. Kurven und Flächen zweiter Ordnung.

§ 13. Die allgemeine Gleichung der C_2 und F_2.

Durch Gleichungen ersten Grades sind Gerade und Ebene gekennzeichnet worden, sie heißen lineare Gebilde und ihre Gleichungen lineare Gleichungen. Wir wenden uns jetzt den Gebilden zweiter Ordnung zu. Ihre allgemeinste Gleichung für zwei Veränderliche hat folgende Form:

$$A x^2 + B x y + C y^2 + D x + E y + F = 0.$$

Die drei ersten, die quadratischen Glieder, sind von zweiter Dimension, weil die Summe der Exponenten der Veränderlichen immer gleich zwei ist. Dann kommen zwei lineare Glieder und schließlich das konstante Glied. Die Gesamtheit aller Wertepaare x, y, die eine solche Gleichung erfüllen, bilden eine Kurve zweiter Ordnung, die wir mit C_2 bezeichnen wollen.

Eine entsprechende Gleichung zwischen drei Veränderlichen x, y, z ist eine F_2, eine Fläche zweiter Ordnung, deren allgemeine Gleichung 10 Glieder enthält.

§ 14. Gleichung des Kreises und der Kugel.

Zu den Gebilden zweiter Ordnung gehören Kreis und Kugel. Wir werden untersuchen, welche Bedingungen die Koeffizienten A, B, ... erfüllen müssen, damit die Gleichung einen Kreis bzw. eine Kugel darstellt. Wir stellen die Gleichungen dieser Gebilde auf. Sind x, y bzw. x, y, z die laufenden Koordinaten eines Punktes P, $M(\alpha, \beta)$ bzw. $M(\alpha, \beta, \gamma)$ der Mittelpunkt und r der Radius, dann ist für jeden Punkt P des Kreises oder der Kugel

$$\overline{PM} = r$$

oder nach § 11, 4

$$(x - \alpha)^2 + (y - \beta)^2 = r^2 \quad \text{bzw.} \quad (x - \alpha)^2 + (y - \beta)^2 + (z - \gamma)^2 = r^2$$

Fällt M mit O zusammen, so entsteht die einfachere Form

$$x^2 + y^2 = r^2 \quad \text{bzw.} \quad x^2 + y^2 + z^2 = r^2.$$

Löst man die Klammern auf und setzt

$$K(x, y, z) \equiv x^2 + y^2 + z^2 - 2\alpha x - 2\beta y - 2\gamma z + \alpha^2 + \beta^2 + \gamma^2 - r^2 = 0\,,$$

so zeigt sich, daß erstens die Koeffizienten von x^2, y^2, z^2 einander gleich und zweitens die Glieder mit xy, yz, zx nicht vorhanden sind. Dabei kommt es nicht darauf an, daß der gemeinsame Koeffizient der Quadrate gleich 1 ist, es genügt, wenn er von Null verschieden ist, weil dann durch diese Zahl dividiert werden kann. Danach ist

$$3x^2 + 3y^2 + 4x - 6y + 3 = 0$$

die Gleichung eines Kreises. Um seinen Mittelpunkt und seinen Radius zu finden, wird durch 3 dividiert und die Ausdrücke

$$x^2 + \frac{4}{3}x \quad \text{und} \quad y^2 - 2y$$

werden zu vollständigen Quadraten ergänzt.

$$\left(x + \frac{2}{3}\right)^2 + (y-1)^2 = -1 + \frac{4}{9} + 1 = \frac{4}{9}.$$

M hat also die Koordinaten $\alpha = -\frac{2}{3}$, $\beta = 1$, und es ist $r = \sqrt{\frac{4}{9}} = \frac{2}{3}$.

Ebenso werden Mittelpunkt und Radius der Kugel gefunden.

Ist allgemein

$$K(x, y) \equiv (x-\alpha)^2 + (y-\beta)^2 - r^2 = x^2 + y^2 + 2ax + 2by + c = 0$$

die Gleichung eines Kreises, so ergeben sich durch Vergleich der beiderseitigen Koeffizienten die Koordinaten des Mittelpunktes und der Radius:

$$\alpha = -a, \qquad \beta = -b, \qquad r = \sqrt{a^2 + b^2 - c}.$$

Für die Kugel sind die Formeln entsprechend zu ändern.

§ 15. Potenz eines Punktes in bezug auf einen Kreis oder auf eine Kugel.

Wir führen die folgenden Untersuchungen für die Kugel durch und geben für den Kreis nur die Ergebnisse an, die sich ebenso herleiten lassen.

Die Parameterdarstellung einer Geraden durch $P_0(x_0, y_0, z_0)$ mit den Richtungscosinus λ, μ, ν lautet:

$$x = x_0 + \lambda s, \qquad y = y_0 + \mu s, \qquad z = z_0 + \nu s.$$

Man ermittelt ihre Schnittpunkte mit der Kugel $K(x, y, z) = 0$ durch Auflösen folgender Gleichung:

$$(x_0 + \lambda s)^2 + (y_0 + \mu s)^2 + (z_0 + \nu s)^2 +$$

$$+ 2a(x_0 + \lambda s) + 2b(y_0 + \mu s) + 2c(z_0 + \nu s) + d = 0.$$

Sie ist quadratisch in s, wie nicht anders zu erwarten war, da die Kugel i. a. in zwei Punkten von der Geraden geschnitten wird. s^2 hat den Koeffizienten

$$\lambda^2 + \mu^2 + \nu^2 = 1,$$

und das Glied ohne s ist $K(x_0, y_0, z_0)$. Die Gleichung hat also die Form

$$s^2 + As + K(x_0, y_0, z_0) = 0.$$

Je nach der Diskriminante haben Kugel und Gerade entweder zwei reelle, verschiedene Schnittpunkte, oder beide fallen in einen zusammen, oder es ist kein gemeinsamer Punkt vorhanden.

Nach dem VIETAschen Wurzelsatz ist

$$s_1 s_2 = K(x_0, y_0, z_0),$$

wenn s_1 und s_2 die beiden Wurzeln sind. s_1 und s_2 sind die Abstände der beiden Schnittpunkte von P_0.

Ist $K(x_0, y_0, z_0) = 0$, so liegt P_0 auf der Kugel, und dann ist mindestens eine der beiden Größen $s = 0$. Ist $K(x_0, y_0, z_0) > 0$, so haben s_1 und s_2 das gleiche Vorzeichen, dann liegen entweder beide auf dem positiven oder beide auf dem negativen Halbstrahl, also liegt P_0 außerhalb der Kugel, und für $K(x_0, y_0, z_0) < 0$ liegt P_0 im Inneren der Kugel. Das Produkt

$$s_1 s_2 = K(x_0, y_0, z_0)$$

ist unabhängig von λ, μ, ν, hat also für alle durch P_0 gehenden Geraden denselben Wert. Es ist nur von der Lage des Punktes P_0 und den Bestimmungsstücken der Kugel abhängig. Wir erhalten somit folgenden

Satz 3: *Zieht man von einem Punkte P_0 aus gerade Linien, die die Kugel in S_1 und S_2 schneiden, so ist das Produkt $\overrightarrow{P_0 S_1} \cdot \overrightarrow{P_0 S_2} = s_1 s_2$ konstant. Es wird die Potenz des Punktes P_0 in bezug auf die Kugel bzw. den Kreis genannt.*

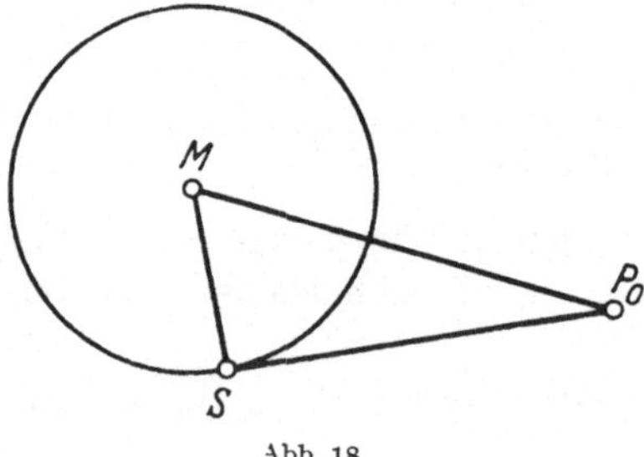

Abb. 18.

Ist $s_1 = s_2$, so muß P_0 außerhalb der Kugel liegen, weil sonst die Vorzeichen der beiden Strecken nicht gleich sein könnten. Dann fallen S_1 und S_2 zusammen, die Gerade wird Tangente, und s_1 ist der Abstand von P_0 bis zum Berührungspunkt.

Dies läßt sich auch unmittelbar so einsehen (Abb. 18): Es ist

$$K(x_0, y_0, z_0) + r^2 = (x_0 - \alpha)^2 + (y_0 - \beta)^2 + (z_0 - \gamma)^2 = \overline{MP_0}^2 = r^2 + \overline{SP_0}^2$$

und

$$K(x_0, y_0, z_0) = \overline{SP_0}^2 = s_1^2.$$

Gegeben seien zwei Kugeln $K_1 = 0$ und $K_2 = 0$. Beide Gleichungen seien wieder so normiert, daß die Koeffizienten der quadratischen

Glieder den Wert 1 haben. Wir fragen nach allen Punkten $P(x, y, z)$, die in bezug auf beide Kugeln gleiche Potenz haben. Sie werden durch die Gleichung

$$K_1(x, y, z) = K_2(x, y, z)$$

erfaßt. Das ist die Gleichung einer Ebene, weil sich die quadratischen Glieder wegheben. Für alle gemeinsamen Punkte beider Kugeln ist natürlich $K_1 = K_2$, weil dann jede Seite dieser Gleichung verschwindet. Daher ist $K_1 - K_2 = 0$ die Gleichung der Ebene, die durch die gemeinsamen Punkte beider Kugeln bestimmt ist, sofern solche vorhanden sind. Berühren sich beide Kugeln, so kann diese Ebene keinen anderen als den Berührungspunkt mit jeder der Kugeln gemeinsam haben, sie ist also in diesem Falle die Tangentialebene beider Kugeln in diesem Punkte. Sind beide Kugeln konzentrisch, so fallen in $K_1 - K_2 = 0$ auch noch die linearen Glieder weg und die genannte Ebene existiert im Endlichen nicht.

Alle Punkte gleicher Potenz in bezug auf drei Kugeln werden durch

$$K_1 = K_2 = K_3$$

erhalten.

Das sind zwei lineare Gleichungen, die eine Gerade darstellen. Sie ist die Spurgerade der Ebene $K_1 = K_2$ und $K_2 = K_3$. Sie liegt auch ganz in der dritten Ebene $K_3 = K_1$. Denn, wenn für irgend einen Punkt $K_1 = K_2$ und zugleich $K_2 = K_3$ ist, muß auch $K_3 = K_1$ sein. Ebenso zeigt man:

Satz 4: *Vier Kugeln besitzen i. a. einen Punkt gleicher Potenz.*

Für den Kreis ist $K(x_0, y_0)$ die Potenz des Punktes $P_0(x_0, y_0)$ und

$$K_1 - K_2 = 0$$

ist die Gleichung der gemeinsamen Potenzlinie; sie ist die Verbindung der Schnittpunkte, sofern solche vorhanden sind, bzw. die gemeinsame Tangente in einem Berührungspunkt beider Kreise.

Die gemeinsamen Potenzlinien von je zweien von drei Kreisen sind entweder parallel oder schneiden sich in einem Punkt, von dem aus die Tangenten an alle drei Kreise gleich lang sind.

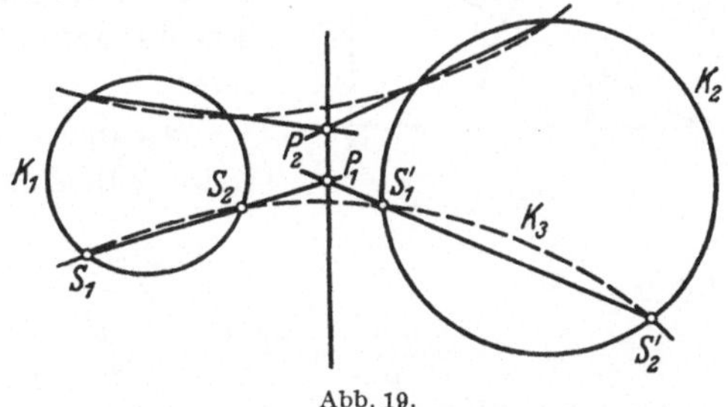

Abb. 19.

Die Potenzlinie zweier Kreise, die keinen Schnittpunkt haben, konstruiert man so (Abb. 19):

Man zeichne einen dritten Kreis K_3, der die beiden gegebenen in S_1, S_2, S_1', S_2' schneidet. Der Schnittpunkt P_1 von $S_1 S_2$ mit $S_1' S_2'$

hat in bezug auf alle drei Kreise gleiche Potenz, er liegt also auf der gesuchten Potenzlinie von K_1 und K_2. In gleicher Weise konstruiert man noch einen zweiten Punkt P_2. Dann ist $P_1 P_2$ die gesuchte Linie.

§ 16. Inversion an Kreis und Kugel.

Jedem Punkt $P(x, y)$ der Ebene soll ein Punkt P' derselben Ebene zugeordnet werden, den wir den Bildpunkt von P nennen wollen. Umgekehrt soll P Bildpunkt von P' werden. Diese Zuordnung soll eindeutig und eindeutig umkehrbar sein, d. h. jedem P entspricht ein und nur ein P', und derselbe Punkt P' kann nicht Bildpunkt verschiedener P sein. Die ganze Ebene wird so auf sich selbst abgebildet.

Das kann z. B. durch eine Spiegelung an einer Geraden geschehen. Dabei wird jedem Punkt der zu dieser Geraden symmetrisch liegende zugeordnet.

Eine andere eindeutige Abbildung ist die Spiegelung an einem Kreis. Sie ist nicht mit der optischen Spiegelung identisch, sondern wird folgendermaßen erklärt: Gegeben ist ein Kreis K, dessen Mittelpunkt wir in den Anfangspunkt legen, sein Radius sei a. Der Bildpunkt zu P liegt auf $\overrightarrow{OP}$, und zwar auf demselben Halbstrahl wie P. Sein Abstand ϱ' von O ist durch

$$\varrho' = \frac{a^2}{\varrho}$$

gegeben, wenn $\varrho = \overrightarrow{OP}$ ist.

Ist $\varrho = a$, so ist auch $\varrho' = a$, und alle Punkte des Kreises K gehen in sich selbst über. K ist also mit seinem Bild identisch. Ist $\varrho > a$, dann ist $\varrho' < a$, weil $\varrho \varrho' = a^2$ ist. Also werden alle Punkte außerhalb von K zu Punkten im Inneren und umgekehrt. Weil sich ϱ und ϱ' vertauschen lassen, ist auch P das Bild von P'.

Diese Abbildung heißt Inversion oder Transformation durch reziproke Radien.

Wir drücken x' und y' durch x und y aus (Abb. 20). Aus

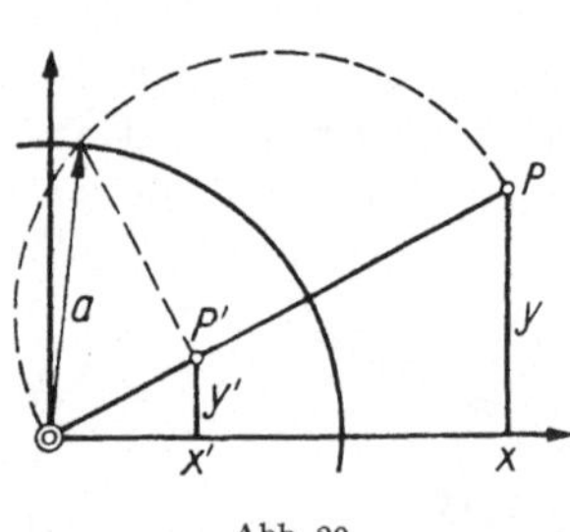

Abb. 20.

$$\varrho : \varrho' = x : x' \quad \text{und} \quad \varrho : \varrho' = y : y'$$

folgt

$$x' = \frac{\varrho' x}{\varrho} = \frac{\varrho \varrho' x}{\varrho^2} = \frac{a^2 x}{x^2 + y^2}, \qquad y' = \frac{a^2 y}{x^2 + y^2}.$$

Ebenso umgekehrt

$$x = \frac{a^2 x'}{x'^2 + y'^2}, \qquad y = \frac{a^2 y'}{x'^2 + y'^2}.$$

Eine wichtige Eigenschaft dieser Transformation, die nach Möbius Kreisverwandtschaft genannt wird, ist folgende:

Satz 5: *Kreise gehen in Kreise über.*

Dabei sind gerade Linien als besondere Fälle mit zu den Kreisen zu zählen.

Beweis: Die Gleichung eines beliebigen Kreises sei

$$A(x^2 + y^2) + Bx + Cy + D = 0.$$

Der Fall $A = 0$ sei mit eingeschlossen, weil an die Stelle des Kreises auch eine Gerade treten kann.

x und y werden durch x' und y' ersetzt. Das ergibt nach einer kleinen Umformung

$$A a^4 + B a^2 x' + C a^2 y' + D(x'^2 + y'^2) = 0,$$

also wieder die Gleichung eines Kreises.

Für $D = 0$ geht der Kreis durch O und sein Bild ist eine Gerade. Umgekehrt wird jede Gerade zu einem Kreis durch den Nullpunkt, wie der Fall $A = 0$ zeigt. Sind $A = 0$ und $D = 0$, so haben wir eine Gerade durch den Nullpunkt, deren Punkte wieder auf Punkte der gleichen Geraden abgebildet werden.

Wir wollen noch untersuchen, in welchem Falle ein Kreis oder eine Gerade in sich selbst übergeht. Von den Geraden kommen hierfür nur die durch den Nullpunkt gehenden in Betracht, weil alle anderen in Kreise verwandelt werden. Ferner gehört K selbst zu diesen Kreisen und außer diesem kann es keinen weiteren um O geben, der bei der Abbildung unverändert bleibt.

Schließen wir diese Fälle aus, so sind A und D von Null verschieden, ebenso können B und C nicht beide zugleich verschwinden. Wenn jetzt ein Kreis mit seinem Bild zusammenfallen soll, müssen A, B, C, D so gewählt werden, daß die Gleichungen der beiden Kreise des vorigen Beweises dieselbe Kurve darstellen. Also

$$A : B : C : D = D : B a^2 : C a^2 : A a^4.$$

Hieraus folgt $D = A a^2$.

Wir setzen $A = 1$ und

$$x^2 + y^2 + Bx + Cy + a^2 = 0,$$

oder

$$\left(x + \frac{B}{2}\right)^2 + \left(y + \frac{C}{2}\right)^2 = \frac{B^2}{4} + \frac{C^2}{4} - a^2$$

ist die Gleichung eines solchen Kreises. Wenn man imaginäre Radien ausschließen will, muß

$$\frac{1}{4}(B^2 + C^2) > a^2$$

sein.

Der außerhalb K liegende Bogen von K_1 geht in den innerhalb von K liegenden über und umgekehrt, daher haben K und K_1 reelle Schnittpunkte. Mittelpunkt M und Radius r von K_1 sind durch

$$\alpha = -\frac{B}{2}, \qquad \beta = -\frac{C}{2}, \qquad r = \sqrt{\frac{1}{4}(B^2 + C^2) - a^2}$$

gegeben. P sei einer der Schnittpunkte beider Kreise (Abb. 21). Das Dreieck OPM erweist sich als rechtwinklig. Denn

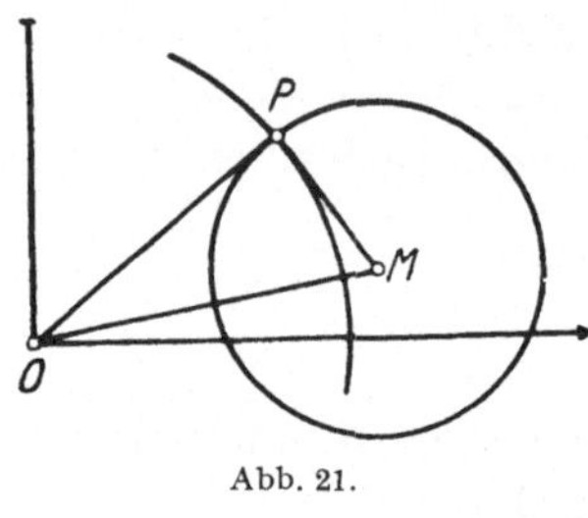

$$\overline{OP}^2 = a^2, \quad \overline{OM}^2 = \alpha^2 + \beta^2 = \frac{1}{4}(B^2 + C^2),$$

$$\overline{MP}^2 = \frac{1}{4}(B^2 + C^2) - a^2.$$

Also ist

$$\overline{OP}^2 + \overline{MP}^2 = \overline{OM}^2$$

und

$$\sphericalangle\, OPM = \frac{\pi}{2}.$$

Abb. 21.

Da die Radien aufeinander senkrecht stehen, gilt das gleiche für die Tangenten, die in P an beide Kreise gezogen werden können. Solche Kreise heißen **orthogonal**. Jeder zu K orthogonale Kreis geht bei der Inversion in sich selbst über.

Zusammenfassend ergibt sich danach der

Satz 6: *Folgende Kreise und nur diese gehen bei der Transformation durch reziproke Radien in sich selbst über:*
1. Alle Geraden durch O,
2. K selbst,
3. alle zu K orthogonalen Kreise.

Weiter läßt sich zeigen, daß zwei beliebige Orthogonalkreise bei der Spiegelung in Orthogonalkreise übergehen. Allgemeiner gilt, daß die Abbildung **winkeltreu** ist, d. h. daß die Bildkreise sich unter demselben Winkel schneiden wie die ursprünglichen. (Unter dem Schnittwinkel zweier Kreise ist der Winkel ihrer Tangenten zu verstehen!)

Der Beweis hierfür möge dem Leser überlassen werden.

Satz 7: *Sind A und B die Schnittpunkte einer Geraden OP mit K und P′ das Bild von P, so wird AB durch P und P′ harmonisch geteilt.*

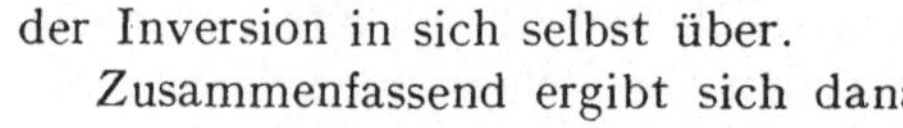

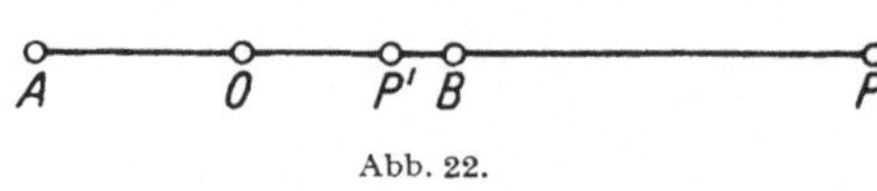

Abb. 22.

Beweis (Abb. 22): Es ist zu zeigen, daß das Doppelverhältnis den Wert -1 hat (vgl. I A § 6).

$$\overrightarrow{AP} = \varrho + a, \qquad \overrightarrow{BP} = \varrho - a, \qquad \overrightarrow{AP'} = \varrho' + a, \qquad \overrightarrow{BP'} = \varrho' - a,$$

$$\frac{\overrightarrow{AP}}{\overrightarrow{BP}} : \frac{\overrightarrow{AP'}}{\overrightarrow{BP'}} = \frac{\varrho + a}{\varrho - a}\,\frac{\varrho' - a}{\varrho' + a} = \frac{\varrho\varrho' + a(\varrho' - \varrho) - a^2}{\varrho\varrho' + a(\varrho - \varrho') - a^2} = -1,$$

weil

$$\varrho\varrho' = a^2$$

ist. Bewegt sich P' nach rechts auf B zu, so wandert P nach links, bis beide in B zusammenfallen. Nähert sich P' der Mitte von AB, so rückt P beliebig weit nach rechts. Daher sagt man, wenn von den vier harmonischen Punkten A, B, P, P' der eine, etwa P', die Mitte von AB ist, P liege im Unendlichen.

Für den Raum wird die Spiegelung an der Kugel ebenso erklärt wie in der Ebene am Kreis.

Wie sofort zu übersehen ist, gehen Gerade durch den Nullpunkt in sich selbst über. Dasselbe gilt für Ebenen durch O. Innerhalb einer solchen Ebene ist die Abbildung der einzelnen Punkte die Inversion an dem Kreis, in dem die spiegelnde Kugel von dieser Ebene geschnitten wird.

Wegen der Kreisverwandtschaft geht jeder Kreis einer Ebene durch O in einen Kreis über. Dreht man diese Ebene um die durch O und die Mittelpunkte beider Kreise bestimmte Achse, so wird jeder der Kreise zu einer Kugel, von denen die eine das Bild der anderen ist. Das Spiegelbild einer Kugel ist wieder eine Kugel.

Auch die Untersuchungen über Kugeln und Ebenen, die in sich selbst übergehen, führen zu dem gleichen Ergebnis wie vorher.

Ein beliebig im Raum liegender Kreis wird ebenfalls in einen Kreis übergeführt.

Um das einzusehen, fassen wir den Kreis als Schnitt zweier Kugeln auf; diese werden als Kugeln oder als Ebenen abgebildet, und die gemeinsamen Punkte der ursprünglichen Kugeln gehen in die gemeinsamen Punkte der Spiegelbilder über. Diese bilden in jedem Falle einen Kreis oder eine Gerade.

Bemerkenswert ist noch der Fall der stereographischen Projektion einer Ebene auf die Kugel (Abb. 23). In einem Punkte T auf K wird die Tangentialebene E konstruiert, die an K gespiegelt wird

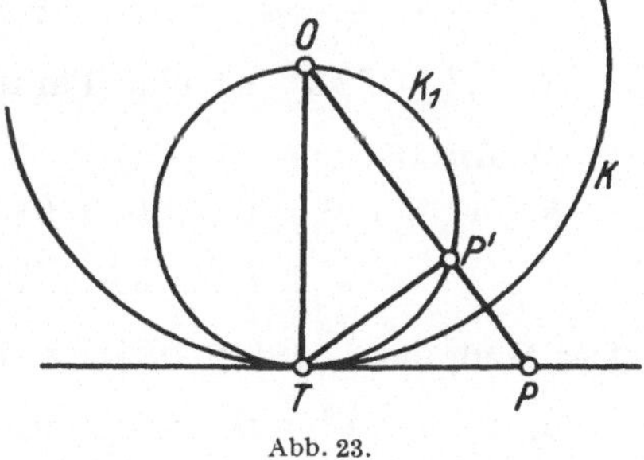
Abb. 23.

und in die Kugel K_1 übergeht. Diese muß durch T gehen, weil T Bildpunkt von sich selbst ist, sie darf ferner mit K keine anderen gemeinsamen Punkte haben, da solche auch zugleich auf E liegen müßten, sie muß also K in T berühren, und weil sie Bild einer Ebene ist, muß sie durch O gehen. K_1 ist dadurch vollständig bestimmt.

Nach dem Satz des EUKLID über das rechtwinklige Dreieck ist

$$\overrightarrow{OP} \cdot \overrightarrow{OP'} = a^2,$$

also ist P' das Bild von P. Kreise in E werden zu Kreisen auf K_1; einer Geraden in E entspricht ein Kreis durch O, parallele Gerade gehen in

Kreise über, die außer O keinen gemeinsamen Punkt haben. Ohne Beweis sei noch erwähnt, daß diese Abbildung auch winkeltreu ist: O wird Bildpunkt des unendlich fernen Punktes der Ebene. (In der Funktionentheorie, wo die stereographische Projektion eine besondere Bedeutung hat, spricht man von einem unendlich fernen Punkt der Ebene, während wir in der Geometrie, wie es an späterer Stelle geschehen wird, die Gesamtheit dieser uneigentlichen Punkte in der Ebene als unendlich ferne Gerade einführen werden.)

§ 17. Aufzählung aller C_2.

Wir bringen eine Übersicht über alle Kurven zweiter Ordnung. Mit Hilfe der Hauptachsentransformation wird in V § 1 gezeigt werden, daß diese Aufzählung eine vollständige ist, denn jede C_2 kann durch geeignete Wahl des Koordinatensystems auf eine der folgenden Formen gebracht werden.

Wenn $F(x, y)$ in zwei lineare Faktoren zerlegt werden kann, heißt die C_2 eine zerfallende Kurve.

A. Nicht zerfallende C_2.

1. $a x^2 + b y^2 + 1 = 0 \qquad (a, b > 0)$.
Die Kurve hat keinen reellen Punkt.

2. $\dfrac{x^2}{a^2} + \dfrac{y^2}{b^2} = 1$ ist eine Ellipse.

3. $\dfrac{x^2}{a^2} - \dfrac{y^2}{b^2} = 1$ ist eine Hyperbel.

4. $y^2 = 2 p x$ ist eine Parabel.

B. Zerfallende C_2.

5. $x^2 + c y^2 = 0 \qquad (c > 0)$ zerfällt in

$$\left(x + y \sqrt{-c}\right)\left(x - y \sqrt{-c}\right) = 0.$$

Der Nullpunkt ist der einzige reelle Punkte dieser Kurve.

6. $x^2 - c y^2 = 0 \qquad (c > 0)$ zerfällt in

$$\left(x + y \sqrt{c}\right)\left(x - y \sqrt{c}\right) = 0.$$

Die Kurve besteht aus zwei geraden Linien, die sich daraus ergeben, daß entweder der eine oder der andere Faktor verschwindet.

7. $x^2 + c = 0 \qquad (c > 0)$,   kein reeller Punkt.

8. $x^2 - c = 0 \qquad (c > 0)$ zerfällt in

$$\left(x + \sqrt{c}\right)\left(x - \sqrt{c}\right) = 0$$

und stellt zwei parallele Gerade dar.

9. $x^2 = 0$,   beide Gerade fallen zusammen.

§ 18. Die einzelnen nicht zerfallenden, reellen C_2.

Die Ellipse wird aus dem Kreis erhalten, wenn die Ordinaten eines jeden Punktes mit einem bestimmten Faktor multipliziert werden. Dem Punkt $P(x, y')$ des Kreises

$$x^2 + y'^2 = a^2$$

ordnen wir den Punkt $P(x, y)$ der Ellipse zu, indem x bleibt und y' durch

$$y' = \frac{y}{\lambda}$$

ersetzt wird, dann ist

$$x^2 + \frac{y^2}{\lambda^2} = a^2$$

oder, wenn $a\lambda = b$ gesetzt wird,

$$\frac{x^2}{a^2} + \frac{y^2}{b^2} = 1 .$$

Da $\frac{x^2}{a^2} \leqq 1$ und $\frac{y^2}{b^2} \leqq 1$ sein müssen, liegt die Ellipse ganz in dem Rechteck

$$-a \leqq x \leqq a,$$
$$-b \leqq y \leqq b.$$

Mit x und y erfüllen zugleich $\pm x$ und $\pm y$ die Gleichung. Das bedeutet, daß die Koordinatenachsen Symmetrieachsen sind und der Nullpunkt ein Symmetriepunkt ist. Jede Sehne durch O wird halbiert, O ist also ein **Mittelpunkt**. Gewöhnlich wird $a > b$ angenommen, dann heißt a die **große**, b die **kleine Halbachse**. Für $a = b$ geht die Ellipse in einen Kreis über. Die Punkte $(\pm a; 0)$ heißen **Hauptscheitel**, $(0; \pm b)$ **Nebenscheitel** der Ellipse.

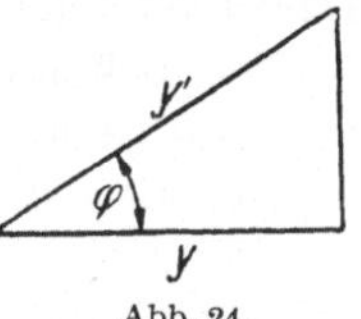

Abb. 24.

Die Verkürzung der Ordinate ergibt dasselbe, als wenn die Ebene des Kreises um die X-Achse um einen Winkel φ gedreht und danach auf die XY-Ebene projiziert wird; es ist (Abb. 24)

$$\lambda = \cos\varphi, \qquad y = y' \cos\varphi.$$

Die Gleichung des Kreises kann auch in der Parameterdarstellung

$$x = r \cos t, \qquad y = r \sin t$$

angegeben werden, wo der Parameter t der in Abb. 25 bezeichnete Winkel ist. Wenn t alle Werte von 0 bis 2π annimmt, durchläuft $P(x, y)$ alle Punkte des Kreises.

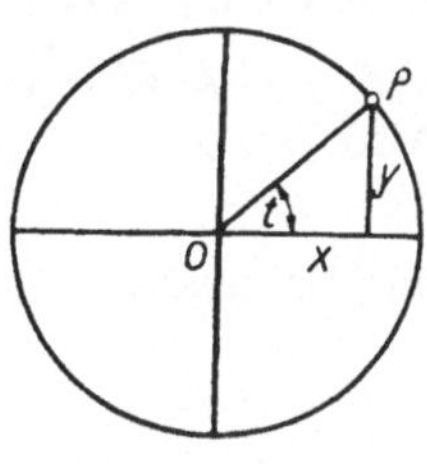

Abb. 25.

Für die Ellipse lautet die Parameterdarstellung

$$x = a \cos t, \qquad y = b \sin t,$$

denn die Elimination von t

$$\frac{x^2}{a^2} + \frac{y^2}{b^2} = \cos^2 t + \sin^2 t = 1$$

ergibt die Gleichung der Ellipse.

Danach können ihre einzelnen Punkte folgendermaßen konstruiert werden (Abb. 26):

Wir beschreiben um O die beiden Kreise mit a und b und ziehen von O einen Strahl, der die Kreise in B und A trifft, t ist der Winkel, den dieser Strahl mit der X-Achse bildet. Von A wird das Lot auf die X-Achse und von B auf die Y-Achse gefällt. Der Schnittpunkt beider Lote ist ein Punkt $P(x, y)$ der Ellipse, denn es ist x die Projektion von OA auf die X-Achse und y die Projektion von OB auf die Y-Achse; also

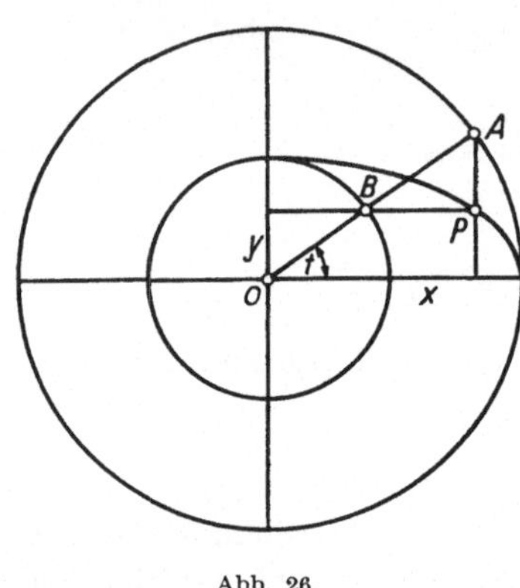

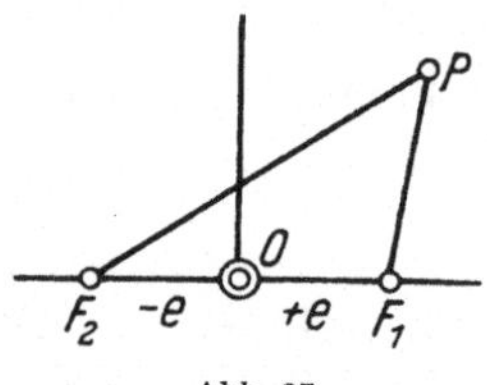

$$x = a \cos t \quad \text{und} \quad y = b \sin t.$$

Abb. 26.   Abb. 27.

Damit ist auch die geometrische Bedeutung des Parameters t erklärt.

Die bekannteste Definition der Ellipse als geometrischer Ort ist folgende (Abb. 27):

Gegeben sind zwei feste Punkte $F_1(e; 0)$ und $F_2(-e; 0)$ und eine Strecke $a > e$. Alle Punkte $P(x, y)$, für die die Summe

$$PF_1 + PF_2 = 2a$$

ist, bilden eine Ellipse.

Aus dieser Bedingung leiten wir die Gleichung der Ellipse ab. Wir setzen $PF_1 = r_1$ und $PF_2 = r_2$. Dann ist

$$r_1^2 = (x - e)^2 + y^2 \quad \text{und} \quad r_2^2 = (x + e)^2 + y^2.$$

Also

$$r_2^2 - r_1^2 = 4e\,x,$$

und nach Division von $r_2 + r_1 = 2a$ wird

$$r_2 - r_1 = \frac{2\,e\,x}{a}.$$

Addiert man hierzu die Gleichung $r_2 + r_1 = 2a$, so erhält man

$$r_2 = \frac{e\,x}{a} + a,$$

$$a^2 r_2^2 = (e\,x + a^2)^2,$$

$$a^2\left[(x + e)^2 + y^2\right] = (e\,x + a^2)^2,$$

und nach Vereinfachung

$$x^2(a^2 - e^2) + y^2 a^2 = a^2(a^2 - e^2).$$

Es muß $a > e$ vorausgesetzt werden, weil in dem Dreieck $F_2 F_1 P$ die Summe zweier Seiten größer als die dritte sein muß. Man kann also

$$a^2 - e^2 = b^2$$

setzen, und damit erhalten wir die vorher angegebene Form

$$\frac{x^2}{a^2} + \frac{y^2}{b^2} = 1 .$$

F_1 und F_2 heißen die Brennpunkte, und e ist die lineare Exzentrizität. Denn e ist ein Maß dafür, wie weit die Ellipse von der Gestalt eines Kreises abweicht. Je kleiner e wird, um so mehr nähern sich die beiden Halbachsen einander, und die Ellipse geht schließlich für $e = 0$ in einen Kreis über.

Ist $PF_1 = PF_2 = a$, so ist P ein Nebenscheitel, dessen Abstand von jedem Brennpunkt gleich der großen Halbachse ist (Abb. 28).

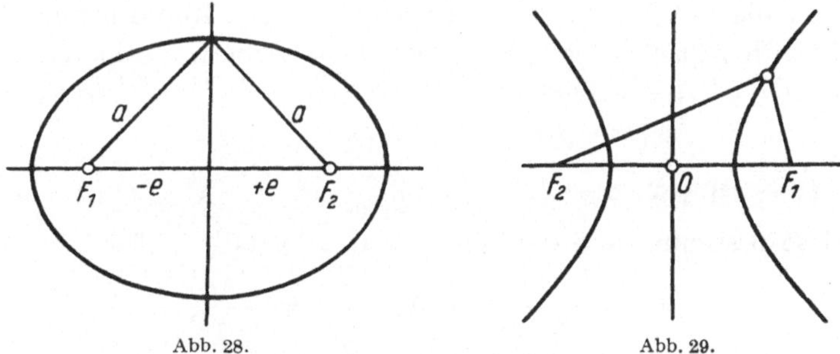

Abb. 28.
Abb. 29.

Die Hyperbel wird als der geometrische Ort aller Punkte $P(x, y)$ erklärt, für die die Differenz der Abstände von zwei festen Punkten einen konstanten Wert hat (Abb. 29).

$$PF_1 - PF_2 = 2a .$$

Man leitet die Gleichung der Hyperbel aus dieser Bedingung ebenso her wie die der Ellipse, denn die Vertauschung des Vorzeichens bei r_1 oder r_2 kann keine Veränderung hervorrufen, weil zum Schluß nur r_2^2 auftritt. Also erhält man

$$x^2 (a^2 - e^2) + y^2 a^2 = a^2 (a^2 - e^2).$$

Jetzt ist gegenüber der Ellipse zu beachten, daß die Differenz $2a$ der beiden Dreiecksseiten kleiner als die dritte sein muß. Wir setzen daher

$$a^2 - e^2 = - b^2$$

und erhalten

$$\frac{x^2}{a^2} - \frac{y^2}{b^2} = 1 .$$

a und b werden auch hier Halbachsen genannt. Ist $a = b$, so heißt die Hyperbel gleichseitig. Ihre Gestalt ist aus Abb. 29 zu ersehen.

Folgende Definition umfaßt Ellipse, Parabel und Hyperbel zugleich (Abb. 30).

Gegeben sind eine Gerade l, die **Leitlinie**, und ein Punkt F, der **Brennpunkt**, p sei der Abstand des Punktes F von l, außerdem ist noch eine positive Zahl ε gegeben.

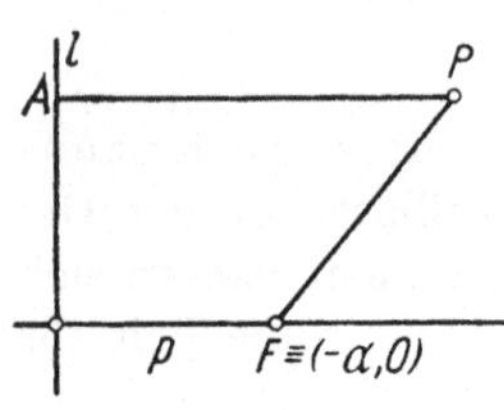

Der geometrische Ort aller Punkte $P(x, y)$, für die das Verhältnis der Abstände von F und l den festen Wert ε besitzt, ist

für $\varepsilon < 1$ eine Ellipse,

für $\varepsilon = 1$ eine Parabel,

für $\varepsilon > 1$ eine Hyperbel.

Abb. 30.

Aus diesen Bedingungen sollen die Gleichungen der Kurven hergeleitet werden.

A sei der Fußpunkt des von P auf die Leitlinie gefällten Lotes. Wir legen die X-Achse durch F senkrecht zu l. Der Koordinatenanfangspunkt werde zunächst nicht festgelegt; F habe die Koordinaten $-\alpha; 0$.

Aus $PF : PA = \varepsilon$ folgt

$$(x + \alpha)^2 + y^2 = \varepsilon^2 (p + \alpha + x)^2,$$

$$x^2 (1 - \varepsilon^2) + 2x\alpha - 2\varepsilon^2 (p + \alpha) x + y^2 = -\alpha^2 + \varepsilon^2 (p + \alpha)^2.$$

α wird so bestimmt, daß die Glieder mit x fortfallen, also

$$\alpha - \varepsilon^2 (p + \alpha) = 0, \qquad \alpha = \frac{\varepsilon^2 p}{1 - \varepsilon^2}.$$

Das geht aber nur, wenn $\varepsilon \neq 1$ ist. Der Fall $\varepsilon = 1$ wird nachher besonders behandelt. Setzen wir den angegebenen Wert für α ein, so wird

$$x^2 (1 - \varepsilon^2) + y^2 = \frac{\varepsilon^2 p^2}{1 - \varepsilon^2}.$$

Ist $\varepsilon < 1$, so setzen wir

$$a^2 = \frac{\varepsilon^2 p^2}{(1 - \varepsilon^2)^2} \quad \text{und} \quad b^2 = \frac{\varepsilon^2 p^2}{1 - \varepsilon^2}$$

und wir erhalten die Gleichung der Ellipse in der vorher angegebenen Form.

Ist $\varepsilon > 1$, so setzen wir

$$a^2 = \frac{\varepsilon^2 p^2}{(1 - \varepsilon^2)^2} \quad \text{und} \quad b^2 = \frac{\varepsilon^2 p^2}{\varepsilon^2 - 1}$$

und wir haben die Gleichung der Hyperbel.

Für $\varepsilon = 1$ vereinfacht sich die oben angegebene Gleichung in

$$2x\alpha - 2x (p + \alpha) + y^2 = -\alpha^2 + (p + \alpha)^2.$$

Der Anfangspunkt wird jetzt in die Mitte zwischen Brennpunkt und Leitlinie gelegt, danach ist

$$\alpha = -\frac{p}{2}$$

zu setzen. Die Parabel ist also der geometrische Ort aller Punkte, die von einem festen Punkt und einer festen Geraden gleichen Abstand haben (Abb. 31), ihre Gleichung ist

$$y^2 = 2\,p\,x.$$

Hält man F und l fest und läßt ε alle positiven Werte durchlaufen, so zeigt sich zunächst, daß für kleine Werte ε das Verhältnis

$$\frac{a^2}{b^2} = \frac{1}{1 - \varepsilon^2}$$

nahe bei 1 liegt, d. h. die Gestalt der Kurve wird nahezu ein Kreis. Der Kreis selbst ist in dieser Darstellung nicht enthalten, weil $\varepsilon = 0$ ausgeschlossen werden mußte. Man kann ihn aber einordnen, wenn die unendlich ferne Gerade als Leitlinie zugelassen wird.

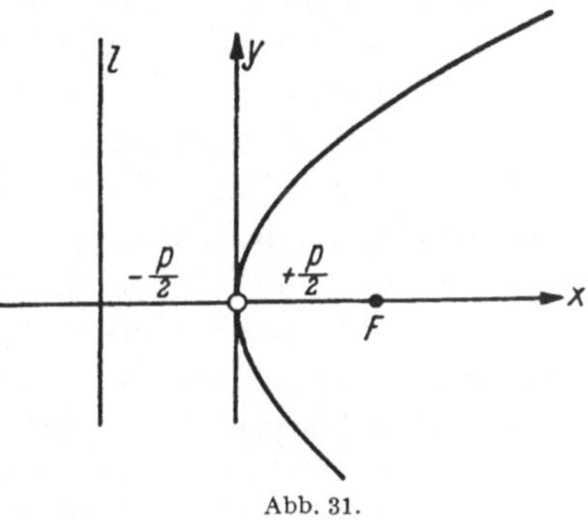

Abb. 31.

Bei größer werdendem ε nimmt das Verhältnis der großen zur kleinen Achse zu. ε heißt daher die numerische Exzentrizität. Die Parabel erscheint jetzt als Grenzfall einer Ellipse, deren zweiter Brennpunkt im Unendlichen liegt, sie ist zugleich der Übergang von der Ellipse zur Hyperbel.

Aus Gründen der Symmetrie haben Ellipse und Hyperbel zwei Leitlinien. Bei der Ellipse liegen beide außerhalb, bei der Hyperbel liegen sie zwischen den beiden Zweigen.

ε und p lassen sich durch a, b und $e = \sqrt{a^2 - b^2}$ ausdrücken. Aus

$$a^2 (1 - \varepsilon^2) = b^2$$

folgt

$$\varepsilon^2 = \frac{a^2 - b^2}{a^2}, \qquad \varepsilon = \frac{e}{a}, \qquad\qquad (\text{da } \varepsilon > 0)$$

und p wird aus $a = \dfrac{\varepsilon\,p}{1 - \varepsilon^2}$ hergeleitet.

$$p = \frac{a (1 - \varepsilon^2)}{\varepsilon} = \frac{a^2 - e^2}{e} = \frac{b^2}{e}.$$

Der Abstand der Leitlinie vom Mittelpunkt ist

$$p + e = \frac{b^2 + e^2}{e} = \frac{a^2}{e}.$$

Für die Hyperbel ist b^2 durch $-b^2$ zu ersetzen, was überall möglich ist, weil nur b^2 auftritt. Also ist

$$\varepsilon = \frac{e}{a}, \qquad p = -\frac{b^2}{e}, \qquad p + e = \frac{a^2}{e}.$$

Im Gegensatz zu Ellipse und Hyperbel hat die Parabel keinen Mittelpunkt.

Die Namen, Ellipse, Parabel und Hyperbel, sind durch APOLLONIUS eingeführt worden (210 v. Chr.) und finden ihre Erklärung in einer alten Flächenkonstruktion der Pythagoreer, die EUKLID (Elemente I, 44 und VI, 28, 29) überliefert. Wir schreiben ihre Gleichungen in einer für alle drei gemeinsamen Form

$$y^2 = 2px + qx^2, \qquad \begin{matrix} q > 0, & \text{Hyperbel,} \\ q = 0, & \text{Parabel,} \\ q < 0, & \text{Ellipse.} \end{matrix}$$

p ist nicht dasselbe wie die vorher ebenfalls mit p bezeichnete Größe.

Für die Hyperbel ist $y^2 > 2px$, die Ordinaten „übertreffen" also die der Parabel, daher $\dot{v}\pi\varepsilon\varrho\beta o\lambda\dot\eta$, das Übertreffen. Für die Parabel ist $y^2 = 2px$, daher $\pi\alpha\varrho\alpha\beta o\lambda\dot\eta$, das Gleichsein, und für die Ellipse ist $y^2 < 2px$, daher $\ddot\varepsilon\lambda\lambda\varepsilon\iota\psi\iota\varsigma$, der Mangel.

Obwohl es nicht hierher gehört, geben wir noch eine Erklärung für das Wort „Ekliptik". Es kommt von $\ddot\varepsilon\varkappa\lambda\varepsilon\iota\psi\iota\varsigma$, das Fehlen, insbesondere des Lichtes, die Verfinsterung. Dieser Größtkreis auf der Himmelskugel wurde deshalb so genannt, weil Sonnen- und Mondfinsternisse nur eintreten können, wenn der Mond in diesem steht.

§ 19. Konjugierte Durchmesser.

Es sei m eine feste Zahl und λ ein Parameter, dann stellt

$$y = mx + \lambda$$

eine Schar paralleler Geraden dar.

$S_1(x_1, y_1)$ und $S_2(x_2, y_2)$ seien die Schnittpunkte einer dieser Geraden mit einer C_2 und M die Mitte zwischen S_1 und S_2. Es gilt der

Satz 8: *Die Mittelpunkte einer Schar paralleler Sehnen liegen auf einer Geraden.*

Zum Beweis bringen wir jede dieser Geraden mit einer C_2 zum Schnitt, z. B. mit der Ellipse

$$\frac{x^2}{a^2} + \frac{y^2}{b^2} = 1,$$

y wird durch $mx + \lambda$ ersetzt

$$\frac{x^2}{a^2} + \frac{(mx + \lambda)^2}{b^2} = 1.$$

Die Gleichung wird nach Potenzen von x geordnet

$$x^2(b^2 + a^2 m^2) + 2x a^2 m\lambda + a^2\lambda^2 - a^2 b^2 = 0.$$

Nach dem VIETASCHEN Wurzelsatz ist

$$x_1 + x_2 = \frac{-2 a^2 m \lambda}{a^2 m^2 + b^2},$$

und aus $y_1 = m\,x_1 + \lambda$ und $y_2 = m\,x_2 + \lambda$ folgt

$$y_1 + y_2 = m\,(x_1 + x_2) + 2\lambda = -\,\frac{2\,a^2\,m^2\,\lambda}{a^2\,m^2 + b^2} + 2\lambda = \frac{2\,\lambda\,b^2}{a^2\,m^2 + b^2}\,.$$

Bezeichnen ξ und η die Koordinaten des Mittelpunktes M, so ist

$$\xi = \frac{x_1 + x_2}{2} = -\,\frac{a^2\,m\,\lambda}{a^2\,m^2 + b^2} \quad\text{und}\quad \eta = \frac{\lambda\,b^2}{a^2\,m^2 + b^2}\,.$$

Das ist die Parameterdarstellung einer Geraden, wo λ der Parameter ist. Nach Elimination von λ wird

$$\eta = -\,\frac{b^2}{a^2\,m}\,\xi\,.$$

Die Gerade geht also durch den Nullpunkt, und die ausgeschnittene Sehne ist ein Durchmesser.

Die durch den Nullpunkt gehende Gerade $y = m\,x$ aus der Schar $y = m\,x + \lambda$ bestimmt ebenfalls einen Durchmesser.

Wir schreiben m_1 statt m und setzen

$$m_2 = \frac{b^2}{a^2\,m_1}\,, \qquad m_1\,m_2 = -\,\frac{b^2}{a^2}\,,$$

dann ist m_2 die Richtung der durch die Mittelpunkte der Sehnen gehenden Geraden. Die beiden Geraden

$$D_1 \equiv y - m_1\,x = 0 \quad\text{und}\quad D_2 \equiv y - m_2\,x = 0$$

stehen in der Beziehung zueinander, daß D_2 der Ort der Mittelpunkte aller zu D_1 parallelen Sehnen ist. Wegen der Vertauschbarkeit von m_1 und m_2 hat D_1 die gleiche Eigenschaft in bezug auf D_2. Die beiden Durchmesser heißen zueinander konjugiert.

Am Beweis ändert sich nichts, wenn b^2 durch $-b^2$ ersetzt wird. Der Satz gilt also auch für die Hyperbel. Hier hat allerdings nur einer der beiden konjugierten Durchmesser reelle Schnittpunkte, wie der Leser selber nachprüfen möge.

Ist $a^2 = b^2$, so ist die Kurve ein Kreis, und die konjugierten Durchmesser stehen aufeinander senkrecht, weil $m_1 m_2 = -1$ ist.

Lassen wir wieder die Ellipse durch senkrechte Projektion eines schräg liegenden Kreises entstehen, so gehen zwei konjugierte Durchmesser des Kreises in solche der Ellipse über, weil bei dieser Projektion die Mittelpunkte der Schar paralleler Sehnen wieder Mittelpunkte der projizierten Sehnen werden und parallele Gerade erhalten bleiben.

Die Parabel besitzt keinen Durchmesser, doch liegen die Mittelpunkte einer Schar paralleler Sehnen auch hier auf einer Geraden, von der wir zeigen wollen, daß sie der Achse der Parabel parallel ist. (Die Achse einer Parabel ist das Lot auf die Leitlinie durch den Brennpunkt.)

Aus $y = mx + \lambda \ (m \neq 0)$ und $y^2 = 2px$ folgt

$$(mx + \lambda)^2 = 2px,$$

$$m^2 x^2 + 2(m\lambda - p)x + \lambda^2 = 0,$$

$$\frac{x_1 + x_2}{2} = \frac{p - m\lambda}{m^2}, \qquad \frac{y_1 + y_2}{2} = m\frac{x_1 + x_2}{2} + \lambda = \frac{p}{m}.$$

Die Ordinaten der Mittelpunkte sind also von λ unabhängig und haben daher für alle Sehnen einer Schar denselben Wert.

§ 20. Aufzählung und kurze Beschreibung aller F_2.

Wir bringen die Gleichungen aller F_2 in der einfachsten Form, ein Beweis für die Vollständigkeit der Aufzählung wird, wie bei den C_2, durch die Hauptachsentransformation in Kapitel VI geführt werden.

1. $\quad \dfrac{x^2}{a^2} + \dfrac{y^2}{b^2} + \dfrac{z^2}{c^2} + 1 = 0 \qquad$ (imaginäres Ellipsoid),

2. $\quad \dfrac{x^2}{a^2} + \dfrac{y^2}{b^2} + \dfrac{z^2}{c^2} - 1 = 0 \qquad$ (reelles Ellipsoid),

3. $\quad \dfrac{x^2}{a^2} + \dfrac{y^2}{b^2} - \dfrac{z^2}{c^2} - 1 = 0 \qquad$ (einschaliges Hyperboloid),

4. $\quad \dfrac{x^2}{a^2} - \dfrac{y^2}{b^2} - \dfrac{z^2}{c^2} - 1 = 0 \qquad$ (zweischaliges Hyperboloid),

5. $\quad \dfrac{x^2}{p} + \dfrac{y^2}{q} = 2z \quad \Big\}\ p, q > 0 \ \Big\{ \quad$ (elliptisches Paraboloid),

6. $\quad \dfrac{x^2}{p} - \dfrac{y^2}{q} = 2z \qquad\qquad\qquad$ (hyperbolisches Paraboloid),

7. $\quad \dfrac{x^2}{a^2} + \dfrac{y^2}{b^2} + \dfrac{z^2}{c^2} = 0 \qquad$ (imaginärer Kegel),

8. $\quad \dfrac{x^2}{a^2} + \dfrac{y^2}{b^2} - \dfrac{z^2}{c^2} = 0 \qquad$ (elliptischer Kegel),

9. $\quad \dfrac{x^2}{a^2} + \dfrac{y^2}{b^2} = 1 \qquad$ (elliptischer Zylinder),

10. $\quad \dfrac{x^2}{a^2} - \dfrac{y^2}{b^2} = 1 \qquad$ (hyperbolischer Zylinder),

11. $\quad y^2 = 2px \qquad$ (parabolischer Zylinder),

12. $\quad \dfrac{x^2}{a^2} + 1 = 0$

13. $\quad \dfrac{x^2}{a^2} - 1 = 0$

14. $\quad \dfrac{x^2}{a^2} + \dfrac{y^2}{b^2} = 0 \qquad\Big\}\quad$ (zerfallende Flächen).

15. $\quad \dfrac{x^2}{a^2} - \dfrac{y^2}{b^2} = 0$

16. $\quad x^2 = 0$

Gestalt der einzelnen Flächen.

1. Es ist kein reeller Punkt vorhanden.

2. Um uns das Ellipsoid anschaulich zu machen (vgl. Abb 60), denken wir uns eine Ellipse um die X-Achse gedreht und die Kreise elliptisch verzerrt. Sind alle Achsen a, b, c untereinander verschieden, heißt das Ellipsoid dreiachsig, sind zwei einander gleich, haben wir ein Rotationsellipsoid, sind alle drei einander gleich, ist die Fläche eine Kugel.

3. und 4. Wird die Hyperbel

$$\frac{x^2}{a^2} - \frac{y^2}{b^2} = 1$$

um die Y-Achse gedreht, entsteht das einschalige, und wenn um die X-Achse gedreht wird, das zweischalige Rotationshyperboloid (vgl. Abb. 61 u. 62). Wie bei 2. können wir uns durch Veränderung der Kreise in Ellipsen eine Vorstellung von der Gestalt der Flächen machen.

5. Eine Drehung der Parabel

$$y^2 = 2px$$

um die X-Achse ergibt das Rotationsparaboloid und nach entsprechender Verzerrung das elliptische Paraboloid (vgl. Abb. 63).

6. $z = 0$ schneidet das hyperbolische Paraboloid in den beiden Geraden

$$\frac{x}{\sqrt{p}} + \frac{y}{\sqrt{q}} = 0 \quad \text{und} \quad \frac{x}{\sqrt{p}} - \frac{y}{\sqrt{q}} = 0.$$

Läßt man z wachsen, so schneidet diese Schar paralleler Ebenen die Fläche in Hyperbeln mit den Halbachsen $a = \sqrt{2pz}$ und $b = \sqrt{2qz}$. Diese werden ebenso wie $e = \sqrt{a^2 + b^2}$ mit z ständig größer, und die Zweige der Hyperbeln rücken immer weiter nach außen, während die auf die XY-Ebene projizierten Brennpunkte auf der X-Achse entlangwandern. Die unterhalb der XY-Ebene liegenden Hyperbeln ($z < 0$) sind nach Vertauschung von p und q gegenüber den oberhalb liegenden um $90°$ gedreht. Der Nullpunkt ist ein Sattelpunkt (vgl. Abb. 64).

7. Der Nullpunkt ist der einzige reelle Punkt dieser Fläche.

8. Wir haben einen Kegel mit der Spitze im Nullpunkt vor uns. Die Ebenen $z = $ const. schneiden den Kegel in Ellipsen, deren Mittelpunkte auf der Z-Achse liegen.

9., 10. und 11. Die Zylinderflächen bestehen aus einer Schar paralleler Geraden, die in den Kurvenpunkten der angegebenen C_2 senkrecht auf der XY-Ebene errichtet werden.

12. bis 15. sind die in zwei Ebenen zerfallenden F_2. Bei 12. und 14. sind die Ebenen imaginär. 12. wird zerlegt in

$$\left(\frac{x}{a} + i\right)\left(\frac{x}{a} - i\right) = 0$$

und hat keinen reellen Punkt. 14. zerfällt in

$$\left(\frac{x}{a} + i\frac{y}{b}\right)\left(\frac{x}{a} - i\frac{y}{b}\right) = 0.$$

Die beiden imaginären Ebenen haben die Z-Achse ($x = 0$ und $y = 0$) als reelle Spurgerade, und das sind alle reellen Punkte dieser Fläche. Im Falle 15. und 16. sind die beiden Ebenen reell, bei 15. verschieden und bei 16. in eine zusammenfallend.

§ 21. Tangentialkegel, Tangentialebene, Tangente.

Durch einen Punkt $P(x_0, y_0, z_0)$ wird eine Gerade gelegt, deren Parameterform durch

$$x = x_0 + ut, \qquad y = y_0 + vt, \qquad z = z_0 + wt$$

gegeben ist. Sind ξ, η, ζ die Koordinaten eines zweiten Punktes dieser Geraden, so können u, v, w durch die Differenzen

$$x_0 - \xi, \qquad y_0 - \eta, \qquad z_0 - \zeta$$

ersetzt werden, weil diese Größen ebenfalls den Richtungscosinus proportional sind. (Vgl. I A § 11 Nr. 7 u. 8.)

Wir fragen nach den Schnittpunkten dieser Geraden mit einer F_2.

$$F(x, y, z) = 0$$

sei ihre Gleichung. Die gemeinsamen Punkte werden durch Auflösen der quadratischen Gleichung

$$F(x_0 + ut, y_0 + vt, z_0 + wt) = Gt^2 + Ht + F(x_0, y_0, z_0) = 0$$

gefunden. G und H sind außer von den Koeffizienten von F noch von x_0, y_0, z_0, u, v, w abhängig. Das konstante Glied findet man, indem $t = 0$ gesetzt wird.

Die Diskriminante der Gleichung gibt an, ob die Schnittpunkte reell oder imaginär sind. Wir werden uns mit dem Fall beschäftigen, wo die beiden Schnittpunkte in einen zusammenfallen. Die Diskriminante muß verschwinden, also

$$H^2 - 4GF = 0.$$

G und H sind Funktionen von u, v, w, und das Verschwinden der Diskriminante ist die Bedingung dafür, daß die Gerade durch P, deren Richtung durch u, v, w bestimmt ist, einen doppelt zu zählenden gemeinsamen Punkt mit der Fläche besitzt.

u, v, w können durch $x_0 - \xi, y_0 - \eta, z_0 - \zeta$ ersetzt werden. Dann ist

$$H^2 - 4GF = 0$$

die Gleichung einer Fläche zweiter Ordnung, in der ξ, η, ζ die laufenden Koordinaten sind. Alle Punkte (ξ, η, ζ), die diese Gleichung erfüllen, bilden mit $P(x_0, y_0, z_0)$ gerade Linien, die i. a. die Fläche $F = 0$ berühren. Daher stellt

$$H^2 - 4\,G\,F = 0$$

die Gleichung des von $P(x_0, y_0, z_0)$ an die Fläche gelegten Tangentialkegels dar. Sie lautet z. B. für das Ellipsoid

$$\left[\frac{x_0(x_0 - \xi)}{a^2} + \frac{y_0(y_0 - \eta)}{b^2} + \frac{z_0(z_0 - \zeta)}{c^2}\right]^2 -$$

$$-\left[\frac{(x_0 - \xi)^2}{a^2} + \frac{(y_0 - \eta)^2}{b^2} + \frac{(z_0 - \zeta)^2}{c^2}\right]\left[\frac{x_0^2}{a^2} + \frac{y_0^2}{b^2} + \frac{z_0^2}{c^2} - 1\right] = 0.$$

Zur Vereinfachung dieser Gleichung setzen wir

$$P = \frac{x_0^2}{a^2} + \frac{y_0^2}{b^2} + \frac{z_0^2}{c^2} - 1,$$

$$Q = \frac{x_0\,\xi}{a^2} + \frac{y_0\,\eta}{b^2} + \frac{z_0\,\zeta}{c^2} - 1,$$

$$R = \frac{\xi^2}{a^2} + \frac{\eta^2}{b^2} + \frac{\zeta^2}{c^2} - 1,$$

dann geht die Gleichung des Tangentialkegels über in

$$(P - Q)^2 - (P - 2\,Q + R)\,P = 0$$

oder

$$R\,P - Q^2 = 0.$$

Liegt $P(x_0, y_0, z_0)$ auf der Fläche, ist also $F(x_0, y_0, z_0) = P = 0$, so geht die Gleichung des Tangentialkegels in

$$H^2 = 0 \quad \text{oder} \quad Q^2 = 0$$

über. (Aus $H = 0$ folgt $Q = 0$.) Alle Punkte ξ, η, ζ, für die $H = 0$ ist, bilden mit dem Flächenpunkt P gerade Linien, die unter gleich zu erörternden Einschränkungen die Fläche berühren. Sie liegen alle in einer Ebene, weil $H = 0$ linear in ξ, η, ζ ist. Diese Ebene heißt die Tangentialebene in x_0, y_0, z_0. Sie lautet für das Ellipsoid

$$H = \frac{x_0(x_0 - \xi)}{a^2} + \frac{y_0(y_0 - \eta)}{b^2} + \frac{z_0(z_0 - \zeta)}{c^2} = 0$$

oder

$$Q = \frac{x_0\,\xi}{a^2} + \frac{y_0\,\eta}{b^2} + \frac{z_0\,\zeta}{c^2} - 1 = 0.$$

Für die beiden Hyperboloide brauchen nur die Vorzeichen verändert zu werden.

Für die beiden Paraboloide ergibt die gleiche Rechnung

$$\frac{x_0\,\xi}{p} \pm \frac{y_0\,\eta}{q} = z_0 + \zeta.$$

Wir haben noch Fälle zu betrachten, in denen keine Tangentialebene vorhanden ist.

Wir gehen wieder von der quadratischen Gleichung

$$Gt^2 + Ht = 0$$

aus. G und H sind Funktionen von u, v, w. Das konstante Glied verschwindet, weil P wieder Punkt der Fläche sein soll. Es sind folgende Fälle zu unterscheiden:

1. Für ein besonderes Wertesystem u_0, v_0, w_0 seien $G = 0$ und $H = 0$. Das tritt z. B. bei dem einschaligen Hyperboloid

$$F = x^2 + y^2 - z^2 - 1 = 0$$

ein, wenn

$$x = 1, \qquad y = 1 + t, \qquad z = 1 + t,$$

oder

$$x = 1 + t, \qquad y = 1, \qquad z = 1 + t$$

gesetzt werden, dann haben

$$F(1, \ 1 + t, \ 1 + t) \quad \text{oder} \quad F(1 + t, \ 1, \ 1 + t)$$

für alle t den Wert Null. Jeder Punkt der Geraden ist Punkt der Fläche. Die quadratische Gleichung ist identisch erfüllt. Die Gerade liegt ganz auf der Fläche und ist noch als Tangente zu bezeichnen.

2. Wie vorher sei für ein bestimmtes Wertesystem u_0, v_0, w_0

$$G(u_0, v_0, w_0) = 0, \quad \text{aber} \quad H(u_0, v_0, w_0) \neq 0.$$

Dann haben Gerade und Fläche, wie bei einer Tangente, nur einen gemeinsamen Punkt, aber es liegt keine Doppelwurzel der Gleichung vor und natürlich keine Berührung, schon weil $H = 0$ nicht erfüllt ist. Ein zweiter Schnittpunkt kann hier unter Einbeziehung der unendlich fernen Punkte erklärt werden. Beispiel: Das Paraboloid

$$x^2 + y^2 = 2z$$

wird von der Geraden

$$x = 1, \qquad y = 1, \qquad z = t$$

nur in $t = 1$ geschnitten.

Bei den beiden folgenden Fällen 3 und 4 kommt es darauf an, ob $H(u, v, w)$ identisch verschwindet oder nicht, d. h. ob H für jedes beliebige Wertetripel gleich Null ist oder ob es auch Werte u, v, w gibt, für die $H \neq 0$ ist.

3. Es sei $G(u_0, v_0, w_0) \neq 0$ und $H(u_0, v_0, w_0) = 0$, aber in der Umgebung von u_0, v_0, w_0 gibt es Werte u, v, w, für die $H \neq 0$ ist. In diesem Falle ist die Gerade Tangente.

4. H verschwindet identisch, danach würde jede durch P gehende Gerade die Bedingung der Tangente $H = 0$ erfüllen, und alle diese Geraden treffen die F_2 in einem doppelt zu zählenden Schnittpunkt. In diesem Falle ist P ein **singulärer Punkt** der Fläche, und es ist

in einem solchen Punkte keine Tangente und keine Tangentialebene vorhanden.

Nur wenn der Berührungspunkt nicht singulär ist, ist $H = 0$ eine notwendige und hinreichende Bedingung dafür, daß die Gerade eine Tangente ist.

Um festzustellen, ob eine Fläche Singularitäten besitzt, hat man H zu bilden und einen Flächenpunkt zu untersuchen, für den H identisch in u, v, w verschwindet.

Unter Benutzung des partiellen Differentialquotienten wird eine Singularität dadurch erklärt, daß zugleich folgende Gleichungen bestehen müssen:

$$F = 0, \qquad \frac{\partial F}{\partial x} = 0, \qquad \frac{\partial F}{\partial y} = 0, \qquad \frac{\partial F}{\partial z} = 0.$$

Das Ellipsoid, die beiden Hyperboloide und die beiden Paraboloide besitzen keine singulären Punkte, sie heißen deshalb nicht ausgeartete Flächen. Die anderen F_2 sind ausgeartet. Bei dem Kegel ist die Spitze singulär. Z. B.

$$x^2 + y^2 - z^2 = 0, \qquad x = u\,t, \quad y = v\,t, \quad z = w\,t,$$
$$F = (u^2 + v^2 - w^2)\,t^2 = 0,$$

also $H \equiv 0$.

Bei den C_2 vereinfachen sich diese Untersuchungen und brauchen nicht noch einmal durchgeführt werden. Singuläre Punkte treten bei den nicht zerfallenden Kurven nicht auf. Wir wollen die Tangentengleichung für die Ellipse ableiten.

$P(x_0, y_0)$ sei ein Kurvenpunkt der Ellipse

$$\frac{x^2}{a^2} + \frac{y^2}{b^2} = 1.$$

Durch P geht die Gerade

$$x = x_0 + u\,t, \qquad y = y_0 + v\,t.$$

Die quadratische Gleichung zur Ermittlung der Schnittpunkte lautet:

$$F = \frac{(x_0 + u\,t)^2}{a^2} + \frac{(y_0 + v\,t)^2}{b^2} - 1 = \left(\frac{u^2}{a^2} + \frac{v^2}{b^2}\right)t^2 + 2\left(\frac{x_0\,u}{a^2} + \frac{y_0\,v}{b^2}\right)t = 0.$$

Damit $t = 0$ Doppelwurzel wird, muß

$$\frac{x_0\,u}{a^2} + \frac{y_0\,v}{b^2} = 0$$

sein, woraus

$$\frac{v}{u} = -\frac{b^2\,x_0}{a^2\,y_0}$$

folgt. Danach ist

$$\frac{y - y_0}{x - x_0} = -\frac{b^2\,x_0}{a^2\,y_0},$$

$$y\,y_0\,a^2 - y_0^2\,a^2 + x\,x_0\,b^2 - x_0^2\,b^2 = 0$$

und

$$\frac{x\,x_0}{a^2} + \frac{y\,y_0}{b^2} = 1$$

die gesuchte Gleichung.

Für die Hyperbel ist

$$\frac{x\,x_0}{a^2} - \frac{y\,y_0}{b^2} = 1\,,$$

und für die Parabel ist

$$y\,y_0 = p\,(x + x_0)$$

die Gleichung der Tangente.

§ 22. Asymptoten.

Wir gehen noch einmal von der zu Beginn des vorigen Paragraphen aufgestellten Gleichung

$$F = G\,t^2 + H\,t + F(x_0,\, y_0,\, z_0) = 0$$

aus. P sei ein beliebiger Punkt. Für besondere Werte $x_0,\, y_0,\, z_0,\, u,\, v,\, w$ kann

$$G = 0,\quad\quad H = 0 \quad \text{und} \quad F \neq 0$$

werden. Die quadratische Gleichung hat dann keine Lösung. Erst unter Zuhilfenahme der unendlich fernen Punkte läßt sich der Fall so deuten, daß dieser Punkt der Geraden als ein doppelt zu zählender Schnittpunkt und die Gerade als Tangente in diesem Punkt aufzufassen ist. Eine solche Gerade heißt eine Asymptote ($\dot{\alpha}\sigma\upsilon\mu\pi\acute{\iota}\pi\tau\varepsilon\iota\nu$ = nicht zusammenfallen).

Die Hyperboloide und die Hyperbel sind die einzigen F_2 und C_2 mit reellen Asymptoten. Für das einschalige Hyperboloid

$$\frac{x^2}{a^2} + \frac{y^2}{b^2} - \frac{z^2}{c^2} = 1$$

wird P in den Nullpunkt gelegt und $u,\, v,\, w$ müssen der Bedingung

$$\frac{u^2}{a^2} + \frac{v^2}{b^2} - \frac{w^2}{c^2} = 1$$

genügen, damit

$$F = 0\,t^2 + 0\,t - 1$$

die angegebene Form hat. Weil die Gerade durch O geht, ist

$$u : v : w = \xi : \eta : \zeta\,,$$

wenn $\xi,\,\eta,\,\zeta$ die laufenden Koordinaten der Geraden bezeichnen. Also ist

$$\frac{\xi^2}{a^2} + \frac{\eta^2}{b^2} - \frac{\zeta^2}{c^2} = 0$$

die Bedingung dafür, daß $\xi,\,\eta,\,\zeta$ auf einer Asymptoten liegt. Die Gesamtheit aller dieser Punkte bilden den Mantel eines Kegels, der Asymptotenkegel genannt wird.

Eine Vorzeichenänderung ergibt die Gleichung dieses Kegels für das zweischalige Hyperboloid

$$\frac{\xi^2}{a^2} - \frac{\eta^2}{b^2} - \frac{\zeta^2}{c^2} = 0\,.$$

Eine zur XY-Ebene parallele Ebene $z = \gamma$ schneidet das einschalige Hyperboloid und seinen Asymptotenkegel in Ellipsen. Ihre Achsen ergeben sich, wenn man die Gleichungen in der Form

$$\frac{x^2}{a^2\left(1 + \frac{\gamma^2}{c^2}\right)} + \frac{y^2}{b^2\left(1 + \frac{\gamma^2}{c^2}\right)} = 1$$

bzw.

$$\frac{x^2}{a^2\frac{\gamma^2}{c^2}} + \frac{y^2}{b^2\frac{\gamma^2}{c^2}} = 1$$

schreibt. Die Achsen sind also

$$a\sqrt{1 + \frac{\gamma^2}{c^2}}, \quad b\sqrt{1 + \frac{\gamma^2}{c^2}}; \quad \text{bzw.} \quad a\frac{\gamma}{c}, \quad b\frac{\gamma}{c} \quad (\gamma > 0).$$

Wir wollen zeigen, daß für große Werte γ die Achsen der einen Ellipse mit beliebiger Genauigkeit denen der anderen gleich werden. Die Differenz

$$a\sqrt{1 + \frac{\gamma^2}{c^2}} - a\frac{\gamma}{c} = a\frac{\left(\sqrt{1 + \frac{\gamma^2}{c^2}} - \frac{\gamma}{c}\right)\left(\sqrt{1 + \frac{\gamma^2}{c^2}} + \frac{\gamma}{c}\right)}{\sqrt{1 + \frac{\gamma^2}{c^2}} + \frac{\gamma}{c}} = \frac{a}{\sqrt{1 + \frac{\gamma^2}{c^2}} + \frac{\gamma}{c}}$$

geht mit zunehmenden γ gegen Null. Dasselbe gilt für die kleinen Halbachsen.

Man sieht also, daß diese beiden Schnittfiguren mit wachsendem γ immer dichter aneinanderrücken. Das Hyperboloid schmiegt sich immer mehr seinem Asymptotenkegel an, je weiter wir uns vom Nullpunkt entfernen. Das einschalige Hyperboloid umschließt seinen Asymptotenkegel, während die beiden Schalen des zweischaligen von ihm umfaßt werden.

Für die Hyperbel ist eine neue Ableitung nicht erforderlich. An die Stelle des Kegels tritt eine zerfallende C_2.

$$\frac{x^2}{a^2} - \frac{y^2}{b^2} = \left(\frac{x}{c} + \frac{y}{b}\right)\left(\frac{x}{a} - \frac{y}{b}\right) = 0,$$

$$\frac{x}{a} = \pm\frac{y}{b}$$

sind die Gleichungen der beiden Asymptoten. Für $a = b$ stehen sie aufeinander senkrecht.

§ 23. Pol und Polare.

Die Gleichungen der Tangenten und Tangentialebenen an die C_2 und F_2 haben die bemerkenswerte Eigenschaft, daß sie ungeändert bleiben, wenn die laufenden Koordinaten mit denen des Berührungspunktes vertauscht werden. Auf dieser Symmetrie beruhen die folgenden Untersuchungen, die nur für den Raum ausgeführt zu werden brauchen, weil sich die entsprechenden Ergebnisse leicht auf den einfacheren Fall der Ebene übertragen lassen.

$$\frac{x\,x_1}{a^2} + \frac{y\,y_1}{b^2} + \frac{z\,z_1}{c^2} = 1$$

ist die Gleichung der Tangentialebene an ein Ellipsoid, sobald x_1, y_1, z_1 ein Punkt der Fläche ist.

Wir wollen die Gleichung dieser Ebene jetzt für den Fall untersuchen, daß $P(x_1, y_1, z_1)$ nicht auf der Fläche liegt, sondern ein beliebiger Punkt ist.

Wir nennen P den Pol und diese Ebene — sie soll mit p bezeichnet werden — die Polarebene zu P.

S a t z 9: *Legt man von P aus den Tangentialkegel an das Ellipsoid, so liegen alle Berührungspunkte in einer Ebene, nämlich in p.*

B e w e i s : Es sei x_0, y_0, z_0 ein Berührungspunkt dieses Kegels, dann ist

$$\frac{x\,x_0}{a^2} + \frac{y\,v_0}{b^2} + \frac{z\,z_0}{c^2} = 1$$

die Gleichung der Tangentialebene in diesem Punkt. Da sie durch P geht, besteht die Identität

$$\frac{x_0\,x_1}{a^2} + \frac{y_0\,y_1}{b^2} + \frac{z_0\,z_1}{c^2} = 1,$$

die zugleich aussagt, daß die Gleichung der Polarebene erfüllt ist, wenn x, y, z durch x_0, y_0, z_0 ersetzt werden. Also geht die Polarebene durch alle Berührungspunkte des Kegels, diese liegen in einer Ebene.

Da dieser Beweis nur auf der erwähnten Symmetrie beruht, gilt er ebenso für die anderen F_2.

Wenn ein reeller Tangentialkegel nicht vorhanden ist, verliert der Satz seine anschauliche Bedeutung. Die Existenz der Polarebene ist aber davon unabhängig, weil sie durch die Gleichung gegeben ist.

Zu zwei Polen P und Q seien bzw. p und q die zugehörigen Polarebenen.

S a t z 10: *Liegt Q in p, so liegt P in q.*

B e w e i s : x_1, y_1, z_1 sind die Koordinaten von P, x_2, y_2, z_2 die von Q. Die Gleichung der Ebene p ist

$$\frac{x\,x_1}{a^2} + \frac{y\,y_1}{b^2} + \frac{z\,z_1}{c^2} = 1.$$

Nach Voraussetzung ist Q ein Punkt dieser Fläche, also ist

$$\frac{x_2\,x_1}{a^2} + \frac{y_2\,y_1}{b^2} + \frac{z_2\,z_1}{c^2} = 1.$$

Das besagt, daß die Ebene q

$$\frac{x\,x_2}{a^2} + \frac{y\,y_2}{b^2} + \frac{z\,z_2}{c^2} = 1$$

durch P geht.

Nicht jeder Punkt führt zu einer im Endlichen liegenden Ebene, wie z. B. der Mittelpunkt des Ellipsoids zeigt.

Wir untersuchen noch, ob es auch zu jeder Ebene

$$A\,x + B\,y + C\,z + D = 0$$

einen Pol gibt. Zu diesem Zweck muß die Gleichung auf die Form

$$\frac{x\,x_1}{a^2} + \frac{y\,y_1}{b^2} + \frac{z\,z_1}{c^2} = 1$$

gebracht werden. Das geht nur, wenn $D \neq 0$ ist. Dann sind durch

$$\frac{x_1}{a^2} = -\frac{A}{D}, \qquad \frac{y_1}{b^2} = -\frac{B}{D}, \qquad \frac{z_1}{c^2} = -\frac{C}{D}$$

die Koordinaten des Poles eindeutig bestimmt.

Wenn man von einzelnen Ausnahmepunkten oder Ebenen absieht, bei denen im Endlichen zu einem Pol keine Polarebene und zu einer Ebene kein Pol gehört, wird durch eine nicht ausgeartete F_2 jedem Punkt eine Ebene eindeutig zugeordnet und umgekehrt. Die Zuordnung hat folgende Eigenschaften:

Liegen P_1, P_2, P_3, ... in einer Ebene, so gehen die zugehörigen Polarebenen durch einen Punkt und umgekehrt.

Liegen P_1, P_2, P_3, ... nicht auf einer Geraden, so können p_1, p_2, p_3 nur einen gemeinsamen Punkt q haben, der in besonderen Fällen im Endlichen nicht vorhanden zu sein braucht. Denn gäbe es noch einen zweiten, allen Ebenen gemeinsamen Punkt Q', so müßte die Polarebene q' zu Q' ebenfalls alle drei Punkte P_1, P_2, P_3 enthalten. Da es aber nur eine solche Ebene gibt, muß q' mit q, also auch Q' mit Q identisch sein.

Wenn dagegen die Ebenen p, p', p'', ... eine gemeinsame Spurgerade γ besitzen, also unendlich viele gemeinsame Punkte haben, so muß es auch unendlich viele Ebenen q, q', q'', ... geben, die alle durch P, P', P'', ... gehen. Daher können diese Punkte nur auf einer Geraden liegen.

Wenn Q alle Punkte der Geraden γ durchläuft, drehen sich die Polarebenen q um die feste Gerade γ', und wenn umgekehrt P alle Punkte von γ' durchläuft, drehen sich die Ebenen p um γ. Daher heißen γ und γ' **reziproke Polaren**.

Die hier geschilderte Beziehung wird auch als eine Abbildung des Raumes auf sich selbst bezeichnet und eine **Korrelation** genannt.

Wir fassen ihre Eigenschaften in folgender Tabelle zusammen; $\longrightarrow$ bedeutet ,,geht über in'', und $\rightleftarrows$ soll heißen, daß diese Zuordnung auch umgekehrt gilt.

1. Punkt $\rightleftarrows$ Ebene

2. Drei nicht in einer Geraden liegende Punkte $\rightleftarrows$ Drei in einem Punkt sich schneidende Ebenen

3. Mehrere auf einer Ge-⎫ ⇄ ⎰ Mehrere Ebenen mit gemein-
raden liegende Punkte ⎭   ⎱ samer Spurgeraden

4. Verbindung zweier Punkte ⇄ Spurgerade zweier Ebenen

5. Gerade → Gerade

Für die C_2 ist die zu $P(x_1, y_1)$ gehörige Polare eine Gerade. Sie ist ebenfalls durch eine Gleichung definiert, die äußerlich mit der einer Tangente übereinstimmt, aber dadurch unterschieden ist, daß (x_1, y_1) kein Kurvenpunkt zu sein braucht. Auch diese Gleichungen gestatten die Vertauschung von x, y mit x_1, y_1. Die Gleichungen der Polaren der drei nicht zerfallenden C_2 lauten:

$$\frac{x\,x_1}{a^2} \pm \frac{y\,y_1}{b^2} = 1, \quad \text{und} \quad y\,y_1 = p(x + x_1).$$

Sie sind die Verbindungslinien der Berührungspunkte der von P an die Kurve gelegten Tangenten, sofern solche vorhanden sind, und es gilt wie vorher: Liegt Q auf p, so liegt P auf q. Nur bedeuten jetzt p und q gerade Linien. Neue Beweise sind nicht erforderlich, da sie sich von denen für den Raum gegebenen nur durch das Fehlen der dritten Variablen unterscheiden.

Die Eigenschaften der Korrelation in der Ebene sind in folgender Tabelle zusammengestellt:

1. Punkt ⇄ Gerade

2. Verbindung zweier Punkte ⇄ Schnittpunkt zweier Geraden

3. Mehrere Punkte auf einer⎫ ⇄ ⎰ Mehrere Gerade durch einen
Geraden ⎭   ⎱ Punkt

§ 24. Aufgaben zum Kapitel IB.

1. Welche Gestalt haben folgende Kurven:

a) $(x^2 + y^2)^2 - r^4 = 0$,

b) $y^2 = x^2(x - 3)$,

c) $y^2 = \dfrac{x^2}{x - 3}$?

2. Es soll untersucht werden, ob die Verbindungslinie der beiden Punkte $(6; 5; \frac{4}{3})$ und $(14; 7; 0)$ die um O mit $r = 7$ beschriebene Kugel berührt.

3. Durch einen festen Punkt $P(x_0; y_0)$ der Ebene ziehe man eine Gerade und durch ihre Schnittpunkte mit den Achsen Parallele zu den Achsen, die sich in Q schneiden. Der geometrische Ort für Q ist anzugeben, wenn die Gerade um P gedreht wird.

4. Gegeben sind die beiden Punkte $F_1(e; 0)$ und $F_2(-e; 0)$. Gesucht ist die Gleichung der Kurve aller Punkte $P(x; y)$, für die

a) $PF_1 : PF_2$ konstant $= c$ ist,

b) Winkel $F_2 P F_1$ konstant ist (tg $F_2 P F_1 = \gamma$),

c) $PF_1 \cdot PF_2$ konstant $= a^2$ ist.

Welche Gestalt haben die Kurven (c), je nachdem $a \gtreqless e$ ist?
(Cassinische Kurven; Lemniskate).

5. Von O aus wird auf der X-Achse die Strecke a abgetragen, darüber der Halbkreis errichtet und im Endpunkt das Lot (Abb. 32). Ein von O ausgehender Strahl trifft das Lot in B und den Kreis in A. Auf dem Strahl wird von O aus die Strecke AB bis P abgetragen, also $OP = AB$. P beschreibt eine Cissoide, wenn sich der Strahl um O dreht; ihre Gleichung soll aufgestellt werden.

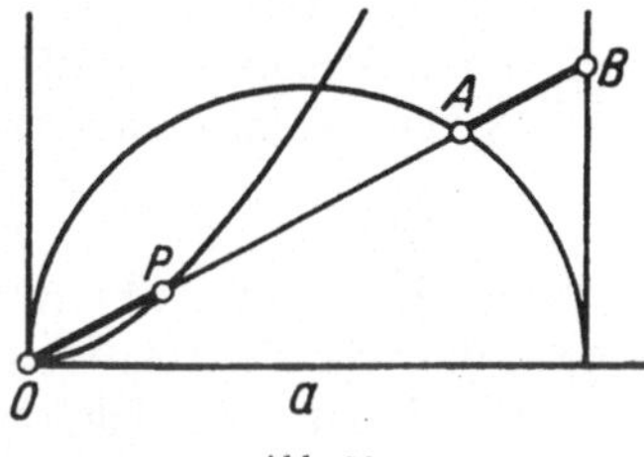

Abb. 32.

6. Durch einen Punkt O eines Kreises mit dem Mittelpunkt C und dem Radius a ziehe man eine Sehne OK und trage auf ihr von K aus nach beiden Seiten $KP_1 = KP_2 = l$ ab. Die Gleichung für P_1 und P_2 in Polarkoordinaten mit O als Anfangspunkt und OC als X-Achse ist aufzustellen. (Pascalsche Schnecke, $l = 2a$ ergibt die Kardioide.)

7. Welche Gestalt hat die Fläche

$$y : x = \operatorname{tg} \frac{2\pi z}{h} ?$$

Was für eine Kurve entsteht, wenn diese Fläche durch den Zylinder $x^2 + y^2 = r^2$ geschnitten wird?

8. Welche Gestalt hat die Fläche

$$x^2 + y^2 = a^2 \sin(\pi z) ?$$

9. Dasselbe für

a) $x^2 = y^2 z$,

b) $x^2 = y^2 (z^2 - 1)$,

c) $x^2 + y^2 = z (z - 1)(z - 2)$.

10. Es soll der geometrische Ort aller Punkte gefunden werden, von denen aus eine nicht zerfallende C_2 unter einem rechten Winkel erscheint.

Für die Parabel $y^2 = 2px$ wird der Gang der Lösung angegeben. Durch einen beliebigen Punkt $P(x_0, y_0)$ geht die Gerade $y - y_0 = m(x - x_0)$. Um ihre Schnittpunkte mit der Parabel zu finden, ist eine quadratische Gleichung zu lösen. Soll die Gerade Tangente sein, muß die Diskriminante verschwinden. Das ergibt

$$2m^2 x_0 + 2m y_0 + p = 0,$$

also eine quadratische Gleichung in m. Sollen die Tangenten senkrecht stehen, muß $m_1 m_2 = -1$ sein. Das ist die gesuchte Bedingung für P. Hier ist $m_1 m_2 = \dfrac{p}{2 x_0} = -1$, oder $x_0 = -\dfrac{p}{2}$, d. h. P liegt auf der Leitlinie.

11. Die Hyperbel $4 x^2 - y^2 = 64$ wird von der Geraden $3 y - 2 x = 8$ in A und B geschnitten. C und D sind die Schnittpunkte dieser Geraden mit den Asymptoten. Es ist zu zeigen, daß $AC = BD$ ist. Um diesen Satz allgemein zu beweisen, zeige man, daß die Mitte von AB mit der Mitte von CD zusammenfällt.

12. Von zwei konjugierten Durchmessern einer Hyperbel kann nur einer reelle Schnittpunkte mit der Kurve haben.

13. Die Polare eines Brennpunktes einer C_2 ist die Leitlinie.

14. Das Ellipsoid $\dfrac{x^2}{25} + \dfrac{y^2}{16} + \dfrac{z^2}{9} = 1$ wird durch die Ebene $6 x + 15 y + 20 z = 30$ geschnitten. Gesucht ist die Spitze des Tangentialkegels, der das Ellipsoid in der Schnittfigur berührt.

15. Es ist die Gleichung der Kugel anzugeben, die die XY-Ebene in einem Kreis um O mit $r = 7$ schneidet und durch den Punkt $(8; 15; 10)$ geht.

16. Wie groß muß n sein, damit die Ebene $z = n x$ die Zylinderfläche $b^2 x^2 + a^2 y^2 - a^2 b^2 = 0 \; (b > a)$ in einem Kreise schneidet?

17. Man zeige, daß
$$x^2 + y^2 + z^2 = (a x + b y + c z)^2$$
ein Kreiskegel ist. Welches ist die Gleichung der Achse des Kegels?

Anleitung: Jede Kugel um den Nullpunkt schneidet in zwei Ebenen!

18. Es seien $N_1 = 0$, $N_2 = 0$, $N_3 = 0$ die Gleichungen dreier Ebenen in Hessescher Normalform. Wann stellt die Gleichung
$$N_1^2 + N_2^2 + N_3^2 = \text{const.}$$
eine Kugel dar?

19. Wie lauten die Gleichungen der Tangentialebenen an das Paraboloid
$$3 x^2 + 2 y^2 = 2 z,$$
die die Spurgerade der beiden Ebenen
$$3 x + 2 y - 13 = 0 \quad \text{und} \quad 3 x - z + 6 = 0$$
enthalten?

20. Der Punkt $(1; 0; 1)$ werde mit allen Punkten des Kreises
$$x^2 + y^2 = 1$$
verbunden. Es soll die Gleichung des so entstehenden Kegels aufgestellt werden.

21. Eine Gerade schneidet auf der X-Achse und Y-Achse die Stücke $OA = OB = a$ ab. AB ist Durchmesser eines Kreises, dessen Ebene

senkrecht zur XY-Ebene steht. Eine Gerade bewegt sich so, daß sie die Kreislinie und die Z-Achse ständig schneidet und zur XY-Ebene parallel ist. Die Gleichung dieser Fläche soll angegeben werden (Konoid).

22 Es soll durch elementargeometrische Betrachtungen gezeigt werden, daß ein Kreiskegel durch eine Ebene in einer C_2 geschnitten wird. Die Brennpunkte erweisen sich als die Berührungspunkte der Kugeln, die zugleich die schneidende Ebene und den Kegelmantel berühren und DANDELINsche Kugeln genannt werden. Die Leitlinien sind die Spurgeraden der schneidenden Ebene mit den Ebenen der Kreise, in denen die DANDELINschen Kugeln den Mantel berühren.

Um zu entscheiden, was für eine C_2 ausgeschnitten wird, betrachte man die zur Schnittebene parallele Ebene, die durch die Spitze geht. Je nachdem diese mit dem Kegel nur einen Punkt, eine Gerade oder zwei Geraden gemeinsam hat, ist die Schnittkurve eine Ellipse, eine Parabel oder eine Hyperbel.

23. Mit Hilfe von Aufgabe 22 läßt sich folgender Satz beweisen:

Um eine Ellipse sei ein Dreieck umbeschrieben. Zwei der Tangenten seien fest und die dritte beweglich. Das Stück der dritten, das von den beiden festen Tangenten abgeschnitten wird, erscheint, von einem Brennpunkt aus gesehen, immer unter demselben Winkel.

Anleitung: Man betrachte die Ellipse als Schnitt eines Kreiskegels und nehme das Tetraeder, das aus diesem Tangentendreieck und der Spitze des Kegels gebildet ist. Wir verbinden die Berührungspunkte der Innkugel mit denjenigen drei Ecken des Tetraeders, die in der betreffenden Tangentialebene liegen. Je zwei Gegenkanten erscheinen, von diesen Berührungspunkten aus gesehen, immer unter demselben Winkel.

24. Die Erdkugel werde stereographisch vom Nordpol aus abgebildet. Die Bilder zweier zur Äquatorebene symmetrischer Punkte liegen invers zum Bildkreis des Äquators.

Zweites Kapitel.

Geometrie der Geraden und Ebene unter Benutzung der Vektorrechnung.

§ 1. Einführung des Vektors.

Eine gerichtete Strecke heißt, wie in I A § 1 erwähnt, ein Vektor, ein Begriff, der von der Physik her als Geschwindigkeit, Kraft und aus vielen anderen Anwendungen geläufig ist. Wir haben auch eine einspaltige Matrix einen Vektor genannt. Die beiden Erklärungen decken sich, wenn als Anfangspunkt des Vektors der Nullpunkt eines Koordinatensystems gewählt wird und die Koordinaten des Endpunktes die

Elemente der Matrix sind. Diese Koordinaten heißen auch die Komponenten des Vektors. Fallen Anfangs- und Endpunkt zusammen, so heißt der Vektor der **Nullvektor**. Er hat keine Richtung und wird ebenso wie die Nullmatrix mit $\mathfrak{O}$ bezeichnet.

Die Koordinatenachsen sollen von jetzt ab mit X_1, X_2, X_3 statt mit X, Y, Z bezeichnet werden, und die Koordinaten selbst werden ebenfalls durch Indizes voneinander unterschieden.

Die Vektoren werden entweder durch Anfangs- und Endpunkt, etwa mit $\overrightarrow{OA}$, oder mit kleinen deutschen Buchstaben bezeichnet, die sich ebenso wie die Komponenten nach der Bezeichnung des Endpunktes richten. Also

$$\overrightarrow{OA} = \mathfrak{a} = \begin{pmatrix} a_1 \\ a_2 \\ (a_3) \end{pmatrix} \quad \text{oder} \quad \overrightarrow{OX} = \mathfrak{x} = \begin{pmatrix} x_1 \\ x_2 \\ (x_3) \end{pmatrix}.$$

Die Klammern um a_3 oder x_3 sollen andeuten, daß diese Zeilen einfach wegzulassen sind, wenn es sich um die Geometrie der Ebene handelt.

Es gibt Vektoren, die festliegen und solche, denen gewisse Verschiebungen gestattet sind. Die ersteren nennt man **Ortsvektoren** oder **an O gebundene Vektoren**. Z. B. würde die Wirkung einer Kraft, die an einem elastischen Körper angreift, anders sein, wenn der Angriffspunkt verlegt würde. Ist dagegen der Körper starr, so kann eine Kraft unter Beibehaltung ihrer Größe längs der durch den Vektor bestimmten Geraden verschoben werden. Ein solcher Vektor heißt **linienflüchtig**. Endlich kann es vorkommen, daß auch eine seitliche Verschiebung eines Vektors unter Beibehaltung seiner Größe und seines Richtungssinnes ohne Einfluß ist. Das ist z. B. bei einem Drehmoment der Fall. Man spricht dann von einem **freien Vektor**. Hier haben wir es in der Regel mit freien Vektoren zu tun.

§ 2. Addition, lineare Abhängigkeit, Einheitsvektoren.

Die Summe zweier Vektoren ist durch die Addition der Matrizen erklärt.

$$\mathfrak{c} = \mathfrak{a} + \mathfrak{b} \quad \text{oder} \quad c_\nu = a_\nu + b_\nu \qquad (\nu = 1, 2, 3).$$

Die Konstruktion von $\mathfrak{c}$ erfolgt, indem $\mathfrak{a} = \overrightarrow{OA}$, $\mathfrak{b} = \overrightarrow{OB}$ zu dem Parallelogramm $OABC$ ergänzt werden (Abb. 33). Dann ist die Diagonale

$$\overrightarrow{OC} = \mathfrak{c} = \mathfrak{a} + \mathfrak{b}.$$

Wie eine einfache geometrische Betrachtung zeigt, sind die Koordinaten von $\mathfrak{c}$ gleich den Summen $a_\nu + b_\nu$.

Alle Rechenregeln über Addition von Matrizen und Multiplikation mit einem Faktor gelten auch hier. Es bedeutet

$$\mathfrak{b} = \lambda\, \mathfrak{a} = \begin{pmatrix} \lambda\, a_1 \\ \lambda\, a_2 \\ \lambda\, a_3 \end{pmatrix}$$

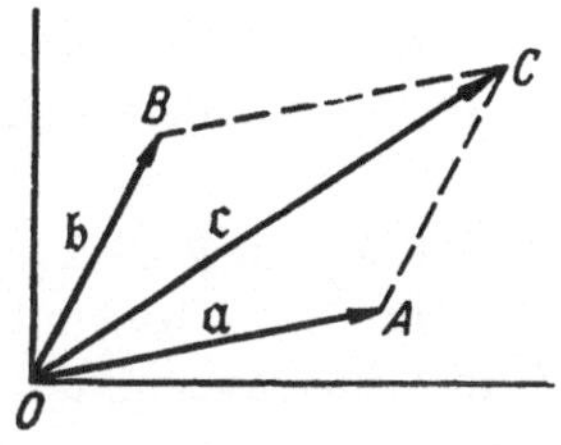

einen zu $\mathfrak{a}$ parallelen Vektor, dessen Länge λ-mal so groß ist. $\mathfrak{a}$ und $\mathfrak{b}$ sind, wie die Gleichung

$$\mathfrak{b} - \lambda\, \mathfrak{a} = \mathfrak{O}$$

zeigt, linear abhängig, und wenn umgekehrt lineare Abhängigkeit besteht, sind die Vektoren parallel.

Abb. 33.

$$e_1 = \begin{pmatrix} 1 \\ 0 \\ (0) \end{pmatrix}, \qquad e_2 = \begin{pmatrix} 0 \\ 1 \\ (0) \end{pmatrix}, \qquad \left(e_3 = \begin{pmatrix} 0 \\ 0 \\ 1 \end{pmatrix} \right)$$

heißen die Einheitsvektoren. Jeder Vektor $\mathfrak{x}$ hat die Form

$$\mathfrak{x} = x_1 e_1 + x_2 e_2 + (x_3 e_3).$$

Wir wollen gelegentlich auch n-reihige Vektoren mit beliebigem n in unsere Betrachtungen einbeziehen.

Die Gesamtheit aller n-reihigen Vektoren bildet eine n-**dimensionale Vektormannigfaltigkeit**. Hierüber gilt der

Satz 1: *In einer n-dimensionalen Vektormannigfaltigkeit gibt es n linear unabhängige Vektoren, aber je $n + 1$ sind linear abhängig.*

Beweis: Linear unabhängig sind sicher die n Einheitsvektoren e_ν, denn der ν-te hat in der ν-ten Zeile eine 1, sonst lauter Nullen. Daher ist

$$k_1 e_1 + k_2 e_2 + \cdots + k_n e_n = \begin{pmatrix} k_1 \\ k_2 \\ \vdots \\ k_n \end{pmatrix}$$

nur dann der Nullvektor, wenn alle k_ν verschwinden.

Sind $\mathfrak{a}_1, \ldots, \mathfrak{a}_n$ beliebige, linear unabhängige Vektoren, so ist jeder Vektor der Mannigfaltigkeit eine lineare Verbindung dieser. Also

$$\mathfrak{x} = \lambda_1 \mathfrak{a}_1 + \lambda_2 \mathfrak{a}_2 + \cdots + \lambda_n \mathfrak{a}_n.$$

Das ist ein lineares Gleichungssystem in $\lambda_1, \ldots, \lambda_n$, und es ist nur zu zeigen, daß die Koeffizientendeterminante $\neq 0$ ist (vgl. Det. § 21). Die Koordinaten der $\mathfrak{a}_\nu$ sind die einzelnen Spalten, und da diese linear unabhängig sind, ist die Determinante $\neq 0$ und das System besitzt eine und nur eine Lösung.

Durch die in dem vorigen Satz gemachte Aussage kann auch die n-dimensionale Vektormannigfaltigkeit definiert werden.

Satz 1 bedeutet für $n = 1$:

Auf einer Geraden gibt es einen von $\mathfrak{O}$ verschiedenen Vektor $\mathfrak{a}_1$, und jeder andere Vektor $\mathfrak{x}$ ist ein Vielfaches von $\mathfrak{a}_1$

$$\mathfrak{x} = \lambda_1 \mathfrak{a}_1.$$

Für $n = 2$:

In einer Ebene gibt es zwei linear unabhängige Vektoren $\mathfrak{a}_1$ und $\mathfrak{a}_2$, und jeder andere, der Ebene angehörige Vektor $\mathfrak{x}$ hat die Form

$$\mathfrak{x} = \mathfrak{a}_1 \lambda_1 + \mathfrak{a}_2 \lambda_2.$$

Für $n = 3$:

Im Raum gibt es drei linear unabhängige Vektoren $\mathfrak{a}_1$, $\mathfrak{a}_2$ und $\mathfrak{a}_3$, und jeder Vektor $\mathfrak{x}$ hat die Form

$$\mathfrak{x} = \lambda_1 \mathfrak{a}_1 + \lambda_2 \mathfrak{a}_2 + \lambda_3 \mathfrak{a}_3.$$

Man kann die Vektoren $\mathfrak{a}_\nu$ als Koordinatenachsen auffassen und ihre Endpunkte als Einheitspunkte, dann sind λ_1, λ_2, λ_3 die Koordinaten eines Punktes im Raum, bezogen auf dieses i. a. schiefwinkelige Koordinatensystem.

Diese Betrachtungen gelten für beliebige Dimensionen.

§ 3. Inneres Produkt.

Das Produkt der beiden Matrizen $\mathfrak{x}$ und $\mathfrak{y}$ kann nur gebildet werden, wenn der linke Faktor transponiert wird.

$$\mathfrak{x}'\mathfrak{y} = x_1 y_1 + x_2 y_2 + x_3 y_3.$$

In der Vektorrechnung wird die transponierte Matrix $\mathfrak{x}'$ nicht besonders bezeichnet, und man schreibt $\mathfrak{x}\mathfrak{y}$ statt $\mathfrak{x}'\mathfrak{y}$. Diese Schreibweise soll auch hier, allerdings nur in diesem Kapitel, gebraucht werden. Danach ist $\mathfrak{x}^2$ dasselbe wie $\mathfrak{x}'\mathfrak{x}$.

$\mathfrak{x}\mathfrak{y}$ heißt das innere oder skalare Produkt der beiden Vektoren. Hierfür gelten folgende, leicht zu zeigende Rechenregeln:

1. $\mathfrak{x}\mathfrak{y} = \mathfrak{y}\mathfrak{x}$,
2. $(\mathfrak{x} + \mathfrak{y})\mathfrak{z} = \mathfrak{x}\mathfrak{z} + \mathfrak{y}\mathfrak{z}$,
3. $(\lambda \mathfrak{x})\mathfrak{y} = \lambda \mathfrak{x}\mathfrak{y} = (\mathfrak{x}\mathfrak{y})\lambda$.

Es sei noch bemerkt, daß das assoziative Gesetz nicht gilt und das Symbol $\mathfrak{x}\mathfrak{y}\mathfrak{z}$ keinen Sinn hat. $(\mathfrak{x}\mathfrak{y})\mathfrak{z}$ ist der mit einer Zahl multiplizierte Vektor $\mathfrak{z}$, dagegen ist $\mathfrak{x}(\mathfrak{y}\mathfrak{z})$ der mit einer Zahl multiplizierte Vektor $\mathfrak{x}$.

Die Länge eines Vektors $\overrightarrow{OX}$ ist der Abstand des Punktes X vom Nullpunkt und wird mit $|\mathfrak{x}|$ bezeichnet. Es ist

$$|\mathfrak{x}| = \sqrt{\mathfrak{x}^2} = \sqrt{x_1^2 + x_2^2 + x_3^2}.$$

Ebenso ist

$$|\mathfrak{y} - \mathfrak{x}| = \sqrt{(\mathfrak{y} - \mathfrak{x})^2} = \sqrt{(y_1 - x_1)^2 + (y_2 - x_2)^2 + (y_3 - x_3)^2}$$

die Länge des Vektors $\mathfrak{y} - \mathfrak{x}$, also der Abstand der Punkte X und Y.

Natürlich darf $\sqrt{\mathfrak{x}^2}$ nicht gleich $\mathfrak{x}$ gesetzt werden!

Ist $|\mathfrak{x}| = 1$, so heißt der Vektor **normiert**.

Ist $|\mathfrak{x}| = 0$, so folgt $\mathfrak{x} = \mathfrak{O}$.

Ist $\mathfrak{x} \neq \mathfrak{O}$, so ist $\dfrac{\mathfrak{x}}{\sqrt{\mathfrak{x}^2}}$ normiert.

Satz 2: *Das innere Produkt zweier Vektoren* $\mathfrak{a}$ *und* $\mathfrak{b}$ *ist das Produkt aus der Länge des einen Vektors, der Länge des anderen Vektors und dem Cosinus des eingeschlossenen Winkels.*

Also

$$\mathfrak{a}\,\mathfrak{b} = |\mathfrak{a}|\,|\mathfrak{b}|\cos(\mathfrak{a}, \mathfrak{b}).$$

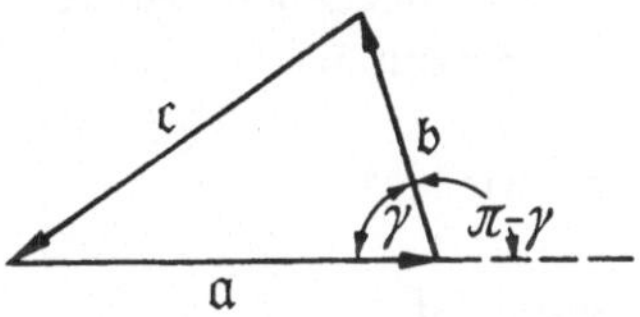

Beweis: $\mathfrak{a}$, $\mathfrak{b}$ und $\mathfrak{c}$ seien drei Vektoren, die die Seiten eines Dreiecks bilden (Abb. 34). Dann ist

Abb. 34.

$$\mathfrak{a} + \mathfrak{b} + \mathfrak{c} = \mathfrak{O},$$

$$\mathfrak{a} + \mathfrak{b} = -\mathfrak{c}.$$

Wir erheben ins Quadrat

$$\mathfrak{c}^2 = \mathfrak{a}^2 + \mathfrak{b}^2 + 2\,\mathfrak{a}\,\mathfrak{b}.$$

Wenn a, b, c die Längen der Dreiecksseiten und γ der der Seite c gegenüberliegende Winkel ist, so ist

$$c^2 = a^2 + b^2 + 2\,\mathfrak{a}\,\mathfrak{b}.$$

Nach dem Cosinussatz ist

$$2\,\mathfrak{a}\,\mathfrak{b} = -2\,a\,b\cos\gamma,$$

und weil

$$\sphericalangle(\mathfrak{a}, \mathfrak{b}) = \pi - \gamma,$$

ist

$$\mathfrak{a}\,\mathfrak{b} = a\,b\cos(\mathfrak{a}, \mathfrak{b}).$$

Verschwindet das innere Produkt, so sind die Vektoren **orthogonal**, d. h. sie stehen aufeinander senkrecht.

Diese Ableitung ist hier unter Benutzung der vektoriellen Schreibweise durchgeführt worden und unterscheidet sich nur durch den Gebrauch dieses Hilfsmittels von der in Kap. I A § 8 angegebenen Rechnung. (Vgl. auch Det. § 23 Seite 66.)

§ 4. Formeln, Gleichung der Geraden und Ebene in Parameterform.

Auf diese Weise ist es möglich, einige der in Kap. I abgeleiteten Formeln einfacher zu schreiben.

1. Teilt man eine Strecke AB in einem Punkte X, so daß

$$\overrightarrow{AX} : \overrightarrow{BX} = p : q$$

gilt, ist

$$\mathfrak{x} = \frac{\mathfrak{a}\,q - \mathfrak{b}\,p}{q - p}.$$

Wird das Verhältnis $p : q$ als veränderlich aufgefaßt, ist diese Formel die Parameterdarstellung einer Geraden, wie sie in I A § 7 und I A § 11 Nr. 5 angegeben wurde.

Setzen wir

$$q = \alpha, \qquad p = -\beta, \qquad p - q = \gamma,$$

so wird

$$\alpha + \beta + \gamma = 0,$$

dann ist

$$\alpha\,\mathfrak{a} + \beta\,\mathfrak{b} + \gamma\,\mathfrak{x} = \mathfrak{O}$$

die Bedingung dafür, daß die Endpunkte der drei Vektoren $\mathfrak{a}$, $\mathfrak{b}$ und $\mathfrak{x}$ auf einer Geraden liegen.

2. In I A § 7 haben wir für die Gerade die Parameterdarstellung

$$x_1 = a_1 + b_1 t, \qquad x_2 = a_2 + b_2 t, \qquad x_3 = a_3 + b_3 t$$

kennengelernt. Dafür schreiben wir jetzt abgekürzt

$$\mathfrak{x} = \mathfrak{a} + \mathfrak{b}t.$$

$\mathfrak{a}$ und $\mathfrak{b}$ haben folgende geometrische Bedeutung: X ist ein beliebiger Punkt der Geraden, und

$$\overrightarrow{OA} = \mathfrak{a}$$

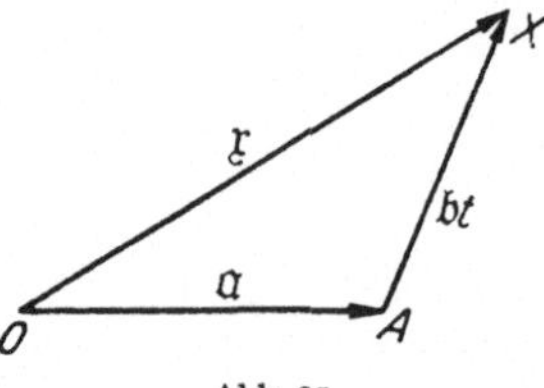

ist ebenso wie $\mathfrak{x}$ ein Ortsvektor des Nullpunktes (Abb. 35). An A wird ein Vektor $\mathfrak{b}t$ angesetzt, dessen Richtung fest ist und durch $\mathfrak{b}$ bestimmt ist, seine Länge ändert sich mit t, und so durchläuft der Endpunkt X alle Punkte der Geraden, wenn t alle Werte von $-\infty$ bis $+\infty$ annimmt. Die Komponenten des Vektors $\mathfrak{b}$ sind die in I A § 7 mit u, v, w bezeichneten Größen, die die Richtung der Geraden bestimmen.

Abb. 35.

Satz 3: *Es seien*

$$\mathfrak{x}_1 = \mathfrak{a}_1 + \mathfrak{b}_1 t_1, \qquad \mathfrak{x}_2 = \mathfrak{a}_2 + \mathfrak{b}_2 t_2$$

zwei windschiefe Gerade, $\mathfrak{b}_3$ ein dritter Vektor und $\mathfrak{b}_1, \mathfrak{b}_2, \mathfrak{b}_3$ linear unabhängig. Es gibt dann eine und nur eine zu $\mathfrak{b}_3$ parallele Gerade, die jede der beiden windschiefen Geraden trifft.

Zwei Gerade heißen windschief oder sich kreuzend, wenn sie nicht parallel sind und sich nicht schneiden.

Beweis: Z_1 und Z_2 seien die Schnittpunkte der gesuchten Geraden mit den gegebenen. Dann muß es zwei Werte τ_1 und τ_2 geben, so daß

$$\mathfrak{z}_1 = \mathfrak{a}_1 + \mathfrak{b}_1 \tau_1, \qquad \mathfrak{z}_2 = \mathfrak{a}_2 + \mathfrak{b}_2 \tau_2$$

ist. Außerdem hat $\mathfrak{z}_2 - \mathfrak{z}_1$ die Richtung $\mathfrak{b}_3$, also

$$\mathfrak{z}_2 - \mathfrak{z}_1 = \mathfrak{b}_3 \tau.$$

Hieraus folgt

$$\mathfrak{a}_2 - \mathfrak{a}_1 - \mathfrak{b}_1 \tau_1 + \mathfrak{b}_2 \tau_2 - \mathfrak{b}_3 \tau_3 = \mathfrak{O}.$$

Diese Gleichung läßt sich eindeutig erfüllen, weil jeder Vektor, insbesondere $\mathfrak{a}_2 - \mathfrak{a}_1$, eine lineare Verbindung von drei linear unabhängigen Vektoren ist. Die gesuchte Gerade selbst ist dann durch Z_1 und Z_2 bestimmt, und ihre Parameterdarstellung ist

$$\mathfrak{z} = \mathfrak{z}_1 + (\mathfrak{z}_2 - \mathfrak{z}_1)\, t.$$

Über die verschiedenen Lagen zweier Geraden

$$\mathfrak{x}_1 = \mathfrak{a}_1 + \mathfrak{b}_1 t_1, \qquad \mathfrak{x}_2 = \mathfrak{a}_2 + \mathfrak{b}_2 t_2$$

zueinander ist allgemein folgendes zu sagen: Ein Schnittpunkt liegt dann vor, wenn es zwei Werte τ_1 und τ_2 gibt, so daß

$$\mathfrak{a}_1 + \mathfrak{b}_1 \tau_1 = \mathfrak{a}_2 + \mathfrak{b}_2 \tau_2$$

ist. Im einzelnen sind folgende Fälle möglich:

a) $\mathfrak{b}_1 = \lambda\, \mathfrak{b}_2$, die Geraden sind parallel.
Wenn außerdem noch

$$\mathfrak{a}_1 - \mathfrak{a}_2 = \mu\, \mathfrak{b}_1 = \lambda\, \mu\, \mathfrak{b}_2$$

ist, haben sie für $\tau_1 = -\dfrac{\mu}{2}$ und $\tau_2 = -\dfrac{\lambda\,\mu}{2}$ einen gemeinsamen Punkt, fallen also zusammen.

b) $\mathfrak{b}_1$ und $\mathfrak{b}_2$ seien linear unabhängig, aber $\mathfrak{a}_1 - \mathfrak{a}_2, \mathfrak{b}_1, \mathfrak{b}_2$ seien linear abhängig, also

$$\mathfrak{a}_1 - \mathfrak{a}_2 = \lambda_1\, \mathfrak{b}_1 + \lambda_2\, \mathfrak{b}_2,$$

dann haben sie einen Schnittpunkt bei $\tau_1 = -\lambda_1$ und $\tau_2 = \lambda_2$ und liegen in einer Ebene.

c) Sind aber $\mathfrak{a}_1 - \mathfrak{a}_2, \mathfrak{b}_1, \mathfrak{b}_2$ linear unabhängig, so kann niemals $\mathfrak{x}_1 = \mathfrak{x}_2$ sein, weil daraus

$$\mathfrak{a}_2 - \mathfrak{a}_1 + \mathfrak{b}_1 \tau_1 - \mathfrak{b}_2 \tau_2 = \mathfrak{O}$$

folgen würde. Die Geraden sind dann windschief.

3. Um die Ebene in gleicher Weise darzustellen, gehen wir von zwei in der Ebene liegenden, linear unabhängigen Vektoren $\mathfrak{b}_1$ und $\mathfrak{b}_2$ und einem festen Punkt A der Ebene aus. Es sei $\mathfrak{a} = \overrightarrow{OA}$ ein an O ge-

bundener Vektor, $\mathfrak{b}_1$ und $\mathfrak{b}_2$ werden mit ihrem Anfangspunkt an A verschoben und ihre Längen durch Multiplikation mit den Parametern t_1 und t_2 verändert. Dann stellt

$$\mathfrak{x} = \mathfrak{a} + \mathfrak{b}_1 t_1 + \mathfrak{t}_2 t_2$$

alle Punkte der Ebene dar. $\mathfrak{b}_1$ und $\mathfrak{b}_2$ können als Koordinatenachsen und t_1 und t_2 als Koordinaten eines Punktes in dieser Ebene gedeutet werden.

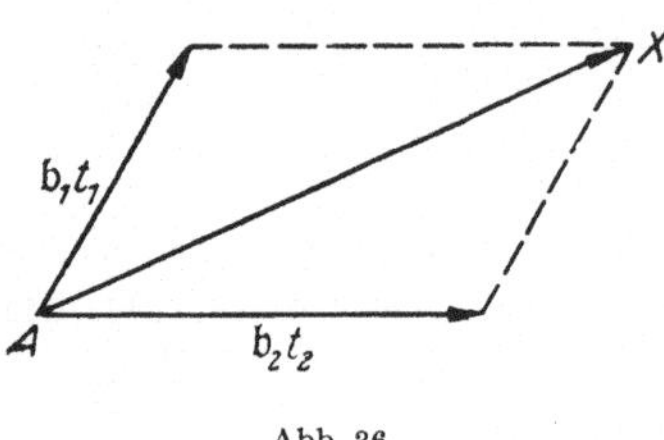

Abb. 36.

In der Abb. 36 ist die Ebene, deren Gleichung anzugeben ist, als Zeichenebene gewählt. Es ist

$$\overrightarrow{AX} = \mathfrak{b}_1 t_1 + \mathfrak{b}_2 t_2,$$

und dieser Vektor wird zu $\mathfrak{a} = \overrightarrow{OA}$ addiert (vgl. Abb. 35)

$$\mathfrak{x} = \overrightarrow{OA} + \overrightarrow{AX}.$$

X durchläuft alle Punkte der Ebene, wenn t_1 und t_2 alle Werte annehmen.

§ 5. Einzelne Sätze.

Satz 4: *Die Mittellinien eines Dreiecks schneiden sich in einem Punkt.*

Beweis: In dem Dreieck ABC sei M die Mitte der Seite AB. Dann ist

$$\overrightarrow{OM} = \frac{\mathfrak{a} + \mathfrak{b}}{2}.$$

Wir teilen MC in einem Punkte S, so daß

$$\overrightarrow{MS} : \overrightarrow{SC} = 1 : 2$$

ist. Dann ist

$$\overrightarrow{OS} = \frac{2 \, \frac{\mathfrak{a} + \mathfrak{b}}{2} + \mathfrak{c}}{2 + 1} = \frac{\mathfrak{a} + \mathfrak{b} + \mathfrak{c}}{3}.$$

Der Vektor $\overrightarrow{OS}$ ist in $\mathfrak{a}$, $\mathfrak{b}$, $\mathfrak{c}$ symmetrisch, er bleibt unverändert, wenn von der Mitte einer anderen Dreiecksseite ausgegangen wird. Die Verbindungslinien der Ecken mit den gegenüberliegenden Seitenmitten gehen alle durch S.

Satz 5: *Wenn in einem Tetraeder $OABC$ die gegenüberliegenden Kanten OA und BC, ebenso OB und CA aufeinander senkrecht stehen, so gilt dasselbe für das dritte Paar von Gegenkanten; außerdem ist die Summe der Quadrate zweier Gegenkanten konstant. Ein solches Tetraeder wird Höhentetraeder genannt.*

Beweis: Aus

$$\mathfrak{a}\,(\mathfrak{b} - \mathfrak{c}) = \mathfrak{b}\,(\mathfrak{a} - \mathfrak{c}) = 0$$

oder

$$\mathfrak{a}\,\mathfrak{b} = \mathfrak{b}\,\mathfrak{c} = \mathfrak{c}\,\mathfrak{a}$$

folgt

$$\mathfrak{c}\,(\mathfrak{a} - \mathfrak{b}) = 0\,.$$

Also ist $\overrightarrow{OC}$ senkrecht auf $\overrightarrow{AB}$.

Die Summe der Quadrate zweier Gegenkanten ist

$$\overrightarrow{OA}^2 + \overrightarrow{BC}^2 = \mathfrak{a}^2 + (\mathfrak{b} - \mathfrak{c})^2 = \mathfrak{a}^2 + \mathfrak{b}^2 + \mathfrak{c}^2 - 2\,\mathfrak{b}\,\mathfrak{c}\,,$$

$$\overrightarrow{OB}^2 + \overrightarrow{CA}^2 = \mathfrak{b}^2 + (\mathfrak{c} - \mathfrak{a})^2 = \mathfrak{a}^2 + \mathfrak{b}^2 + \mathfrak{c}^2 - 2\,\mathfrak{a}\,\mathfrak{c}\,,$$

$$\overrightarrow{OC}^2 + \overrightarrow{AB}^2 = \mathfrak{c}^2 + (\mathfrak{a} - \mathfrak{b})^2 = \mathfrak{a}^2 + \mathfrak{b}^2 + \mathfrak{c}^2 - 2\,\mathfrak{a}\,\mathfrak{b}\,.$$

Die rechten Seiten sind einander gleich.

Liegen O, A, B, C in einer Ebene, so ist jeder dieser Punkte der Höhenschnittpunkt des aus den drei anderen Punkten gebildeten Dreiecks. Mit diesem Satz vom Höhentetraeder ist zugleich bewiesen, daß sich die Höhen eines Dreiecks in einem Punkte schneiden.

§ 6. Dreiecksinhalt und Tetraedervolumen.

Die Gleichungen einer Geraden oder einer Ebene durch die Punkte A und B bzw. A, B und C lauten:

$$\begin{vmatrix} 1 & a_1 & a_2 \\ 1 & b_1 & b_2 \\ 1 & x_1 & x_2 \end{vmatrix} = 0 \quad \text{bzw.} \quad \begin{vmatrix} 1 & a_1 & a_2 & a_3 \\ 1 & b_1 & b_2 & b_3 \\ 1 & c_1 & c_2 & c_3 \\ 1 & x_1 & x_2 & x_3 \end{vmatrix} = 0\,.$$

Sie sind in den laufenden Koordinaten x_1, x_2, (x_3) linear und sind erfüllt, wenn diese durch die Koordinaten der Punkte A, B, (C) ersetzt werden. (Vgl. Det. § 30.)

Wir entwickeln nach der letzten Zeile.

$$\varDelta_1 x_1 + \varDelta_2 x_2 + (\varDelta_3 x_3) + \varDelta = 0\,.$$

Für die Gerade ist

$$\varDelta_1 = - \begin{vmatrix} 1 & a_2 \\ 1 & b_2 \end{vmatrix} = a_2 - b_2\,, \qquad \varDelta_2 = \begin{vmatrix} 1 & a_1 \\ 1 & b_1 \end{vmatrix} = b_1 - a_1\,,$$

$\varDelta_1$ und $\varDelta_2$ können nicht beide zugleich verschwinden, weil die Punkte A und B verschieden sind.

Für die Ebene ist

$$\varDelta_1 = \begin{vmatrix} 1 & a_2 & a_3 \\ 1 & b_2 & b_3 \\ 1 & c_2 & c_3 \end{vmatrix}\,, \qquad \varDelta_2 = - \begin{vmatrix} 1 & a_1 & a_3 \\ 1 & b_1 & b_3 \\ 1 & c_1 & c_3 \end{vmatrix}\,, \qquad \varDelta_3 = \begin{vmatrix} 1 & a_1 & a_2 \\ 1 & b_1 & b_2 \\ 1 & c_1 & c_2 \end{vmatrix}\,.$$

Um den Inhalt I des Dreiecks ABC für die Ebene zu berechnen, gehen wir von der bekannten Formel

$$I = \frac{1}{2}\,g\,h$$

aus, wo g eine Dreiecksseite und h die dazugehörige Höhe ist.

Es sei $C(c_1, c_2)$ ein beliebiger Punkt der Ebene. Dann ist der Inhalt des Dreiecks ABC

$$I = \frac{1}{2}\,\sqrt{\varDelta_1^2 + \varDelta_2^2}\cdot\frac{\begin{vmatrix} 1 & a_1 & a_2 \\ 1 & b_1 & b_2 \\ 1 & c_1 & c_2 \end{vmatrix}}{\sqrt{\varDelta_1^2 + \varDelta_2^2}}.$$

Denn der linke Faktor ist die halbe Länge der Seite AB, und der rechte Faktor ist die auf die Hessesche Normalform gebrachte Gleichung der Geraden AB, wo die laufenden Koordinaten durch c_1 und c_2 ersetzt sind. (Vgl. I A § 10.) Er ist also die zu AB gehörige Höhe. Daher ist

$$I = \frac{1}{2}\begin{vmatrix} 1 & a_1 & a_2 \\ 1 & b_1 & b_2 \\ 1 & c_1 & c_2 \end{vmatrix}.$$

Satz 6: *Wird ein Dreieck mit dem Inhalt I auf eine andere Ebene senkrecht projiziert und ist I′ der Inhalt des projizierten Dreiecks, so ist*

$$I' = I\cos\varphi,$$

wenn φ der Neigungswinkel beider Ebenen ist.

Da φ auch durch seinen Nebenwinkel ersetzt werden kann, bleibt das Vorzeichen unbestimmt.

Beweis (Abb. 37): Wenn eine der Dreiecksseiten der Spurgeraden beider Ebenen parallel ist, bleibt diese Seite bei der Projektion unverändert, und die zugehörige Höhe h geht über in

$$h' = h\cos\varphi,$$

also $\quad I' = I\cos\varphi.$

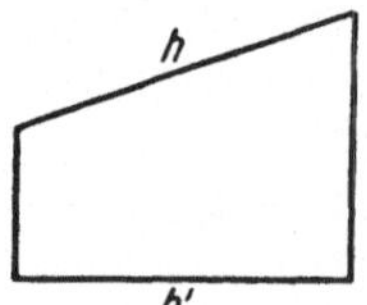

Abb. 37.

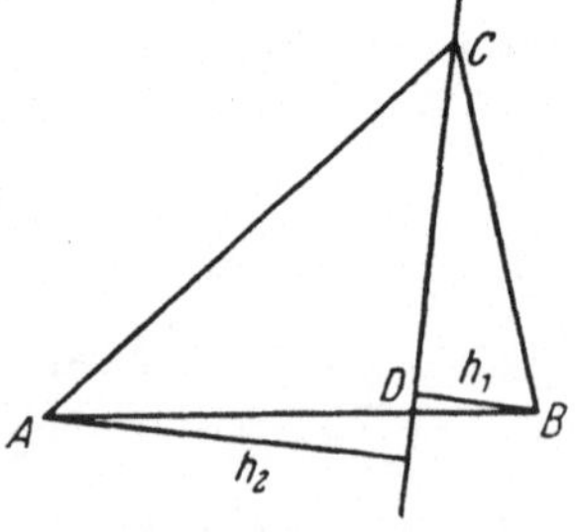

Abb. 38.

Andernfalls teilen wir das Dreieck ABC durch eine zur Spurgeraden parallele Gerade CD in zwei Teildreiecke ADC und DBC mit den Inhalten I_1 und I_2 (Abb. 38), dann ist $I = I_1 + I_2$ oder $= I_1 - I_2$. Dasselbe gilt für die Projektionen I', I'_1, I'_2. Also ist

$$I' = I'_1 \pm I'_2 = (I_1 \pm I_2)\cos\varphi = I\cos\varphi.$$

Es sei ABC ein beliebiges im Raum gelegenes Dreieck, n die Normale der Dreiecksebene und

$$\alpha_\nu = \measuredangle(X_\nu, \mathfrak{n}) \qquad (\nu = 1, 2, 3).$$

Der Richtungssinn von $\mathfrak{n}$ sei festgelegt. Als Neigungswinkel der Dreiecksebene gegenüber den Koordinatenebenen können α_ν oder $\pi - \alpha_\nu$ genommen werden. Wir wollen α_ν zugrunde legen. Danach sind die Inhalte der auf die Koordinatenebenen projizierten Dreiecke

$$I_1 = I \cos\alpha_1, \qquad I_2 = I \cos\alpha_2, \qquad I_3 = I \cos\alpha_3,$$

woraus

$$I^2 = I_1^2 + I_2^2 + I_3^2$$

folgt.

Die in der Gleichung der Ebene auftretenden Unterdeterminanten sind die doppelten Inhalte der Projektionen des Dreiecks ABC auf die Koordinatenebenen. Also ist

$$I_\nu = \frac{1}{2}\,\Delta_\nu \qquad\qquad (\nu = 1, 2, 3)$$

und

$$I = \frac{1}{2}\,\sqrt{\Delta_1^2 + \Delta_2^2 + \Delta_3^2}.$$

Δ_1, Δ_2, Δ_3 können nur alle drei gleichzeitig verschwinden, wenn A, B, C in einer Geraden liegen.

$D\,(d_1, d_2, d_3)$ sei der vierte Eckpunkt des Tetraeders $ABCD$; der Abstand h des Punktes D von der Grundfläche wird wieder aus der Hesseschen Normalform entnommen.

$$h = \frac{\Delta_1 d_1 + \Delta_2 d_2 + \Delta_3 d_3 + \Delta}{\sqrt{\Delta_1^2 + \Delta_2^2 + \Delta_3^2}}.$$

Das Volumen V des Tetraeders ist durch

$$V = \frac{1}{3}\,I\,h$$

gegeben. Also

$$V = \frac{1}{6}\,(\Delta_1 d_1 + \Delta_2 d_2 + \Delta_3 d_3 + \Delta) = \frac{1}{6}\begin{vmatrix} 1 & a_1 & a_2 & a_3 \\ 1 & b_1 & b_2 & b_3 \\ 1 & c_1 & c_2 & c_3 \\ 1 & d_1 & d_2 & d_3 \end{vmatrix}.$$

Das Vorzeichen ist bis jetzt unbestimmt geblieben, es soll noch festgesetzt werden.

Vertauschung zweier Punkte bewirkt Vertauschung zweier Zeilen und ändert das Vorzeichen der Determinante. Es hängt also von der Reihenfolge der Punkte ab und wird jetzt so festgesetzt, daß I und V positiv ausfallen, wenn der Umlaufssinn ABC bzw. der Windungssinn $ABCD$ mit der Orientierung des Koordinatensystems übereinstimmen.

Das ist bei den Determinanten in der vorliegenden Form bereits der Fall, wie wir für den Raum bestätigen wollen. Die gleiche Betrachtung für die Ebene erübrigt sich dann.

Wenn die Lage der vier Eckpunkte $ABCD$ so verändert wird, daß niemals alle vier in einer Ebene liegen, ist die Determinante stets von Null verschieden, hat also immer das gleiche Vorzeichen; auch die durch $ABCD$ gegebene Orientierung bleibt. Durch diese Verschiebung kann erreicht werden, daß A in den Nullpunkt verlegt wird und $\overrightarrow{AB}$, $\overrightarrow{AC}$, $\overrightarrow{AD}$ paarweise aufeinander senkrecht stehen. Bringen wir jetzt noch $\overrightarrow{AB}$ mit der positiven X_1-Achse und $\overrightarrow{AC}$ mit der positiven X_2-Achse zur Deckung, so muß $\overrightarrow{AD}$ entweder mit der positiven oder mit der negativen X_3-Achse zusammenfallen. Die Koordinaten der Punkte A, B, C, D haben dann folgende Werte:

$$a_1 = 0, \qquad a_2 = 0, \qquad a_3 = 0,$$
$$b_1 > 0, \qquad b_2 = 0, \qquad b_3 = 0,$$
$$c_1 = 0, \qquad c_2 > 0, \qquad c_3 = 0,$$
$$d_1 = 0, \qquad d_2 = 0, \qquad d_3 \gtreqless 0,$$

und es wird

$$V = \frac{1}{6}\, b_1\, c_2\, d_3.$$

d_3 und V haben gleiches Vorzeichen. d_3 ist dann positiv, wenn $\overrightarrow{AB}$, $\overrightarrow{AC}$, $\overrightarrow{AD}$ mit OX_1, OX_2, OX_3 gleich orientiert ist, andernfalls ist d_3 negativ.

Wir können in diese Betrachtung noch das eindimensionale Gebilde mit einschließen, nämlich die Länge l einer Strecke AB; sie läßt sich auch als Determinante schreiben:

$$l = \begin{vmatrix} 1 & a_1 \\ 1 & b_1 \end{vmatrix} = b_1 - a_1.$$

Zusammenfassend läßt sich über die drei Inhaltsformeln sagen: Ihre Werte sind $\gtreqless 0$, je nachdem die Orientierungen AB, ABC, $ABCD$ mit denen des Koordinatensystems übereinstimmen oder nicht. Sie verschwinden nur dann, wenn die Eckpunkte bereits einem Gebilde der nächst niederen Dimension angehören.

Für die Vertauschungen der Eckpunkte ist noch zu erwähnen, daß alle geraden Permutationen das Vorzeichen beibehalten, während alle ungeraden das Vorzeichen umkehren. So ist z. B.

$$I_{ABC} = -I_{CBA} \quad \text{oder} \quad V_{ABCD} = V_{DCBA}.$$

(Vgl. I A § 1.)

Die eindeutige Bestimmung der Inhalte l, I, V war nur durch die zugrunde gelegte Orientierung möglich gewesen. Wird dagegen l durch zwei in der Ebene oder im Raum gelegene Punkte bestimmt, so tritt eine Quadratwurzel auf, und das Vorzeichen bleibt offen. Das gleiche ist bei einem im Raum gelegenen Dreieck der Fall. Das ist auch nicht anders zu erwarten, denn mit den drei Punkten A, B, C ist wohl die Stellung der Ebene festgelegt, aber man kann nicht sagen, ob die Orientierung ABC mit der der Ebene übereinstimmt oder nicht, weil ohne dieses Dreieck keine Orientierung der Ebene gegeben war. Deshalb muß in diesen Formeln das Vorzeichen unbestimmt bleiben.

Dasselbe gilt für die Formeln, die den Inhalt eines Dreiecks oder das Volumen eines Tetraeders durch seine Seiten bzw. Kanten ausdrücken. Hier ist es auch unmöglich, eindeutige Formeln anzugeben. Die Unbestimmtheit des Vorzeichens muß immer zum Ausdruck kommen, wie die Determinanten für I^2 und V^2 zeigen (vgl. Det. § 23).

Liegt der eine Eckpunkt in O, so vereinfachen sich die Formeln, und es sind

$$I = \frac{1}{2} \begin{vmatrix} a_1 & a_2 \\ b_1 & b_2 \end{vmatrix} \quad \text{und} \quad V = \frac{1}{6} \begin{vmatrix} a_1 & a_2 & a_3 \\ b_1 & b_2 & b_3 \\ c_1 & c_2 & c_3 \end{vmatrix}.$$

Bezeichnen $\alpha_1, \alpha_2, \alpha_3$, $\beta_1, \beta_2, \beta_3$, $\gamma_1, \gamma_2, \gamma_3$ die Winkel, die die Vektoren $\overrightarrow{OA}, \overrightarrow{OB}, \overrightarrow{OC}$ mit den Achsen bilden, a, b, c die Längen dieser Vektoren, so gilt für die Koordinaten

$$a_1 = a \cos \alpha_1 \quad \text{usw.}$$

Also ist

$$I = \frac{1}{2} a b \begin{vmatrix} \cos \alpha_1 & \cos \alpha_2 \\ \cos \beta_1 & \cos \beta_2 \end{vmatrix}, \qquad V = \frac{1}{6} a b c \begin{vmatrix} \cos \alpha_1 & \cos \alpha_2 & \cos \alpha_3 \\ \cos \beta_1 & \cos \beta_2 & \cos \beta_3 \\ \cos \gamma_1 & \cos \gamma_2 & \cos \gamma_3 \end{vmatrix}.$$

Andererseits ist

$$I = \frac{1}{2} a b \sin(\mathfrak{a}, \mathfrak{b}).$$

Demnach ist

$$\sin(\mathfrak{a}, \mathfrak{b}) = \begin{vmatrix} \cos \alpha_1 & \cos \alpha_2 \\ \cos \beta_1 & \cos \beta_2 \end{vmatrix}.$$

In Übertragung dieser Formeln auf den Raum hat man das Symbol

$$\sin(\mathfrak{a}, \mathfrak{b}, \mathfrak{c})$$

eingeführt und den „Eckensinus" genannt. Es ist also

$$\sin(\mathfrak{a}, \mathfrak{b}, \mathfrak{c}) = \begin{vmatrix} \cos \alpha_1 & \cos \alpha_2 & \cos \alpha_3 \\ \cos \beta_1 & \cos \beta_2 & \cos \beta_3 \\ \cos \gamma_1 & \cos \gamma_2 & \cos \gamma_3 \end{vmatrix}.$$

Für den Sinus und den Eckensinus gilt hinsichtlich des Vorzeichens das gleiche wie für die Inhalte, es ist dann positiv, wenn $\mathfrak{a}, \mathfrak{b}, \mathfrak{c}$ und X_1, X_2, X_3 gleich orientiert sind. Der Eckensinus ist nur dann gleich Null, wenn $\mathfrak{a}, \mathfrak{b}, \mathfrak{c}$ in einer Ebene liegen.

Durch zeilenweise Multiplikation bilden wir das Quadrat des Eckensinus und beachten die Formel I A § 11 Nr. 9. Dann ist

$$\sin^2(\mathfrak{a}, \mathfrak{b}, \mathfrak{c}) = \begin{vmatrix} 1 & \cos(\mathfrak{a}, \mathfrak{b}) & \cos(\mathfrak{a}, \mathfrak{c}) \\ \cos(\mathfrak{a}, \mathfrak{b}) & 1 & \cos(\mathfrak{b}, \mathfrak{c}) \\ \cos(\mathfrak{a}, \mathfrak{c}) & \cos(\mathfrak{b}, \mathfrak{c}) & 1 \end{vmatrix}.$$

Hier treten nur noch die Winkel auf, die die Vektoren untereinander bilden. Das Quadrat des Eckensinus ist also vom Koordinatensystem unabhängig. Setzen wir

$$\sphericalangle(\mathfrak{a}, \mathfrak{b}) = \gamma, \qquad \sphericalangle(\mathfrak{b}, \mathfrak{c}) = \alpha, \qquad \sphericalangle(\mathfrak{c}, \mathfrak{a}) = \beta$$

und

$$\alpha + \beta + \gamma = 2\sigma,$$

so ist

$$\sin^2(\mathfrak{a}, \mathfrak{b}, \mathfrak{c})$$

$$= 1 - \cos^2\alpha - \cos^2\beta + 2\cos\alpha \cos\beta \cos\gamma - \cos^2\gamma,$$

$$= \sin^2\alpha \sin^2\beta - (\cos\alpha \cos\beta - \cos\gamma)^2,$$

$$= (\sin\alpha \sin\beta - \cos\alpha \cos\beta + \cos\gamma)(\sin\alpha \sin\beta + \cos\alpha \cos\beta - \cos\gamma),$$

$$= (\cos\gamma - \cos(\alpha + \beta))(\cos(\alpha - \beta) - \cos\gamma),$$

$$= 4 \sin\sigma \sin(\sigma - \alpha) \sin(\sigma - \beta) \sin(\sigma - \gamma).$$

(Vgl. Det. § 13 Aufg. 3.)

Folgende Abkürzung ist noch zu erwähnen, sie gilt für Ortsvektoren des Nullpunktes:

$$(\mathfrak{a}, \mathfrak{b}, \mathfrak{c}) = \begin{vmatrix} a_1 & a_2 & a_3 \\ b_1 & b_2 & b_3 \\ c_1 & c_2 & c_3 \end{vmatrix}$$

ist das sechsfache Tetraedervolumen, es ist, wie elementargeometrische Betrachtungen zeigen, das Volumen eines Parallelepipeds, das durch die drei von einer Ecke ausgehenden Kanten bestimmt ist (vgl. Det. § 23) und wird **Spatprodukt** genannt. Je nachdem die Orientierung $\mathfrak{a}, \mathfrak{b}, \mathfrak{c}$ mit X_1, X_2, X_3 übereinstimmt oder nicht, ist das Vorzeichen des Spatproduktes positiv oder negativ.

§ 7. Äußeres oder Vektorprodukt.

Das Vektorprodukt, auch äußeres Produkt genannt, ist im Gegensatz zum inneren Produkt selbst ein Vektor, es wird mit $\mathfrak{a} \times \mathfrak{b}$ (lies $\mathfrak{a}$ Kreuz $\mathfrak{b}$) bezeichnet und durch folgende Determinante erklärt:

$$\mathfrak{a} \times \mathfrak{b} = \begin{vmatrix} e_1 & e_2 & e_3 \\ a_1 & a_2 & a_3 \\ b_1 & b_2 & b_3 \end{vmatrix}.$$

Zunächst einige Rechenregeln, die sich aus dieser Definition ergeben:

1. $\mathfrak{a} \times \mathfrak{b} = - \mathfrak{b} \times \mathfrak{a}$,

2. $\mathfrak{a} \times (\mathfrak{b} + \mathfrak{c}) = \mathfrak{a} \times \mathfrak{b} + \mathfrak{a} \times \mathfrak{c}$.

Beweis:

$$\begin{vmatrix} e_1 & e_2 & e_3 \\ a_1 & a_2 & a_3 \\ b_1 + c_1 & b_2 + c_2 & b_3 + c_3 \end{vmatrix} = \begin{vmatrix} e_1 & e_2 & e_3 \\ a_1 & a_2 & a_3 \\ b_1 & b_2 & b_3 \end{vmatrix} + \begin{vmatrix} e_1 & e_2 & e_3 \\ a_1 & a_2 & a_3 \\ c_1 & c_2 & c_3 \end{vmatrix}.$$

3. $(\mathfrak{a} + \mathfrak{b}) \times (\mathfrak{c} + \mathfrak{d}) = \mathfrak{a} \times \mathfrak{c} + \mathfrak{a} \times \mathfrak{d} + \mathfrak{b} \times \mathfrak{c} + \mathfrak{b} \times \mathfrak{d}$

folgt unmittelbar aus 2.

Insbesondere gilt für die Einheitsvektoren

$$e_1 \times e_1 = \mathfrak{O}, \qquad e_2 \times e_1 = - e_3, \qquad e_3 \times e_1 = e_2,$$
$$e_1 \times e_2 = e_3, \qquad e_2 \times e_2 = \mathfrak{O}, \qquad e_3 \times e_2 = - e_1,$$
$$e_1 \times e_3 = - e_2, \qquad e_2 \times e_3 = e_1, \qquad e_3 \times e_3 = \mathfrak{O},$$

wie man aus der Definition des äußeren Produktes sofort erkennt. Z. B. ist

$$e_1 \times e_2 = \begin{vmatrix} e_1 & e_2 & e_3 \\ 1 & 0 & 0 \\ 0 & 1 & 0 \end{vmatrix} = e_3, \quad \text{usw.}$$

$\mathfrak{a} \times \mathfrak{b}$ ist nur dann der Nullvektor, wenn $\mathfrak{a}$ und $\mathfrak{b}$ linear abhängig sind, weil dann alle zweireihigen Unterdeterminanten der beiden letzten Zeilen verschwinden.

Das innere Produkt aus $\mathfrak{a} \times \mathfrak{b}$ mit einem Vektor $\mathfrak{c}$ entsteht, wenn die Einheitsvektoren durch die Komponenten von $\mathfrak{c}$ ersetzt werden.

$$(\mathfrak{a} \times \mathfrak{b}) \mathfrak{c} = \begin{vmatrix} c_1 & c_2 & c_3 \\ a_1 & a_2 & a_3 \\ b_1 & b_2 & b_3 \end{vmatrix} = (\mathfrak{c}, \mathfrak{a}, \mathfrak{b}) = (\mathfrak{a}, \mathfrak{b}, \mathfrak{c}).$$

Für $\mathfrak{c} = \mathfrak{a}$ verschwindet dieses Produkt, ebenso für $\mathfrak{c} = \mathfrak{b}$,

$$(\mathfrak{a} \times \mathfrak{b}) \mathfrak{a} = 0, \qquad (\mathfrak{a} \times \mathfrak{b}) \mathfrak{b} = 0.$$

$\mathfrak{a} \times \mathfrak{b}$ steht also auf $\mathfrak{a}$ und auf $\mathfrak{b}$ senkrecht.

Wird c durch $a \times b$ ersetzt, so wird

$$(a \times b)^2 = (a \times b, a, b) > 0.$$

Weil dieses Spatprodukt positiv ist, sind $a \times b$, a, b mit dem Koordinatensystem gleich orientiert, wodurch die Richtung des Vektorproduktes angegeben ist.

Die Länge des Vektorproduktes ist

$$|a \times b| = \sqrt{\begin{vmatrix} a_2 & a_3 \\ b_2 & b_3 \end{vmatrix}^2 + \begin{vmatrix} a_3 & a_1 \\ b_3 & b_1 \end{vmatrix}^2 + \begin{vmatrix} a_1 & a_2 \\ b_1 & b_2 \end{vmatrix}^2},$$

das ist, wie gezeigt, der Inhalt des durch a und b bestimmten Parallelogramms.

Daß

$$(a \times b)\, c = (a, b, c) = |a \times b| \; |c| \cos (a \times b, c)$$

das Volumen eines Parallelepipeds ausdrückt, ist auch ohne Benutzung früherer Formeln leicht zu erkennen. Denn $|a \times b|$ ist der Inhalt der Grundfläche und $|c| \cdot \cos (a \times b, c)$ ist die Projektion der Kante c auf die Normale der Grundfläche, also die Höhe.

Gibt man den Seiten eines Dreiecks Richtungen im Sinne eines Umlaufes, so ist die Summe dieser Vektoren Null. Dasselbe gilt für beliebige ebene oder räumliche Polygone. Wir wollen diese Tatsache auf Polyeder übertragen und zeigen zuerst für das Tetraeder

Satz 7: *Den Seitenflächen des Tetraeders werden Vektoren zugeordnet, deren Längen gleich den Flächeninhalten sind und die entweder alle in das Innere oder in das Äußere des Tetraeders weisen. Dann ist die Summe dieser vier Vektoren Null.*

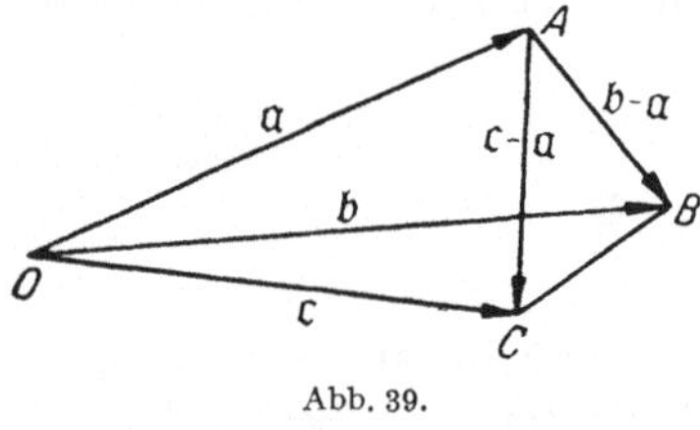

Abb. 39.

Beweis (Abb. 39.): Es seien $\overrightarrow{OA} = a$, $\overrightarrow{OB} = b$, $\overrightarrow{OC} = c$ linear unabhängige Vektoren und in der angegebenen Reihenfolge mit X_1, X_2, X_3 gleich orientiert. Da a, b, $(a \times b)$ denselben Windungssinn haben wie die Koordinatenachsen, also auch wie a, b, c, so ist $a \times b$ nach derselben Seite der durch a und b gebildeten Fläche gerichtet wie c. $a \times b$ zeigt also in das Innere des Tetraeders; dasselbe gilt von $b \times c$ und $c \times a$. Wir setzen

$$\mathfrak{A} = \frac{1}{2}(b \times c), \qquad \mathfrak{B} = \frac{1}{2}(c \times a), \qquad \mathfrak{C} = \frac{1}{2}(a \times b).$$

Die Längen dieser Vektoren sind die Inhalte der Dreiecke.

Ferner haben a, $\overrightarrow{AB} = b - a$ und $\overrightarrow{AC} = c - a$ die gleiche Orientierung wie a, b, c, denn unter Beibehaltung der Orientierung kann man, ohne $\mathfrak{a}$ zu ändern, $\overrightarrow{AB}$ mit $\mathfrak{b}$ und $\overrightarrow{AC}$ mit $\mathfrak{c}$ zur Deckung bringen (vgl. I A § 1). Für $\mathfrak{a}$, $\overrightarrow{AB}$, $\overrightarrow{AC}$ gilt also das gleiche wie für $\mathfrak{a}, \mathfrak{b}, \mathfrak{c}$, nämlich $\overrightarrow{AB} \times \overrightarrow{AC}$ zeigt in das Innere der durch $\mathfrak{a}$, $\overrightarrow{AB}$, $\overrightarrow{AC}$ gebildeten dreiseitigen körperlichen Ecke, das ist aber das Äußere des Tetraeders. Wir nehmen daher den entgegengesetzt gerichteten Vektor und setzen:

$$\mathfrak{D} = -\frac{1}{2}(\mathfrak{b} - \mathfrak{a}) \times (\mathfrak{c} - \mathfrak{a})$$

$$= \frac{1}{2}\Big[-(\mathfrak{b} \times \mathfrak{c}) - (\mathfrak{a} \times \mathfrak{b}) - (\mathfrak{c} \times \mathfrak{a})\Big]$$

$$= -\mathfrak{A} - \mathfrak{B} - \mathfrak{C}$$

oder

$$\mathfrak{A} + \mathfrak{B} + \mathfrak{C} + \mathfrak{D} = \mathfrak{O}.$$

Durch die Reihenfolge der Faktoren in den vier äußeren Produkten $\mathfrak{A} \ldots \mathfrak{D}$ wird für jede Seitenfläche ein Umlaufssinn erklärt. In Abb. 40 sind drei Seitenflächen in die Ebene des Dreiecks ABC umgeklappt. Man erkennt daraus, daß alle Dreiecke denselben Umlaufssinn haben. Jede Kante wird zweimal durchlaufen, aber beim zweitenmal anders als beim erstenmal.

Ein zweites Tetraeder sei so beschaffen, daß eine seiner Seitenflächen mit einer des ersten kongruent ist, so daß beide an ihrer gemeinsamen Fläche aneinandergesetzt werden können. Für das so entstehende Polyeder verschwindet auch die vektorielle Summe der Seiten, die die gesamte Oberfläche ausmachen. Denn die beiden gemeinsamen Seiten heben sich auf, weil sie entgegengesetzte Richtung haben. Eine wiederholte Anwendung dieses Verfahrens zeigt, daß der Satz auch für solche Polyeder gilt, die sich aus Tetraedern zusammensetzen lassen und deren Oberfläche in der angegebenen Weise orientiert werden kann.

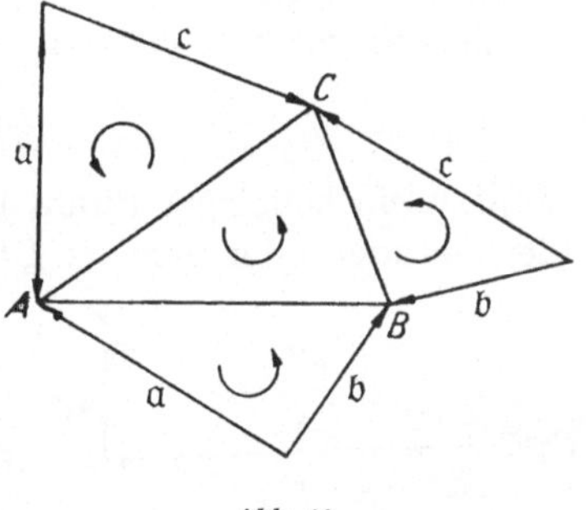

Abb. 40.

§ 8. Hessesche Normalform.

In II § 4 wurde die Gerade bzw. die Ebene in der Parameterform

$$\mathfrak{x} = \mathfrak{a} + \mathfrak{b}t, \qquad \mathfrak{x} = \mathfrak{a} + \mathfrak{b}_1 t_1 + \mathfrak{b}_2 t_2$$

dargestellt. Will man hieraus die lineare Gleichung zwischen den laufenden Koordinaten herstellen, so müssen die Parameter eliminiert werden. Zu diesem Zweck multiplizieren wir innen mit einem Vektor $\mathfrak{n}$, der im einen Falle auf $\mathfrak{b}$ und im anderen Falle auf $\mathfrak{b}_1$ und $\mathfrak{b}_2$ senkrecht steht. Da $\mathfrak{n}\,\mathfrak{b} = 0$ ist, wird

$$\mathfrak{n}\,(\mathfrak{x} - \mathfrak{a}) = n_1\,(x_1 - a_1) + n_2\,(x_2 - a_2) = 0\,.$$

Für den Raum ist

$$\mathfrak{n} = \mathfrak{b}_1 \times \mathfrak{b}_2,$$

und

$$\mathfrak{n}\,(\mathfrak{x} - \mathfrak{a}) = n_1\,(x_1 - a_1) + n_2\,(x_2 - a_2) + n_3\,(x_3 - a_3) = 0$$

ist die Gleichung der Ebene in der gewünschten Form. Die früher erwähnte geometrische Bedeutung der Koeffizienten von x_1, x_2, x_3 als Komponenten des Normalvektors ist auch hieraus zu entnehmen (vgl. I A Satz 1).

Um von hier zur Hesseschen Normalform überzugehen, braucht man nur den Vektor $\mathfrak{n}$ zu normieren, es muß, wie in I A § 10 gezeigt wurde, durch

$$\sqrt{n_1^2 + n_2^2 + (n_3^2)}$$

dividiert werden.

Setzen wir also $\mathfrak{n}^2 = 1$, so ist

$$(\mathfrak{y} - \mathfrak{a})\,\mathfrak{n} = d\,,$$

wenn $\mathfrak{y}$ ein beliebiger Punkt ist und d den Abstand dieses Punktes von der Geraden oder von der Ebene bezeichnet.

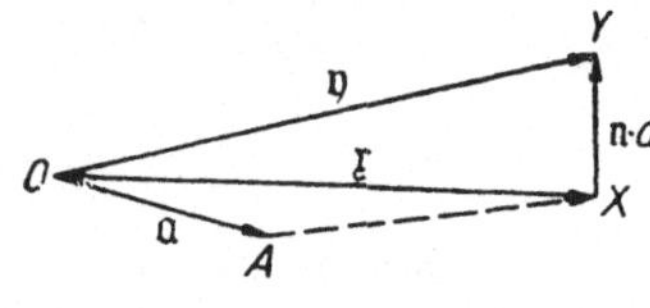

Abb. 41.

Diese Formel läßt sich auch sehr leicht ableiten, ohne auf I A § 10 zurückzugreifen.

Es sei X der Fußpunkt des von Y auf die Gerade oder Ebene gefällten Lotes (Abb. 41). Dann ist

$$\overrightarrow{XY} = \mathfrak{n}\,d,$$

denn $\mathfrak{n}$ hat die Länge 1 und die Richtung $\overrightarrow{XY}$, während d die Länge von $\overrightarrow{XY}$ angibt. Es ist also

$$\overrightarrow{OX} + \overrightarrow{XY} = \overrightarrow{OY},$$

$$\mathfrak{x} + \mathfrak{n}\,d = \mathfrak{y}.$$

Beiderseits wird innen mit $\mathfrak{n}$ multipliziert, und mit Rücksicht auf $\mathfrak{n}^2 = 1$ und $\mathfrak{n}\,\mathfrak{x} = \mathfrak{n}\,\mathfrak{a}$ folgt

$$d = \mathfrak{n}\,\mathfrak{y} - \mathfrak{n}\,\mathfrak{a} = \mathfrak{n}\,(\mathfrak{y} - \mathfrak{a}).$$

Das Vorzeichen von d wird durch den Richtungssinn von $\mathfrak{n}$ bestimmt.

§ 9. Kürzester Abstand zweier windschiefer Geraden.

Vorgelegt sind zwei windschiefe Gerade g_1 und g_2 durch ihre Parameterdarstellungen

$$\mathfrak{x} = \mathfrak{a}_1 + \mathfrak{b}_1 t_1 \quad \text{und} \quad \mathfrak{x} = \mathfrak{a}_2 + \mathfrak{b}_2 t_2 \qquad (\mathfrak{b}_1 \times \mathfrak{b}_2 \neq \mathfrak{O}).$$

Nach II Satz 3 gibt es eine Gerade, die dem Vektor $\mathfrak{b}_1 \times \mathfrak{b}_2$ parallel ist und g_1 in C_1 und g_2 in C_2 trifft, sie steht also auf den beiden gegebenen Geraden senkrecht.

Satz 8: *Sind P_1 und P_2 zwei beliebige Punkte auf g_1 bzw. g_2, so ist*

$$\overline{P_1 P_2} \geqq \overline{C_1 C_2}$$

und das Gleichheitszeichen steht nur, wenn zugleich P_1 mit C_1 und P_2 mit C_2 zusammenfallen. Demnach ist $\overline{C_1 C_2}$ der kürzeste Abstand.

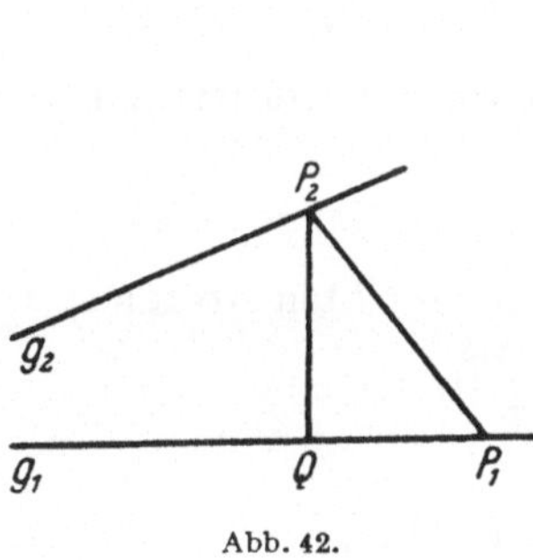

Abb. 42.

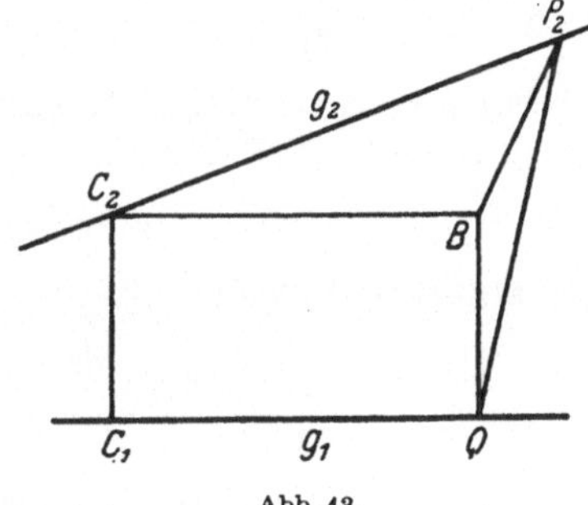

Abb. 43.

Beweis (Abb. 42): Steht $\overline{P_1 P_2}$ nicht senkrecht auf g_1, so fällen wir von P_2 das Lot auf g_1, und dann ist

$$\overline{P_2 Q} < \overline{P_1 P_2}.$$

Es ist aber auch

$$\overline{P_2 Q} > \overline{C_1 C_2},$$

sofern P_2 nicht mit C_2, oder, was auf dasselbe hinauskommt, Q mit C_1 zusammenfällt.

Um das einzusehen, legen wir durch C_2 die Parallele zu g_1 und durch Q die Normalebene auf g_1 (Abb. 43), diese enthält $\overrightarrow{Q P_2}$ und trifft die Parallele in B. $Q B C_2 C_1$ ist also ein Rechteck. $\overrightarrow{Q B}$ steht aber auch senkrecht auf g_2, weil $Q B \parallel C_1 C_2$ ist, und damit auf der durch g_2 und $\overrightarrow{C_2 B}$ bestimmten Ebene. Es ist also

$$\sphericalangle Q B P_2 = \frac{\pi}{2},$$

daher

$$\overline{Q P_2} > \overline{Q B} = \overline{C_1 C_2}.$$

Da C_1 und C_2 auf g_1 bzw. g_2 liegen, gibt es zwei Werte τ_1 und τ_2, so daß

$$\mathfrak{c}_1 = \mathfrak{a}_1 + \mathfrak{b}_1 \tau_1 \quad \text{und} \quad \mathfrak{c}_2 = \mathfrak{a}_2 + \mathfrak{b}_2 \tau_2$$

ist.

Die Richtung von $\overrightarrow{C_1 C_2}$ wird durch $\mathfrak{b}_1 \times \mathfrak{b}_2$ gegeben. Dieser Vektor wird normiert

$$\mathfrak{n} = \frac{\mathfrak{b}_1 \times \mathfrak{b}_2}{\sqrt{(\mathfrak{b}_1 \times \mathfrak{b}_2)^2}} \, .$$

Dann ist

$$\overrightarrow{C_1 C_2} = \mathfrak{n}\, d \, .$$

Nun ist

$$\overrightarrow{OC_1} + \overrightarrow{C_1 C_2} + \overrightarrow{C_2 O} = \mathfrak{O},$$
$$\mathfrak{c}_1 + \mathfrak{n}\, d - \mathfrak{c}_2 = \mathfrak{O},$$
$$\mathfrak{a}_1 + \mathfrak{b}_1 \tau_1 + \mathfrak{n}\, d - \mathfrak{a}_2 - \mathfrak{b}_2 \tau_2 = \mathfrak{O}.$$

Um τ_1 und τ_2 zu eliminieren, verfahren wir wie vorher und multiplizieren innen mit $\mathfrak{n}$. Dann wird

$$d = (\mathfrak{a}_2 - \mathfrak{a}_1)\, \mathfrak{n},$$

und so ergibt sich folgende Formel für den gesuchten Abstand:

$$d = \frac{(\mathfrak{a}_2 - \mathfrak{a}_1)\, (\mathfrak{b}_1 \times \mathfrak{b}_2)}{\sqrt{(\mathfrak{b}_1 \times \mathfrak{b}_2)^2}} \, .$$

§ 10. Gemischte Produkte.

Wir geben eine Reihe von Rechenregeln, nach denen Vektorprodukte innen oder außen mit anderen Vektoren oder untereinander multipliziert werden.

1. $\mathfrak{a}\, (\mathfrak{b} \times \mathfrak{c}) = \mathfrak{b}\, (\mathfrak{c} \times \mathfrak{a}) = \mathfrak{c}\, (\mathfrak{a} \times \mathfrak{b}) = (\mathfrak{a}, \mathfrak{b}, \mathfrak{c})$

ist bereits bewiesen.

2. $\mathfrak{a} \times (\mathfrak{b} \times \mathfrak{c}) = \mathfrak{b}\, (\mathfrak{a}\mathfrak{c}) - \mathfrak{c}\, (\mathfrak{a}\mathfrak{b}),$

$(\mathfrak{a} \times \mathfrak{b}) \times \mathfrak{c} = \mathfrak{b}\, (\mathfrak{a}\mathfrak{c}) - \mathfrak{a}\, (\mathfrak{b}\mathfrak{c}).$

Um die erste Formel abzuleiten, schreiben wir ausführlich

$$\mathfrak{b} \times \mathfrak{c} = \mathfrak{e}_1 (b_2 c_3 - b_3 c_2) + \mathfrak{e}_2 (b_3 c_1 - b_1 c_3) + \mathfrak{e}_3 (b_1 c_2 - b_2 c_1).$$

Setzen wir

$$\mathfrak{a} \times (\mathfrak{b} \times \mathfrak{c}) = s_1 \mathfrak{e}_1 + s_2 \mathfrak{e}_2 + s_3 \mathfrak{e}_3,$$

dann ist

$$s_1 = a_2 (b_1 c_2 - b_2 c_1) - a_3 (b_3 c_1 - b_1 c_3)$$
$$= b_1 (a_1 c_1 + a_2 c_2 + a_3 c_3) - c_1 (a_1 b_1 + a_2 b_2 + a_3 b_3),$$

wie man durch Auflösen der Klammern leicht nachrechnet. Anders geschrieben ist

$$s_1 = b_1 (\mathfrak{a}\mathfrak{c}) - c_1 (\mathfrak{a}\mathfrak{b}).$$

Ebenso

$$s_2 = b_2\,(\mathfrak{a}\,\mathfrak{c}) - c_2\,(\mathfrak{a}\,\mathfrak{b}),$$

$$s_3 = b_3\,(\mathfrak{a}\,\mathfrak{c}) - c_3\,(\mathfrak{a}\,\mathfrak{b}).$$

Die zweite Formel folgt aus der ersten:

$$(\mathfrak{a} \times \mathfrak{b}) \times \mathfrak{c} = -\,\mathfrak{c} \times (\mathfrak{a} \times \mathfrak{b})$$

$$= -\,\mathfrak{a}\,(\mathfrak{c}\,\mathfrak{b}) + \mathfrak{b}\,(\mathfrak{a}\,\mathfrak{c}).$$

3. $(\mathfrak{a} \times \mathfrak{b})\,(\mathfrak{c} \times \mathfrak{d}) = (\mathfrak{a}\,\mathfrak{c})\,(\mathfrak{b}\,\mathfrak{d}) - (\mathfrak{b}\,\mathfrak{c})\,(\mathfrak{a}\,\mathfrak{d}).$

Das ist in anderer Schreibweise folgende Identität:

$$\begin{vmatrix} a_2 & a_3 \\ b_2 & b_3 \end{vmatrix}\begin{vmatrix} c_2 & c_3 \\ d_2 & d_3 \end{vmatrix} + \begin{vmatrix} a_3 & a_1 \\ b_3 & b_1 \end{vmatrix}\begin{vmatrix} c_3 & c_1 \\ d_3 & d_1 \end{vmatrix} + \begin{vmatrix} a_1 & a_2 \\ b_1 & b_2 \end{vmatrix}\begin{vmatrix} c_1 & c_2 \\ d_1 & d_2 \end{vmatrix}$$

$$= \begin{vmatrix} a_1c_1 + a_2c_2 + a_3c_3 & b_1c_1 + b_2c_2 + b_3c_3 \\ a_1d_1 + a_2d_2 + a_3d_3 & b_1d_1 + b_2d_2 + b_3d_3 \end{vmatrix}.$$

(Vgl. Det. § 16 Satz 20.)

4. $(\mathfrak{a} \times \mathfrak{b}) \times (\mathfrak{c} \times \mathfrak{d}) = \mathfrak{c}\,(\mathfrak{a}, \mathfrak{b}, \mathfrak{d}) - \mathfrak{d}\,(\mathfrak{a}, \mathfrak{b}, \mathfrak{c}).$

Nach 2 ist dieses Vektorprodukt

$$= \mathfrak{c}\,((\mathfrak{a} \times \mathfrak{b})\,\mathfrak{d}) - \mathfrak{d}\,((\mathfrak{a} \times \mathfrak{b})\,\mathfrak{c})$$

und nach 3

$$= \mathfrak{c}\,(\mathfrak{a}, \mathfrak{b}, \mathfrak{d}) - \mathfrak{d}\,(\mathfrak{a}, \mathfrak{b}, \mathfrak{c}).$$

Wir wollen alle Vektoren normieren, so daß ihre Endpunkte auf der Einheitskugel liegen. In Formel 3 wird $\mathfrak{d} = \mathfrak{a}$ gesetzt, dann ist diese Beziehung der Cosinussatz der sphärischen Trigonometrie. In der dort üblichen Bezeichnung ist

$$\sphericalangle\,(\mathfrak{b}, \mathfrak{c}) = a, \qquad \sphericalangle\,(\mathfrak{c}, \mathfrak{a}) = b, \qquad \sphericalangle\,(\mathfrak{a}, \mathfrak{b}) = c,$$

$$|\,\mathfrak{b} \times \mathfrak{c}\,| = \sin a, \qquad |\,\mathfrak{c} \times \mathfrak{a}\,| = \sin b, \qquad |\,\mathfrak{a} \times \mathfrak{b}\,| = \sin c,$$

$$\sphericalangle\,(\mathfrak{c} \times \mathfrak{a},\ \mathfrak{a} \times \mathfrak{b}) = \pi - \alpha,$$

$$\sphericalangle\,(\mathfrak{a} \times \mathfrak{b},\ \mathfrak{b} \times \mathfrak{c}) = \pi - \beta,$$

$$\sphericalangle\,(\mathfrak{b} \times \mathfrak{c},\ \mathfrak{c} \times \mathfrak{a}) = \pi - \gamma.$$

Die Normalen auf den Seitenflächen gehen entweder alle nach außen oder alle nach innen, und die Winkel der Normalen ergänzen die Neigungswinkel der Seitenflächen zu π.

Aus 3 folgt:

$$(\mathfrak{a} \times \mathfrak{b})\,(\mathfrak{c} \times \mathfrak{a}) = (\mathfrak{a}\,\mathfrak{c})\,(\mathfrak{b}\,\mathfrak{a}) = (\mathfrak{b}\,\mathfrak{c})\,\mathfrak{a}^2,$$

$$-\sin c \,\sin b \,\cos\alpha = \cos b \,\cos c - \cos a,$$

$$\cos a = \cos b \,\cos c + \sin b \,\sin c \,\cos\alpha.$$

Der Sinussatz der sphärischen Trigonometrie ist in Formel 4

enthalten. $\mathfrak{c}$ wird durch $\mathfrak{a}$ und $\mathfrak{b}$ durch $\mathfrak{c}$ ersetzt,

$$(\mathfrak{a} \times \mathfrak{b}) \times (\mathfrak{a} \times \mathfrak{c}) = \mathfrak{a}\,(\mathfrak{a}, \mathfrak{b}, \mathfrak{c}).$$

Es ist

$$(\mathfrak{a}, \mathfrak{b}, \mathfrak{c}) = \sin a \sin b \sin \gamma.$$

Denn $\sin a$ ist die Grundfläche und $\sin b \sin \gamma$ ist leicht als Höhe zu erkennen.

Nimmt man beiderseits den absoluten Betrag, so wird

$$|\,\mathfrak{a} \times \mathfrak{b}\,|\;|\,\mathfrak{a} \times \mathfrak{c}\,|\sin((\mathfrak{a} \times \mathfrak{b}),(\mathfrak{a} \times \mathfrak{c})) = |\,\mathfrak{a}\,|\sin a \sin b \sin \gamma,$$

$$|\,\mathfrak{a}\,|\;|\,\mathfrak{b}\,|\sin c\,|\,\mathfrak{a}\,|\;|\,\mathfrak{c}\,|\sin b \sin \alpha = \sin a \sin b \sin \gamma,$$

$$\sin c \sin \alpha = \sin a \sin \gamma,$$

$$\frac{\sin a}{\sin \alpha} = \frac{\sin c}{\sin \gamma}.$$

§ 11. Aufgaben zu Kapitel II.

1. Berechne die Koordinaten der Schnittpunkte der Ebene

$$\mathfrak{x} = \begin{pmatrix} 1 \\ 2 \\ -1 \end{pmatrix} + \begin{pmatrix} 2 \\ 3 \\ 0 \end{pmatrix} t_1 + \begin{pmatrix} 1 \\ -1 \\ 2 \end{pmatrix} t_2$$

mit den Geraden

$$\text{a)}\quad \mathfrak{x} = \begin{pmatrix} -2 \\ 4 \\ -1 \end{pmatrix} + \begin{pmatrix} 3 \\ 0 \\ 1 \end{pmatrix} t, \qquad \text{b)}\quad \mathfrak{x} = \begin{pmatrix} 5 \\ 3 \\ 3 \end{pmatrix} + \begin{pmatrix} 1 \\ 4 \\ -2 \end{pmatrix} t,$$

$$\text{c)}\quad \mathfrak{x} = \begin{pmatrix} 3 \\ 2 \\ 2 \end{pmatrix} t.$$

2. Berechne mit Hilfe der in II § 9 angegebenen Formel den kürzesten Abstand der beiden Geraden

$$\mathfrak{x} = \begin{pmatrix} 12 \\ -7 \\ 3 \end{pmatrix} + \begin{pmatrix} 9 \\ -8 \\ 1 \end{pmatrix} t \quad \text{und} \quad \mathfrak{x} = \begin{pmatrix} 1 \\ -2 \\ -4 \end{pmatrix} + \begin{pmatrix} -3 \\ -2 \\ 2 \end{pmatrix} t.$$

3. Ein Tetraeder ist durch $A\,(5;\,-4;\,-5)$, $B\,(-3;\,2;\,-1)$, $C\,(2;\,-1;\,-5)$, $D\,(0;\,0;\,0)$ gegeben. Berechne sein Volumen, seine Höhe von D aus und den Inhalt des Dreiecks ABC.

4. Zwei Gerade durch denselben Punkt $\mathfrak{a}$ haben die Parameterdarstellungen

$$\mathfrak{x} = \mathfrak{a} + \mathfrak{b}_1 t \quad \text{und} \quad \mathfrak{x} = \mathfrak{a} + \mathfrak{b}_2 t.$$

Welches ist die Gleichung der Verbindungsebene?

5. Sind $\mathfrak{a}$, $\mathfrak{b}$, $\mathfrak{c}$ drei linear unabhängige Vektoren und sind für einen Vektor $\mathfrak{x}$ die inneren Produkte $\mathfrak{a}\,\mathfrak{x} = \mathfrak{b}\,\mathfrak{x} = \mathfrak{c}\,\mathfrak{x} = 0$, so ist $\mathfrak{x} = \mathfrak{O}$. Liegt $\mathfrak{x}$ mit $\mathfrak{a}$ und $\mathfrak{b}$ in einer Ebene, so folgt $\mathfrak{x} = \mathfrak{O}$ schon aus $\mathfrak{a}\,\mathfrak{x} = \mathfrak{b}\,\mathfrak{x} = 0$.

6. In dem Tetraeder $A_0 A_1 A_2 A_3$ bezeichnet I_ν den Inhalt des der Ecke A_ν gegenüberliegenden Dreiecks. $\alpha_1, \alpha_2, \alpha_3$ sind die Winkel der körperlichen Ecke mit dem Scheitel A_0. α_ν liegt längs der Kante $A_0 A_\nu$. Es ist folgende Formel zu beweisen:

$$I_0^2 = I_1^2 + I_2^2 + I_3^2 - 2 I_1 I_2 \cos \alpha_3 - 2 I_2 I_3 \cos \alpha_1 - 2 I_3 I_1 \cos \alpha_2.$$

Anleitung: Benutze II Satz 7 und verfahre wie beim Beweis des Satzes II, 2.

7. $\mathfrak{a}$ und $\mathfrak{b}$ seien zwei linear unabhängige Vektoren und

$$\mathfrak{x}_i = \lambda_i\,\mathfrak{a} + \mu_i\,\mathfrak{b} \qquad\qquad (i = 1, 2, 3)$$

drei mit $\mathfrak{a}$ und $\mathfrak{b}$ in einer Ebene liegende Vektoren. Welche Beziehung muß zwischen den Koordinaten λ_i und μ_i bestehen, damit die Endpunkte X_1, X_2, X_3 auf einer Geraden liegen? (Benutze II § 4 Nr. 1.) Die gesuchte Gleichung soll durch das Verschwinden einer Determinate ausgedrückt werden.

8. Die Endpunkte $X_1, \ldots, X_4$ von vier räumlichen Vektoren $\mathfrak{x}_1, \ldots, \mathfrak{x}_4$ liegen dann und nur dann in einer Ebene, wenn es vier Zahlen $\alpha_1, \ldots, \alpha_4$ gibt, die nicht sämtlich verschwinden dürfen, so daß

$$\alpha_1\,\mathfrak{x}_1 + \alpha_2\,\mathfrak{x}_2 + \alpha_3\,\mathfrak{x}_3 + \alpha_4\,\mathfrak{x}_4 = \mathfrak{O},$$
$$\alpha_1 + \alpha_2 + \alpha_3 + \alpha_4 = 0$$

ist.

Anleitung:

$$\mathfrak{x}_i = x_{i1}\,\mathfrak{e}_1 + x_{i2}\,\mathfrak{e}_2 + x_{i3}\,\mathfrak{e}_3.$$

Wenn das Volumen des Tetraeders $X_1 X_2 X_3 X_4$ verschwindet, lassen sich die Zahlen $\alpha_1, \ldots, \alpha_4$ angeben und umgekehrt.

9. Aufgabe 7 ist auf den Raum zu übertragen. D. h. $\mathfrak{a}, \mathfrak{b}, \mathfrak{c}$ seien linear unabhängig und

$$\mathfrak{x}_i = \lambda_i\,\mathfrak{a} + \mu_i\,\mathfrak{b} + \nu_i\,\mathfrak{c} \qquad\qquad (i = 1, 2, 3, 4).$$

Welche Beziehung muß zwischen den Koordinaten λ_i, μ_i, ν_i bestehen, wenn $X_1, \ldots, X_4$ in einer Ebene liegen sollen?

10. $A'ABB'$ ist ein ebenes Viereck (Abb. 44). Der Schnittpunkt von AA' mit $\overrightarrow{BB'}$ ist O. Wir setzen $\overrightarrow{OA} = \mathfrak{a}$, $\overrightarrow{OA'} = \lambda\,\mathfrak{a}$, $\overrightarrow{OB} = \mathfrak{b}$, $\overrightarrow{OB'} = \mu\,\mathfrak{b}$. $A'B$ und $B'A$ schneiden sich in S. Man zeige

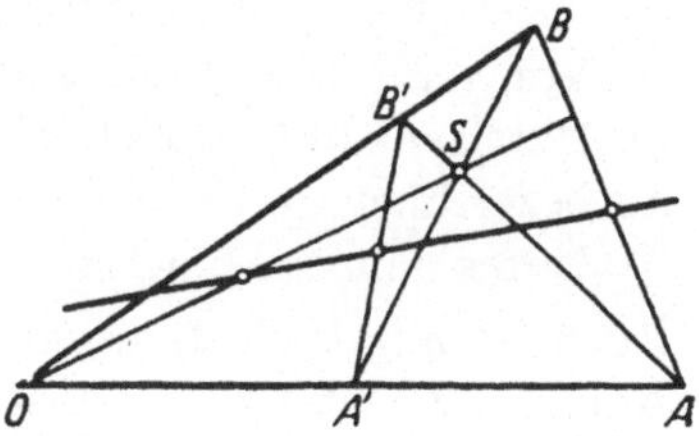

a) $\overrightarrow{OS} = \mathfrak{a}\dfrac{\lambda\,(1-\mu)}{1-\lambda\mu} + \mathfrak{b}\dfrac{\mu\,(1-\lambda)}{1-\lambda\mu}$.

Abb. 44.

b) Die Mittelpunkte von AB, $A'B'$ und OS liegen auf einer Geraden.

11. Für den Abstand d eines Raumpunktes $\mathfrak{y}$ von der Geraden $\mathfrak{x} = \mathfrak{a} + \mathfrak{b}\,t$ gilt die Formel

$$d^2 = (\mathfrak{y} - \mathfrak{a})^2 - \frac{1}{\mathfrak{b}^2}\Big[(\mathfrak{y} - \mathfrak{a})\,\mathfrak{b}\Big]^2$$

und für die Koordinaten seines Fußpunktes

$$\mathfrak{y} = \mathfrak{a} + \left(\frac{(\mathfrak{y} - \mathfrak{a})\,\mathfrak{b}}{\mathfrak{b}^2}\right)\mathfrak{b}\,.$$

(Vgl. I A § 12 Aufg. 6c.)

12. a) Die Mittellote auf den Seiten eines Dreiecks schneiden sich in einem Punkt, dem Mittelpunkt des Umkreises.

b) Die sechs mittelsenkrechten Ebenen auf den Kanten eines Tetraeders schneiden sich in einem Punkt, dem Mittelpunkt der Umkugel.

c) Die sechs Ebenen, die durch die Mitte je einer Kante eines Tetraeders gehen und auf der gegenüberliegenden Kante senkrecht stehen, gehen durch einen Punkt. Er ist der Mittelpunkt der Umkugel eines Tetraeders, das aus dem ursprünglichen dadurch entsteht, daß jede Ecke an dem Schwerpunkt gespiegelt wird, d. h. sie wird mit dem Schwerpunkt verbunden, und diese Strecke wird um sich selbst verlängert.

Anleitung: $\mathfrak{a}, \mathfrak{b}, \mathfrak{c}, (\mathfrak{d})$ seien die Vektoren, deren Endpunkte das Dreieck bzw. Tetraeder bilden. Für die Gleichung der Mittelsenkrechten findet man

$$\left(\mathfrak{x} - \frac{\mathfrak{a} + \mathfrak{b}}{2}\right)(\mathfrak{a} - \mathfrak{b}) = 0 \quad \text{oder} \quad (\mathfrak{x} - \mathfrak{a})^2 = (\mathfrak{x} - \mathfrak{b})^2\,.$$

Hieraus folgt leicht a und b. Um c zu beweisen, lege man den Nullpunkt in den Schwerpunkt, und man erhält für die Gleichungen der sechs Ebenen

$$(\mathfrak{x} + \mathfrak{a})^2 = (\mathfrak{x} + \mathfrak{b})^2 = (\mathfrak{x} + \mathfrak{c})^2 = (\mathfrak{x} + \mathfrak{d})^2,$$

aus denen c leicht zu erkennen ist.

Drittes Kapitel.

Kongruente und ähnliche Abbildungen.

§ 1. Allgemeines über kongruente Abbildungen.

Von jetzt ab soll das innere Produkt zweier Vektoren wieder in der im Matrizenkalkül üblichen Schreibweise mit $\mathfrak{a}'\mathfrak{b}$ statt wie vorher mit $\mathfrak{a}\mathfrak{b}$ bezeichnet werden ($\mathfrak{a}'$ ist die zu $\mathfrak{b}$ transponierte).

Unter einer Abbildung verstehen wir ein Verfahren, durch das jedem Punkt P ein Bildpunkt $\overline{P}$ zugeordnet wird. Ein Beispiel für eine Abbildung bietet die Transformation durch reziproke Radien, die wir in I B § 16 kennengelernt haben. Indessen sollen hier und in dem folgenden Kapitel nur solche Abbildungen untersucht werden, die sich durch lineare Transformationen vermitteln lassen. D. h. die Koordinaten des

Bildpunktes $\bar{\mathfrak{x}}$ sind lineare Funktionen der Koordinaten des ursprünglichen Punktes $\mathfrak{x}$.

$$\bar{x}_1 = a_{11}x_1 + a_{12}x_2 + a_{13}x_3 + a_1,$$
$$\bar{x}_2 = a_{21}x_1 + a_{22}x_2 + a_{23}x_3 + a_2,$$
$$\bar{x}_3 = a_{31}x_1 + a_{32}x_2 + a_{33}x_3 + a_3$$

oder, im Matrizenkalkül geschrieben,

$$\bar{\mathfrak{x}} = \mathfrak{A}\mathfrak{x} + \mathfrak{a}, \quad \text{wo} \quad \mathfrak{A} = (a_{ik}) \quad \text{und} \quad \mathfrak{a} = \begin{pmatrix} a_1 \\ a_2 \\ a_3 \end{pmatrix}.$$

Zunächst betrachten wir den Fall, daß alle Figuren oder Körper in **kongruente** übergehen. Dazu ist notwendig und hinreichend, daß der Abstand zweier Punkte erhalten bleibt. Wie in Det. § 21 Satz 25 gezeigt ist, ist diese Forderung immer erfüllt, wenn $\mathfrak{A}$ orthogonal ist. Wir zeigen auch die Umkehrung.

Satz 1: *Damit durch $\bar{\mathfrak{x}} = \mathfrak{A}\mathfrak{x} + \mathfrak{a}$ eine kongruente Abbildung vermittelt wird, muß $\mathfrak{A}$ orthogonal sein.*

Beweis: Der Abstand d zweier Punkte $\mathfrak{x}$ und $\mathfrak{y}$ ist

$$d = \sqrt{(\mathfrak{y}-\mathfrak{x})'\,(\mathfrak{y}-\mathfrak{x})},$$

diese Größe soll bleiben, wenn $\mathfrak{x}$ und $\mathfrak{y}$ durch $\bar{\mathfrak{x}}$ und $\bar{\mathfrak{y}}$ ersetzt werden. Es muß

$$(\bar{\mathfrak{y}}-\bar{\mathfrak{x}})'\,(\bar{\mathfrak{y}}-\bar{\mathfrak{x}}) = (\mathfrak{y}-\mathfrak{x})'\,(\mathfrak{y}-\mathfrak{x})$$

sein. Die linke Seite ergibt, wenn $\bar{\mathfrak{x}}$ und $\bar{\mathfrak{y}}$ ersetzt werden,

$$(\mathfrak{A}\mathfrak{y} - \mathfrak{A}\mathfrak{x})'\,(\mathfrak{A}\mathfrak{y} - \mathfrak{A}\mathfrak{x}) = (\mathfrak{y} - \mathfrak{x})'\,\mathfrak{A}'\mathfrak{A}\,(\mathfrak{y} - \mathfrak{x})$$
$$= \sum_{i,k} c_{ik}\,(y_i - x_i)\,(y_k - x_k), \qquad i, k = 1, 2, 3,$$

wo

$$\mathfrak{A}'\mathfrak{A} = (c_{ik})$$

gesetzt ist. Dieser Ausdruck muß mit

$$(\mathfrak{y} - \mathfrak{x})'\,(\mathfrak{y} - \mathfrak{x}) = \sum_{i=1}^{3} (y_i - x_i)^2$$

identisch sein, also

$$c_{ik} = \delta_{ik}, \quad \text{d. h.} \quad = \begin{cases} 0 & \text{für} \quad i \neq k \\ 1 & \text{für} \quad i = k \end{cases} \quad \text{oder} \quad \mathfrak{A}'\mathfrak{A} = \mathfrak{E}.$$

Daher ist $\mathfrak{A}$ orthogonal (vgl. Det. § 21 Satz 25).

Wenn alle Strecken erhalten bleiben, gehen alle Dreiecke in kongruente über, also ändern sich auch die Winkel nicht, wenn man vom Vorzeichen absieht.

Bei positiver Determinante $|\mathfrak{A}|$ sind die Inhalte der Flächen oder Körper invariant, und es bleibt die Orientierung, die für $|\mathfrak{A}| = -1$ in die entgegengesetzte übergeht.

Von besonderem Interesse sind solche Punkte, die bei der Abbildung in sich selbst übergehen, also mit ihren Bildpunkten zusammenfallen. Sie werden Fixpunkte genannt; haben alle Punkte einer Geraden oder einer Ebene diese Eigenschaft, so sprechen wir von einer Fixgeraden oder einer Fixebene.

Satz 2: *Ist bei einer kongruenten Abbildung in der Ebene eine Fixgerade vorhanden, so ist die Abbildung entweder die Identität oder eine Spiegelung an der Fixgeraden. Dasselbe gilt bei einer Abbildung im Raume für eine Fixebene.*

Beweis: Ein beliebiger Punkt P möge in $\overline{P}$ übergehen. Q sei der Fußpunkt des von P auf die Fixgerade bzw. -ebene gefällten Lotes. Q geht in sich selbst über. Wegen der Kongruenz muß $PQ = \overline{P}Q$ sein und $\overline{P}Q$ ebenfalls auf der Fixgeraden bzw. -ebene senkrecht stehen. Liegt $\overline{P}$ auf derselben Seite wie P, so fallen beide Punkte zusammen und jeder Punkt ist mit seinem Bildpunkt identisch. Andernfalls ist $\overline{P}$ der zu P symmetrisch gelegene Punkt.

Da für Fixpunkte $\mathfrak{x} = \mathfrak{A}\mathfrak{x} + \mathfrak{a}$ sein muß, sind solche Punkte nur dann vorhanden, wenn das Gleichungssystem

$$\mathfrak{x} = \mathfrak{A}\mathfrak{x} + \mathfrak{a} \quad \text{oder} \quad (\mathfrak{A} - \mathfrak{E})\mathfrak{x} + \mathfrak{a} = \mathfrak{O}$$

Lösungen besitzt. Ist $|\mathfrak{A} - \mathfrak{E}| \neq 0$, so haben wir einen und nur einen Fixpunkt. Verschwindet diese Determinante, so müssen die Rangzahlen der Matrizen $(\mathfrak{A} - \mathfrak{E})$ und $(\mathfrak{A} - \mathfrak{E}, \mathfrak{a})$ gleich sein, wenn Lösungen vorhanden sein sollen. Der Vektor $\mathfrak{a}$ muß dann eine Bedingung erfüllen, die im folgenden Satz zum Ausdruck kommt.

Satz 3: *Wenn das homogene System*

$$\mathfrak{y} = \mathfrak{A}\mathfrak{y} \quad \text{oder} \quad (\mathfrak{A} - \mathfrak{E})\mathfrak{y} = \mathfrak{O}$$

Lösungen $\mathfrak{y} = \mathfrak{b} \neq \mathfrak{O}$ *besitzt, ist das inhomogene System*

$$(\mathfrak{A} - \mathfrak{E})\mathfrak{x} + \mathfrak{a} = \mathfrak{O}$$

dann und nur dann lösbar, wenn jedes $\mathfrak{b}$ *zu* $\mathfrak{a}$ *orthogonal ist.*

Beweis: Aus $\mathfrak{A}\mathfrak{b} = \mathfrak{b}$ folgt

$$\mathfrak{b} = \mathfrak{A}'\mathfrak{b}, \qquad \mathfrak{b}' = \mathfrak{b}'\mathfrak{A}, \qquad \mathfrak{b}'(\mathfrak{A} - \mathfrak{E}) = \mathfrak{O}.$$

Wird

$$(\mathfrak{A} - \mathfrak{E})\mathfrak{x} + \mathfrak{a} = \mathfrak{O}$$

links mit $\mathfrak{b}'$ multipliziert, kommt $\mathfrak{b}'\mathfrak{a} = 0$ als notwendige Bedingung für die Existenz einer Lösung $\mathfrak{x}$ heraus.

Um einzusehen, daß diese Bedingung auch hinreichend ist, betrachten wir die beiden homogenen Gleichungssysteme

$$(\text{I.)} \quad \mathfrak{x}'(\mathfrak{A} - \mathfrak{E}) = \mathfrak{O} \quad \text{und} \quad (\text{II.)} \quad \mathfrak{y}'(\mathfrak{A} - \mathfrak{E}, \mathfrak{a}) = \mathfrak{O},$$

von denen das zweite einfach durch Hinzufügen der Gleichung $\mathfrak{y}'\mathfrak{a} = 0$

aus dem ersten hervorgeht. Daher folgt (I) aus (II). Wenn für jede Lösung von (I) $\mathfrak{b}'\mathfrak{a} = 0$ ist, folgt auch (II) aus (I). Deshalb ist

$$\text{Rang } (\mathfrak{A} - \mathfrak{E}) = \text{Rang } (\mathfrak{A} - \mathfrak{E}, \mathfrak{a}),$$

womit die Existenz der Lösung des inhomogenen Gleichungssystems

$$(\mathfrak{A} - \mathfrak{E})\,\mathfrak{x} + \mathfrak{a} = \mathfrak{O}$$

nachgewiesen ist.

Wir behandeln im folgenden die Abbildungen in der Ebene von denen des Raumes getrennt.

Ist $|\,\mathfrak{A}\,| = 1$, so nennen wir die Abbildung eine **Bewegung**, und ist $|\,\mathfrak{A}\,| = -1$, so sprechen wir von einer **Umlegung**.

Danach haben wir folgende vier Möglichkeiten zu unterscheiden:

$$\left.\begin{array}{l}\text{Fall } BE, \text{ d. h. Bewegung in der Ebene, } |\,\mathfrak{A}\,| = +1 \\ \text{Fall } UE, \text{ d. h. Umlegung in der Ebene, } |\,\mathfrak{A}\,| = -1\end{array}\right\} \text{ zweireihig.}$$

$$\left.\begin{array}{l}\text{Fall } BR, \text{ d. h. Bewegung im Raum, } \quad |\,\mathfrak{A}\,| = +1 \\ \text{Fall } UR, \text{ d. h. Umlegung im Raum, } \quad |\,\mathfrak{A}\,| = -1\end{array}\right\} \text{ dreireihig.}$$

Durch die folgenden Untersuchungen sollen die kongruenten Abbildungen in eine einfache und leicht zu übersehende Form gebracht werden.

Ist $\mathfrak{A} = \mathfrak{E}$, so ist $\overline{\mathfrak{x}} = \mathfrak{x} + \mathfrak{a}$ eine **Parallelverschiebung** oder **Translation**. Die Orientierung bleibt, und Fixpunkte sind nur für $\mathfrak{a} = \mathfrak{O}$ vorhanden, dann aber ist jeder Punkt Fixpunkt und die Abbildung ist die identische. Wir wollen jetzt immer $\mathfrak{A} \neq \mathfrak{E}$ voraussetzen.

§ 2. Kongruente Abbildungen in der Ebene.

Fall BE.

Jede zweireihige orthogonale Matrix mit positiver Determinante hat die Form

$$\mathfrak{A} = \begin{pmatrix} \cos\varphi & -\sin\varphi \\ \sin\varphi & \cos\varphi \end{pmatrix}$$

(vgl. Det. § 23). Die dadurch bewirkte Abbildung ist eine Drehung der Ebene um den Anfangspunkt.

Bezeichnen R und α die Polarkoordinaten von $\mathfrak{x}$, $\overline{R}$ und $\overline{\alpha}$ die von $\overline{\mathfrak{x}}$, so folgt aus $\overline{\mathfrak{x}} = \mathfrak{A}\,\mathfrak{x}$

$$\overline{R} = R \quad \text{und} \quad \overline{\alpha} = \alpha + \varphi.$$

Die Determinante

$$|\,\mathfrak{A} - \mathfrak{E}\,| = \begin{vmatrix} \cos\varphi - 1 & -\sin\varphi \\ \sin\varphi & \cos\varphi - 1 \end{vmatrix}$$

$$= \cos^2\varphi - 2\cos\varphi + 1 + \sin^2\varphi = 2\,(1 - \cos\varphi) \neq 0,$$

denn mit $\mathfrak{A} \neq \mathfrak{E}$ ist auch $\varphi \neq 0$.

Das System

$$\mathfrak{x} = \mathfrak{A}\,\mathfrak{x}$$

hat nur die Lösung $\mathfrak{x} = \mathfrak{O}$, und das inhomogene System

$$\mathfrak{x} = \mathfrak{A}\,\mathfrak{x} + \mathfrak{a}$$

hat stets eine und nur eine Lösung, die wir mit $\mathfrak{f}$ bezeichnen wollen.

Es gibt also einen Fixpunkt $F(f_1, f_2)$, der für $\mathfrak{a} = \mathfrak{O}$ in den Anfangspunkt fällt. Durch Subtraktion der beiden Gleichungen

$$\overline{\mathfrak{x}} = \mathfrak{A}\,\mathfrak{x} + \mathfrak{a},$$
$$\mathfrak{f} = \mathfrak{A}\,\mathfrak{f} + \mathfrak{a}$$

wird

$$\overline{\mathfrak{x}} - \mathfrak{f} = \mathfrak{A}\,(\mathfrak{x} - \mathfrak{f}).$$

Wir führen jetzt die Abbildung in folgenden Schritten aus:

1. Durch die Parallelverschiebung

$$\mathfrak{y} = \mathfrak{x} - \mathfrak{f}$$

wird F zum Anfangspunkt.

2. Durch die Drehung

$$\overline{\mathfrak{y}} = \mathfrak{A}\,\mathfrak{y}$$

wird die Ebene um F gedreht.

3. Durch die Parallelverschiebung

$$\overline{\mathfrak{x}} = \overline{\mathfrak{y}} + \mathfrak{f}$$

wird 1 wieder aufgehoben.

Ergebnis: *Jede Bewegung in der Ebene kann durch eine Drehung um einen Punkt ausgeführt werden.*

Fall UE.

Hier hat $\mathfrak{A}$ die Form

$$\mathfrak{A} = \begin{pmatrix} \cos\varphi & -\sin\varphi \\ \sin\varphi & \cos\varphi \end{pmatrix} \begin{pmatrix} 1 & 0 \\ 0 & -1 \end{pmatrix} = \begin{pmatrix} \cos\varphi & \sin\varphi \\ \sin\varphi & -\cos\varphi \end{pmatrix}$$

(vgl. Det. § 23 Satz 27), und

$$|\,\mathfrak{A} - \mathfrak{E}\,| = \begin{vmatrix} \cos\varphi - 1 & \sin\varphi \\ \sin\varphi & -\cos\varphi - 1 \end{vmatrix} = 1 - \cos^2\varphi - \sin^2\varphi = 0.$$

Wie man leicht nachrechnet, ist auch

$$|\,\mathfrak{A} + \mathfrak{E}\,| = 0.$$

Es gibt also zwei Vektoren $\mathfrak{b}$ und $\mathfrak{d}$ derart, daß

$$\mathfrak{b} = \mathfrak{A}\,\mathfrak{b} \quad \text{und} \quad \mathfrak{d} = -\mathfrak{A}\,\mathfrak{d}$$

ist. Aus $\mathfrak{b} = \mathfrak{A}\,\mathfrak{b}$ oder $\mathfrak{b}' = \mathfrak{b}'\mathfrak{A}'$ und $\mathfrak{d} = -\mathfrak{A}\,\mathfrak{d}$ folgt durch Multiplikation

$$\mathfrak{b}'\mathfrak{d} = -\mathfrak{b}'\mathfrak{A}'\mathfrak{A}\,\mathfrak{d} = -\mathfrak{b}'\mathfrak{d} = 0.$$

$\mathfrak{b}$ und $\mathfrak{d}$ sind orthogonal und daher auch linear unabhängig, $\mathfrak{a}$ kann deshalb auf die Form

$$\mathfrak{a} = \mu\,\mathfrak{b} + \lambda\,\mathfrak{d}$$

gebracht werden, $\mu\,\mathfrak{b}$ und $\lambda\,\mathfrak{d}$ sind die Projektionen von $\mathfrak{a}$ auf $\mathfrak{b}$ bzw. $\mathfrak{d}$.

Wir führen die Abbildung

$$\overline{\mathfrak{x}} = \mathfrak{A}\,\mathfrak{x} + \mathfrak{a} = \mathfrak{A}\,\mathfrak{x} + \mu\,\mathfrak{b} + \lambda\,\mathfrak{d}$$

in zwei Schritten durch

$$\text{A.}\ \ \mathfrak{y} = \mathfrak{A}\,\mathfrak{x} + \mu\,\mathfrak{b} \quad \text{und} \quad \text{B.}\ \ \overline{\mathfrak{x}} = \mathfrak{y} + \lambda\,\mathfrak{d}.$$

Auf A läßt sich III Satz 3 anwenden, weil $\mathfrak{d}$ zu $\mathfrak{b}$ orthogonal ist. Die Gleichung $\mathfrak{x} = \mathfrak{A}\,\mathfrak{x} + \mu\,\mathfrak{b}$ besitzt daher Lösungen, deren Gesamtheit die Fixgerade der Abbildung A ausmacht. Ihre Gleichung ist

$$\mathfrak{x} = \frac{1}{2}\,\mathfrak{a} + \mathfrak{d}\,t,$$

wie wir durch Einsetzen in die vorletzte Gleichung nachprüfen.

$$\frac{1}{2}\,\mathfrak{a} + \mathfrak{d}\,t = \mathfrak{A}\left(\frac{1}{2}\,\mathfrak{a} + \mathfrak{d}\,t\right) + \mu\,\mathfrak{b}.$$

Tritt $\mu\,\mathfrak{b} + \lambda\,\mathfrak{d}$ an die Stelle von $\mathfrak{a}$ und beachtet man $\mathfrak{A}\,\mathfrak{d} = \mathfrak{d}$, so vereinfacht sich die Gleichung auf

$$\frac{1}{2}\,\mu\,\mathfrak{b} = \frac{1}{2}\,\mathfrak{A}\,\mu\,\mathfrak{b} + \mu\,\mathfrak{b}$$

oder

$$\mathfrak{A}\,\mu\,\mathfrak{b} + \mu\,\mathfrak{b} = \mu\,(\mathfrak{A} + \mathfrak{E})\,\mathfrak{b} = 0,$$

und als Lösung dieser Gleichung war $\mathfrak{b}$ erklärt.

Die Richtung von $\mathfrak{d}$ läßt sich aus $(\mathfrak{A} - \mathfrak{E})\,\mathfrak{d} = \mathfrak{O}$ leicht ermitteln. Es bleibe dem Leser überlassen, zu zeigen, daß $\mathfrak{d}$ den Winkel φ halbiert. Die Fixgerade ist damit vollständig bestimmt. Sie geht durch den Punkt $\frac{1}{2}\,\mathfrak{a}$ und bildet mit der X_1-Achse den Winkel $\frac{\varphi}{2}$.

Nach III Satz 2 ist A eine Spiegelung an dieser Fixgeraden.

Abbildung B, $\overline{\mathfrak{x}} = \mathfrak{y} + \lambda\,\mathfrak{d}$, bewirkt eine Parallelverschiebung, deren Richtung mit der der Fixgeraden zusammenfällt und deren Länge gleich der Projektion von $\mathfrak{a}$ auf diese Gerade ist.

$U\,E$ setzt sich also aus einer Spiegelung an einer Geraden und aus einer Parallelverschiebung längs dieser Geraden zusammen. Eine solche Abbildung wird eine Gleitspiegelung genannt.

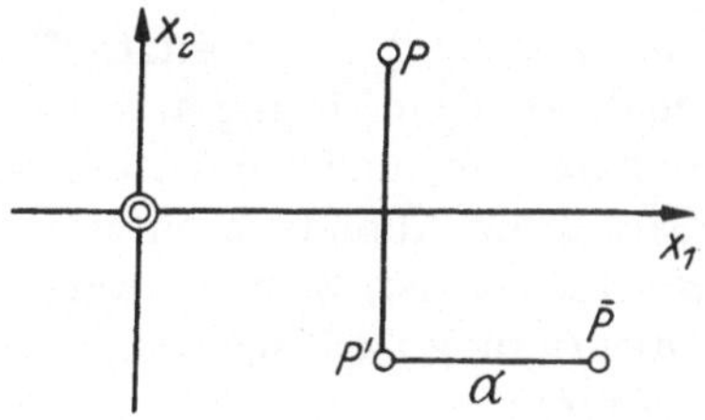

Ein einfaches Beispiel ist (Abb. 45)

Abb. 45.

$$\overline{x}_1 = x_1 + \alpha, \qquad \overline{x}_2 = -x_2.$$

An der X_1-Achse wird gespiegelt, dadurch kommt P nach P'. Dann wird P' um α parallel zur X_1-Achse nach $\overline{P}$ verschoben.

Wir fassen diese Ergebnisse in folgenden Satz zusammen:

Satz 4: *Wenn bei einer kongruenten Abbildung in der Ebene nur ein Fixpunkt vorhanden ist, kann nur der Fall BE vorliegen. Die Abbildung ist eine Drehung um diesen Punkt.*

Wenn dagegen eine Fixgerade auftritt, ist die Abbildung eine Spiegelung an dieser Geraden, Fall UE.

Ist kein Fixpunkt vorhanden, ist die Abbildung entweder eine Translation, Fall BE, oder eine Gleitspiegelung, Fall UE.

§ 3. Kongruente Abbildungen im Raum.

Fall BR.

Wir untersuchen zunächst den Rang der Matrix $\mathfrak{A} - \mathfrak{E}$ und zeigen:

$$| \mathfrak{A} - \mathfrak{E} | = 0.$$

Beiderseits der Gleichung

$$\mathfrak{A}'(\mathfrak{A} - \mathfrak{E}) = \mathfrak{E} - \mathfrak{A}'$$

bilden wir die Determinanten und beachten $| \mathfrak{A}' | = 1$. Dann ist

$$| \mathfrak{A} - \mathfrak{E} | = | \mathfrak{E} - \mathfrak{A}' | = | \mathfrak{E} - \mathfrak{A} |.$$

Denn $| \mathfrak{E} - \mathfrak{A} |$ entsteht durch Vertauschung von Zeilen und Spalten aus $| \mathfrak{E} - \mathfrak{A}' |$. Da diese Matrizen dreireihig sind, ist

$$| \mathfrak{E} - \mathfrak{A} | = - | \mathfrak{A} - \mathfrak{E} |.$$

Also

$$| \mathfrak{A} - \mathfrak{E} | = - | \mathfrak{A} - \mathfrak{E} | = 0.$$

Wir zeigen weiter für $\mathfrak{A} \neq \mathfrak{E}$, daß Rang $(\mathfrak{A} - \mathfrak{E}) = 2$ ist.

Die Abbildung

$$\bar{\mathfrak{x}} = \mathfrak{A}\,\mathfrak{x}$$

hat sicher eine Fixgerade, weil das System

$$\mathfrak{x} = \mathfrak{A}\,\mathfrak{x}$$

eine Lösung $\mathfrak{x} = \mathfrak{b}$ besitzt. Würde noch eine zweite, von dieser linear unabhängigen Lösung $\mathfrak{b}_1$ vorhanden sein, so würden alle $\lambda\,\mathfrak{b} + \mu\,\mathfrak{b}_1$ Fixpunkte sein, und wir hätten eine Fixebene. Dann aber wäre nach III Satz 2 die Abbildung entweder die identische, was wegen $\mathfrak{A} \neq \mathfrak{E}$ ausgeschlossen ist, oder sie wäre eine Spiegelung, die eine Änderung der Orientierung nach sich ziehen würde, das kann wegen $| \mathfrak{A} | = +1$ nicht eintreten.

Um den allgemeinen Fall

$$\bar{\mathfrak{x}} = \mathfrak{A}\,\mathfrak{x} + \mathfrak{a}$$

zu betrachten, zerlegen wir wieder $\mathfrak{a}$ und setzen

$$\mathfrak{a} = \lambda\,\mathfrak{b} + \mu\,\mathfrak{b}.$$

Von A wird das Lot auf $\mathfrak{b}$ gefällt, und so ergeben sich wie vorher $\lambda\mathfrak{b}$ und $\mu\mathfrak{b}$. Die Abbildung

$$\mathfrak{y} = \mathfrak{A}\mathfrak{x} + \mu\mathfrak{b}$$

besitzt also eine und nur eine Fixgerade $\mathfrak{f}$, weil $\mathfrak{b}'\mathfrak{b} = 0$ ist.

Von einem beliebigen P wird das Lot auf $\mathfrak{f}$ gefällt, Fußpunkt sei Q. P gehe in $\overline{P}$ über. Q bleibt an seiner Stelle. Wegen der Kongruenz der Abbildung muß $PQ = \overline{P}Q$ sein, ebenso muß der rechte Winkel bei Q erhalten bleiben. P und $\overline{P}$ liegen also in der in Q auf $\mathfrak{f}$ errichteten Normalebene. Alle Punkte dieser Ebene gehen also in Punkte derselben Ebene über, und es liegt eine kongruente Abbildung innerhalb dieser Ebene vor. Da hier nur ein Fixpunkt, nämlich Q, vorhanden ist, ist die Abbildung nach III Satz 4 eine Drehung der Ebene um Q. Der Winkel φ, um den gedreht wird, muß bei jeder anderen Normalebene derselbe sein. Um das einzusehen, nehme man zwei auf $\mathfrak{f}$ senkrechte Strecken P_1Q_1 und P_2Q_2, die in einer Ebene liegen und das Trapez $P_1Q_1Q_2P_2$ bilden. Dieses muß in ein kongruentes übergehen; das geht nur, wenn P_1Q_1 um den gleichen Winkel gedreht wird wie P_2Q_2. Die ganze Abbildung ist also eine Drehung des Raumes um die Fixgerade.

Es kommt noch die Translation

$$\overline{\mathfrak{x}} = \mathfrak{y} + \lambda\mathfrak{b}$$

in Richtung $\mathfrak{b}$ hinzu. Eine solche Abbildung wird Schraubung genannt.

Fall U R.

Wir unterscheiden:

1. Rang $(\mathfrak{A} - \mathfrak{E}) = 3$.

Das bedeutet, daß die Abbildung $\overline{\mathfrak{x}} = \mathfrak{A}\mathfrak{x} + \mathfrak{a}$ einen und nur einen Fixpunkt besitzt.

Wir betrachten zunächst $\mathfrak{a} = \mathfrak{O}$.

$-\mathfrak{A}$ ist dreireihig, orthogonal und hat positive Determinante. Daher ist, wie im Falle BR gezeigt ist,

$$|-\mathfrak{A} - \mathfrak{E}| = 0 \quad \text{also auch} \quad |\mathfrak{A} + \mathfrak{E}| = 0,$$

und die Gleichung $-\mathfrak{x} = \mathfrak{A}\mathfrak{x}$ besitzt von Null verschiedene Lösungen. Es sei $\mathfrak{b}$ ein solcher Vektor,

$$-\mathfrak{b} = \mathfrak{A}\mathfrak{b}.$$

Wir errichten die Normalebene $\mathfrak{n}$ auf $\mathfrak{b}$ in 0, ihre Gleichung ist

$$\mathfrak{b}'\mathfrak{x} = 0.$$

Aus $-\mathfrak{b} = \mathfrak{A}\mathfrak{b}$, $\mathfrak{b} = -\mathfrak{A}'\mathfrak{b}$ folgt

$$\mathfrak{b}' = -\mathfrak{b}'\mathfrak{A}.$$

In $\mathfrak{b}'\mathfrak{x}$ ersetzen wir $\mathfrak{b}'$, und es wird

$$-\mathfrak{b}'\mathfrak{A}\mathfrak{x} = 0,$$

wenn $\mathfrak{x}$ ein Vektor ist, dessen Endpunkt in $\mathfrak{n}$ liegt. $\bar{\mathfrak{x}} = \mathfrak{A}\,\mathfrak{x}$ ist das Bild von $\mathfrak{x}$. Wie

$$-\mathfrak{d}'\mathfrak{A}\,\mathfrak{x} = -\mathfrak{d}'\bar{\mathfrak{x}} = 0$$

zeigt, liegt der Endpunkt von $\bar{\mathfrak{x}}$ ebenfalls in $\mathfrak{n}$.

Alle Punkte von $\mathfrak{n}$ gehen wieder in Punkte der gleichen Ebene über. Wir haben also eine Abbildung dieser Ebene in sich mit einem Fixpunkt, nämlich 0. Nach III Satz 4 ist die Abbildung eine Drehung um 0.

Ist P ein beliebiger Punkt des Raumes, so finden wir seinen Bildpunkt $\overline{P}$, indem wir das Lot $\overrightarrow{PQ}$ auf $\mathfrak{n}$ fällen. Es ist parallel zu $\mathfrak{d}$. Sein Bild muß ebenso wie das von $\mathfrak{d}$ die Richtung umkehren. Daher liegt $\overline{P}$ auf der anderen Seite der Ebene $\mathfrak{n}$. Q geht durch Drehung der Ebene $\mathfrak{n}$ um 0 in einen Punkt $\overline{Q}$ von $\mathfrak{n}$ über.

Die Abbildung kommt also dadurch zustande, daß an einer festen Ebene gespiegelt wird und nachher um eine zu dieser Ebene senkrechte Achse gedreht wird. Die Abbildung heißt eine Drehspiegelung.

Je nach dem Rang von $(\mathfrak{A}+\mathfrak{E})$ kann es eine oder unendlich viele Ebenen geben. Ist dieser Rang $= 2$, gibt es nur eine Ebene $\mathfrak{n}$. Den Wert 1 kann dieser Rang nicht annehmen, wie im Falle BR gezeigt ist, und Rang $(\mathfrak{A}+\mathfrak{E}) = 0$ bedeutet,

$$\mathfrak{A} = -\mathfrak{E} \quad \text{oder} \quad \bar{x}_\nu = -x_\nu \qquad (\nu = 1, 2, 3).$$

Hier geht jede Ebene durch 0 in sich selbst über, und zwar durch Drehung um π. Oder: die Bildpunkte entstehen, indem $\overrightarrow{PQ}$ über 0 um sich selbst verlängert wird. 0 ist Symmetriepunkt.

Ist $\mathfrak{a} \neq \mathfrak{D}$, so haben wir in jedem Falle einen Fixpunkt F, und, wie früher ausgeführt ist, kann

$$\bar{\mathfrak{x}} = \mathfrak{A}\,\mathfrak{x} + \mathfrak{a}$$

auf die Form

$$\bar{\mathfrak{x}} - \mathfrak{f} = \mathfrak{A}\,(\mathfrak{x} - \mathfrak{f})$$

gebracht werden. Nunmehr tritt F an die Stelle des Nullpunktes, sonst ändert sich nichts.

2. Rang $(\mathfrak{A}-\mathfrak{E}) = 2$

ist unmöglich, denn dann würde bei der Abbildung $\bar{\mathfrak{x}} = \mathfrak{A}\,\mathfrak{x}$ eine Fixgerade auftreten, und die Abbildung bestünde aus einer Drehung um diese bei unveränderter Orientierung.

3. Rang $(\mathfrak{A}-\mathfrak{E}) = 1$.

Die Abbildung

$$\bar{\mathfrak{x}} = \mathfrak{A}\,\mathfrak{x}$$

besitzt eine Fixebene, ist also eine Spiegelung an dieser.

Tritt noch die Parallelverschiebung

$$\bar{\mathfrak{x}} = \mathfrak{A}\,\mathfrak{x} + \mathfrak{a}$$

hinzu, so zerlegen wir wieder:

$$\mathfrak{a} = \mathfrak{b} + \mathfrak{c},$$

wo $\mathfrak{b}$ senkrecht und $\mathfrak{c}$ parallel zu der Fixebene ist. Die Abbildung ist eine Spiegelung an einer Ebene mit einer darauffolgenden Verschiebung parallel zu dieser Ebene, also eine Gleitspiegelung.

Zusammenfassend ergibt sich

Satz 5: *Eine kongruente Abbildung im Raum ist*
bei einer Fixebene eine Spiegelung an dieser (UR),
bei einer Fixgeraden eine Drehung um diese (BR),
bei einem Fixpunkt eine Spiegelung an diesem (UR),
bei keinem Fixpunkt entweder eine Schraubung (BR) *oder eine*
Drehspiegelung (UR) *oder eine Gleitspiegelung* (UR).

Schließlich sei noch erwähnt, daß diese Abbildungen durch eine Koordinatentransformation auf eine leicht zu übersehende Form gebracht werden können. Setzt man

$$\mathfrak{x} = \mathfrak{S}\mathfrak{y} + \mathfrak{c}, \qquad \overline{\mathfrak{x}} = \mathfrak{S}\overline{\mathfrak{y}} + \mathfrak{c},$$

$\mathfrak{S}$ orthogonal und $|\mathfrak{S}| = 1$, so wird aus $\overline{\mathfrak{x}} = \mathfrak{A}\mathfrak{x} + \mathfrak{a}$

$$\overline{\mathfrak{y}} = \mathfrak{S}'\mathfrak{A}\mathfrak{S}\mathfrak{y} + \mathfrak{S}'\mathfrak{A}\mathfrak{c} + \mathfrak{S}'(\mathfrak{a} - \mathfrak{c}).$$

Wir betrachten jetzt die Abbildung in dem transformierten System $\mathfrak{y}$. Es kommt darauf an, $\mathfrak{S}$ zweckmäßig zu wählen, und zwar so, daß die ausgezeichneten Geraden oder Ebenen zu Koordinaten-Achsen oder -Ebenen werden (vgl. §5 Beispiel 3 und 5).

§ 4. Ähnliche Abbildungen.

Durch

$$\overline{\mathfrak{x}} = \mathfrak{A}\mathfrak{x} + \mathfrak{a}$$

werde eine ähnliche Abbildung vermittelt. Statt der vorher geforderten Gleichheit muß hier Proportionalität bestehen, es muß also einen Faktor λ geben, so daß für alle Strecken $\overline{AB}$ und ihre Bilder $\overline{\overline{A}\,\overline{B}}$ die Beziehung

$$\overline{\overline{A}\,\overline{B}} = \lambda \overline{AB}$$

gilt.

Durch

$$\mathfrak{y} = \frac{1}{\lambda}\,\overline{\mathfrak{x}}$$

werden alle Koordinaten mit dem gleichen Faktor $\frac{1}{\lambda}$ multipliziert, und es ist, wenn A_y, B_y die Bildpunkte von $\overline{A}$ bzw. $\overline{B}$ bezeichnen,

$$\overline{A_y B_y} = \frac{1}{\lambda}\,\overline{\overline{A}\,\overline{B}} = \overline{AB}.$$

Der Übergang von den Vektoren $\mathfrak{x}$ zu den Vektoren $\mathfrak{y}$, nämlich

$$\mathfrak{y} = \frac{1}{\lambda}\,\mathfrak{A}\,\mathfrak{x} + \frac{1}{\lambda}\,\mathfrak{a}\,,$$

ist also eine kongruente Abbildung. Daher ist

$$\frac{1}{\lambda}\,\mathfrak{A} = \mathfrak{B}$$

orthogonal, und $\mathfrak{A} = \lambda\,\mathfrak{B}$. Wir haben somit den

Satz 6: *Eine ähnliche Abbildung entsteht aus einer kongruenten, indem die orthogonale Matrix mit einem Faktor multipliziert wird.*

§ 5. Aufgaben und Beispiele zu Kapitel III.

1. Man beweise durch Induktion

$$\begin{pmatrix} \cos\varphi & -\sin\varphi \\ \sin\varphi & \cos\varphi \end{pmatrix}^n = \begin{pmatrix} \cos n\varphi & -\sin n\varphi \\ \sin n\varphi & \cos n\varphi \end{pmatrix}.$$

2. a) Winkel φ und Vektor $\mathfrak{a}$ einer Abbildung BE sind gegeben. Es ist elementargeometrisch zu zeigen, daß das Bild eines Punktes auch durch Drehung um den zu konstruierenden Fixpunkt entsteht.

b) Winkel φ und Vektor $\mathfrak{a}$ einer Abbildung UE sind gegeben. Es ist die Gerade zu konstruieren, längs der die Gleitspiegelung auftritt, und elementargeometrisch das Ergebnis der Betrachtungen für den Fall UE zu bestätigen.

3. Welches ist die Gleichung der Fixgeraden bei der Abbildung

$$\bar{\mathfrak{x}} = \mathfrak{A}\,\mathfrak{x}, \qquad \mathfrak{A} = \frac{1}{3}\begin{pmatrix} 1 & 2 & -2 \\ 2 & 1 & -2 \\ -2 & 2 & -1 \end{pmatrix}\,?$$

Um den Drehungswinkel zu finden, transformieren wir das Koordinatensystem:

$$\mathfrak{x} = \mathfrak{S}\,\mathfrak{y}, \qquad \bar{\mathfrak{x}} = \mathfrak{S}\,\bar{\mathfrak{y}}, \qquad |\,\mathfrak{S}\,| = 1 \quad (\mathfrak{S}\ \text{orthogonal}).$$

Dadurch geht die Fixgerade in $y_2 = 0$, $y_3 = 0$ über. D. h. $\mathfrak{S}$ soll so bestimmt werden, daß

$$\mathfrak{S}'\,\mathfrak{A}\,\mathfrak{S} = \begin{pmatrix} 1 & 0 & 0 \\ 0 & \cos\varphi & -\sin\varphi \\ 0 & \sin\varphi & \cos\varphi \end{pmatrix}$$

wird. φ ist der gesuchte Drehungswinkel.

Beachte, daß die Fixgerade in der Ebene $x_3 = 0$ liegt. Es braucht also das Koordinatensystem nur um die X_3-Achse gedreht zu werden.

4. Wie muß $\mathfrak{a}$ beschaffen sein, damit

$$\bar{\mathfrak{x}} = \mathfrak{A}\,\mathfrak{x} + \mathfrak{a}, \qquad \mathfrak{A} = \frac{1}{9}\begin{pmatrix} 1 & -8 & -4 \\ -8 & 1 & -4 \\ -4 & -4 & 7 \end{pmatrix}$$

eine Spiegelung ist, und welches ist dann die Gleichung der Fixebene?

5. Um die Abbildung $\bar{\mathfrak{x}} = \mathfrak{A}\,\mathfrak{x} + \mathfrak{a}$ zu untersuchen, $\mathfrak{A}$ wie bei Aufgabe 4, drehen wir das Koordinatensystem und setzen

$$\mathfrak{x} = \mathfrak{S}\,\mathfrak{y}, \qquad \bar{\mathfrak{x}} = \mathfrak{S}\,\bar{\mathfrak{y}} \quad (\mathfrak{S}\ \text{orthogonal}); \qquad |\,\mathfrak{S}\,| = 1.$$

$\mathfrak{S}$ ist so zu bestimmen, daß

$$\mathfrak{S}'\,\mathfrak{A}\,\mathfrak{S} = \begin{pmatrix} 1 & 0 & 0 \\ 0 & 1 & 0 \\ 0 & 0 & -1 \end{pmatrix}$$

ist. Zur Berechnung der s_{ik} erhält man nach linksseitiger Multiplikation mit $\mathfrak{S}$ ein System linearer Gleichungen. Es ist $\mathfrak{S}$ bis auf eine Drehung bestimmt. Man findet

$$\mathfrak{S} = \frac{1}{3}\begin{pmatrix} 1 & 2 & 2 \\ -2 & -1 & 2 \\ 2 & -2 & 1 \end{pmatrix}.$$

Dann ist

$$\mathfrak{y} = \begin{pmatrix} 1 & 0 & 0 \\ 0 & 1 & 0 \\ 0 & 0 & -1 \end{pmatrix}\mathfrak{y} + \mathfrak{S}\,\mathfrak{a}.$$

Für $\mathfrak{a} = \begin{pmatrix} 3 \\ 3 \\ 3 \end{pmatrix}$ erhält man eine Gleitspiegelung. Es soll die Gleichung der Ebene, an der gespiegelt wird, und der Vektor, um den verschoben wird, angegeben werden.

6. $A_1(1;1;1)$, $A_2(-1;-1;1)$, $A_3(1;-1;-1)$, $A_4(-1;1;-1)$ sind die Eckpunkte eines regulären Tetraeders. Es sollen alle Drehungen angegeben werden, durch die das Tetraeder mit sich selbst zur Deckung gebracht wird. Z. B. sollen A_1 und A_2 und zugleich A_3 und A_4 ihre Plätze vertauschen. Dieser Drehung entspricht die Permutation 2, 1, 4, 3. Da bei jeder Drehung die Orientierung erhalten bleibt, kommen nur die 12 geraden Permutationen in Betracht. Z. B. entspricht der Permutation 2, 1, 4, 3 die Matrix

$$\begin{pmatrix} -1 & 0 & 0 \\ 0 & -1 & 0 \\ 0 & 0 & 1 \end{pmatrix}.$$

Zu $1, 3, 4, 2$ gehört die Matrix

$$\begin{pmatrix} 0 & 0 & 1 \\ 1 & 0 & 0 \\ 0 & 1 & 0 \end{pmatrix}.$$

Diese 12 Matrizen, von denen weitere anzugeben sind, bilden eine Gruppe, die der **alternierenden Gruppe** von 4 Elementen **holoedrisch isomorph** ist. Man bezeichnet dies als eine **Darstellung der alternierenden Gruppe**.

7. Nimmt man zu den Punkten $A_1, \ldots, A_4$ des vorigen Beispiels noch die Punkte $B_1(1; 1; -1)$, $B_2(-1; 1; 1)$, $B_3(1; -1; 1)$, $B_4(-1; -1; -1)$ hinzu, so entsteht ein Würfel oder ein Oktaeder, wenn diese Punkte Mittelpunkte der Seitenflächen sind. Durch

$$\mathfrak{B} = \begin{pmatrix} 1 & 0 & 0 \\ 0 & 0 & 1 \\ 0 & -1 & 0 \end{pmatrix}$$

wird A_ν in B_ν $(\nu = 1, 2, 3, 4)$ übergeführt. Bezeichnet $\mathfrak{G}_{12}$ die in dem vorigen Beispiel angegebene Tetraedergruppe, so ist

$$\mathfrak{G}_{24} = \mathfrak{G}_{12} + \mathfrak{B}\,\mathfrak{G}_{12}$$

die Gruppe aller Bewegungen, durch die der Würfel bzw. das Oktaeder mit sich selbst zur Deckung gebracht wird. Sie ist holoedrisch isomorph mit der Gruppe aller Permutationen von 4 Elementen.

Als Permutationsgruppe von den 8 Elementen $A_1, \ldots, A_4 B_1, \ldots, B_4$ gibt $\mathfrak{G}_{24}$ ein Beispiel einer **imprimitiven Gruppe**. Denn jede Substitution aus $\mathfrak{G}_{24}$ vertauscht entweder nur die A_ν und zugleich die B_λ untereinander, oder es wird jedes A_ν in ein B_λ übergeführt; anders ausgedrückt: Entweder wird jedes der beiden Tetraeder mit sich selbst zur Deckung gebracht, oder es werden die beiden Tetraeder miteinander vertauscht.

Viertes Kapitel.

Projektive Geometrie der linearen Gebilde.

§ 1. Homogene Koordinaten.

Wenn bisher vom Schnittpunkt zweier Geraden in der Ebene die Rede war, nahm der Fall paralleler Geraden eine besondere Stellung ein. Ein System, wie z. B.

$$x + y = 1,$$
$$x + y = 2$$

hat keine Lösung. Macht man aber homogen, indem x durch $\dfrac{x_1}{x_3}$ und

y durch $\dfrac{x_2}{x_3}$ ersetzt werden, so hat das homogene System

$$x_1 + x_2 - 2x_3 = 0,$$

$$x_1 + x_2 - x_3 = 0$$

die Lösung $1; -1; 0$. Alle weiteren Lösungen gehen aus dieser durch Multiplikation mit einem Faktor hervor.

Punkte, für die $x_3 = 0$ ist, haben keine Cartesischen Koordinaten. Wir wollen sie trotzdem in unsere Betrachtungen einbeziehen. Sie werden unendlich ferne oder uneigentliche Punkte genannt und $x_3 = 0$ heißt die Gleichung der unendlich fernen oder uneigentlichen Gerade.

Für den Raum gelten entsprechende Festsetzungen. $\dfrac{x_1}{x_4}, \dfrac{x_2}{x_4}, \dfrac{x_3}{x_4}$ sind die Cartesischen Koordinaten eines Punktes. $x_4 = 0$ ist die Gleichung der unendlich fernen oder uneigentlichen Ebene.

Nimmt man die uneigentlichen Gebilde zu den bisherigen hinzu, so entsteht die projektive Ebene bzw. der projektive Raum, eine Bezeichnung, die erst an späterer Stelle verständlich wird. Die darin enthaltene Punktmenge wird als „abgeschlossen" bezeichnet im Gegensatz zur „offenen" Menge im bisherigen Sinne.

Vorher wurde jedem Punkt eine zwei- bzw. dreireihige, einspaltige Matrix zugeordnet. Jetzt brauchen wir eine Zeile mehr. Dafür kommt es aber nur auf das Verhältnis der Elemente an. Wenn also in der Matrix

$$\begin{pmatrix} x_1 \\ x_2 \\ x_3 \\ x_4 \end{pmatrix}$$

alle Elemente mit demselben Faktor multipliziert werden, so bleibt der durch sie erklärte Punkt der gleiche, nur darf dieser Faktor nicht verschwinden, denn der Nullmatrix kommt keine Bedeutung zu. Die Matrix muß also vom Range 1 sein, damit ihr ein Punkt zugeordnet ist. Z. B. hat der Nullpunkt in der Ebene die Koordinaten $x_1 = 0$, $x_2 = 0$, $x_3 = 1$. Das heißt nur, x_3 ist von Null verschieden, die Zahl 1 kann durch jede andere von Null verschiedene Zahl ersetzt werden.

Nach dieser Erweiterung zur projektiven Ebene und zum projektiven Raum sind gewisse, an früherer Stelle notwendige Ausnahmen jetzt nicht mehr als solche anzusehen. Z. B. sagen wir: Entweder fallen zwei Gerade in der Ebene zusammen, oder sie haben einen Schnittpunkt, der bei parallelen Geraden uneigentlich ist. Zwei Ebenen, die nicht zusammenfallen, schneiden sich stets in einer Geraden, die unter Umständen auf der unendlich fernen Ebenen liegt.

Zu dem Mittelpunkt eines Ellipsoids, der vorher als Pol ausgeschlossen war, ist jetzt auch eine Polarebene vorhanden, es ist dies die uneigentliche Ebene (vgl. I B § 23). Wenn von vier harmonischen Punkten A, B, P, Q der Punkt P die Mitte von AB ist, ist Q der uneigentliche Punkt der Geraden AB.

Die allgemeine Gleichung einer C_2 lautet in homogenen Koordinaten:

$$A x_1^2 + B x_1 x_2 + C x_2^2 + D x_1 x_3 + E x_2 x_3 + F x_3^2 = 0.$$

Die Bedingung dafür, daß diese Kurve ein Kreis ist, war $A = C \neq 0$ und $B = 0$ (vgl. I B § 14). Das läßt sich jetzt anders ausdrücken. Es müssen die Schnittpunkte der C_2 mit der uneigentlichen Geraden $x_3 = 0$ durch

$$x_1^2 + x_2^2 = 0$$

gegeben sein. Sie sind nicht reell

$$x_1 = 1, \qquad x_2 = i, \qquad x_3 = 0$$

und

$$x_1 = 1, \qquad x_2 = -i, \quad x_3 = 0.$$

Dafür kann auch

$$x_1 = \pm i, \quad x_2 = 1, \qquad x_3 = 0$$

geschrieben werden, weil die Multiplikation mit einem Faktor nichts ändert. Diese Punkte heißen die beiden **unendlich fernen imaginären Kreispunkte**. Eine C_2 ist also dann ein Kreis, wenn sie durch diese beiden Punkte geht. Wie wir später sehen werden, ist eine C_2 durch fünf ihrer Punkte bestimmt, ein Kreis braucht aber nur drei Punkte, die beiden anderen sind die beiden genannten.

Wir bezeichnen im folgenden mit $\mathfrak{x}_1, \mathfrak{x}_2, \ldots$ die Matrizen und zugleich die Punkte selbst.

Es sei eine Reihe von Punkten $\mathfrak{x}_1, \mathfrak{x}_2, \ldots$ vorgegeben, und es sei

$$r = \mathrm{Rang}\,(\mathfrak{x}_1 \mathfrak{x}_2 \ldots),$$

dann gilt, wie leicht einzusehen ist (vgl. Det. § 30):

$$r = 1, \quad \text{alle Punkte fallen zusammen,}$$
$$r = 2, \quad \text{alle Punkte liegen in einer Geraden,}$$
$$r = 3, \quad \text{alle Punkte liegen in einer Ebene.}$$

Eine Gerade in der Ebene oder eine Ebene im Raum ist ebenso wie der Punkt durch eine drei- bzw. vierreihige Matrix $\mathfrak{u}$ vom Range 1 bestimmt, deren Elemente durch die Koeffizienten der Gleichung der Geraden bzw. der Ebene gegeben sind. Ist

$$u_1 x_1 + u_2 x_2 + u_3 x_3 + (u_4 x_4) = 0$$

diese Gleichung, so ist

$$\mathfrak{u} = \begin{pmatrix} u_1 \\ u_2 \\ u_3 \end{pmatrix} \quad \text{bzw.} \quad \mathfrak{u} = \begin{pmatrix} u_1 \\ u_2 \\ u_3 \\ u_4 \end{pmatrix}$$

die dieser Geraden bzw. Ebene entsprechende Matrix. Sind mehrere
solcher Matrizen vorgelegt, so entscheidet wieder

$$r = \mathrm{Rang}\,(\mathfrak{u}_1\,\mathfrak{u}_2\ldots)$$

über die gegenseitige Lage und die gemeinsamen Punkte.

1. Für die Gerade in der Ebene bedeutet:

$r = 1$,   die Gerade fallen zusammen,

$r = 2$,   die Gerade gehen durch einen Punkt,

$r = 3$,   die Gerade haben keinen gemeinsamen Punkt.

2. Für die Ebene im Raum:

$r = 1$,   die Ebenen fallen zusammen,

$r = 2$,   die Ebenen schneiden sich in einer Geraden,

$r = 3$,   die Ebenen haben einen gemeinsamen Punkt,

$r = 4$,   die Ebenen haben keinen gemeinsamen Punkt.

Das ist nichts anderes als die geometrische Deutung der Lösungen
eines homogenen linearen Gleichungssystems.

§ 2. Dualität.

Die Elemente einer solchen Matrix $\mathfrak{u}$, von der wir jetzt stets voraussetzen wollen, daß sie vom Range 1 ist, bestimmen eine Gerade bzw.
eine Ebene, daher heißen in der Geometrie der Ebene die Größen u_1, u_2,
u_3 Linienkoordinaten, und in der Geometrie des Raumes werden
u_1, u_2, u_0, u_4 Ebenenkoordinaten genannt. Sind u_3 bzw. u_4 von
Null verschieden, so können wir die Gleichungen auf die Achsenform
bringen (I A § 11 Nr. 10). Dann ist

$$\frac{1}{a} = -\frac{u_1}{u_3}, \qquad \frac{1}{b} = -\frac{u_2}{u_3}$$

bzw.

$$\frac{1}{a} = -\frac{u_1}{u_4}, \qquad \frac{1}{b} = -\frac{u_2}{u_4}, \qquad \frac{1}{c} = -\frac{u_3}{u_4},$$

woraus die geometrische Bedeutung dieser Koordinaten ersichtlich wird.

Ist u_3 bzw. $u_4 = 0$, so gehen die betreffenden Gebilde durch den
Nullpunkt. $u_1 = 0$, $u_2 = 0$, $u_3 = 1$ sind die Koordinaten der uneigentlichen Geraden, denn $x_3 = 0$ ist ihre Gleichung. Entsprechendes gilt
für den Raum.

Wir bleiben in den folgenden Betrachtungen in der Geometrie der
Ebene. Jedes Zahlentripel z_1, z_2, z_3 kann nunmehr auf zwei Arten
geometrisch gedeutet werden; es können die Größen z die homogenen
Koordinaten eines Punktes oder die einer Geraden sein. Man kann also
jedem Punkt $\mathfrak{x}$ eine Gerade zuordnen, indem man die drei gegebenen

Punktkoordinaten als Linienkoordinaten auffaßt, z. B. wird dem Punkt

$$\mathfrak{x} = \begin{pmatrix} 2 \\ 3 \\ 1 \end{pmatrix}$$

die Gerade

$$2\,x_1 + 3\,x_2 + x_3 = 0$$

zugeordnet. Umgekehrt entspricht jeder Geraden ein Punkt. Es wird somit die Ebene auf sich selbst abgebildet, indem Punkte in Gerade und Gerade in Punkte übergehen. Eine solche Abbildung haben wir bereits in der Theorie von Pol und Polaren kennengelernt (I B § 23) und dort den Begriff der Korrelation erklärt.

Auch bei dem hier angegebenen Verfahren der Abbildung bleiben die Lagebeziehungen erhalten. Denn mehrere auf einer Geraden liegende Punkte werden zu Geraden, die durch einen Punkt gehen, wie am Schluß des vorigen Paragraphen ausgeführt ist. Die Spalten der betreffenden Matrix sind im einen Falle Punkt- und im anderen Linienkoordinaten. Alles, was sonst noch im I A § 23 über die Beziehungen zwischen Pol und Polaren gesagt ist, gilt auch hier. Z. B.:

Die zu $P\,(z_1, z_2, z_3)$ gehörige Bildgerade hat die Gleichung

$$z_1 x_1 + z_2 x_2 + z_3 x_3 = 0.$$

Ist $Q\,(\xi_1, \xi_2, \xi_3)$ ein Punkt dieser Geraden, so geht die Bildgerade von Q durch P (I B § 23 Satz 9).

Es ist nach Voraussetzung

$$z_1 \xi_1 + z_2 \xi_2 + z_3 \xi_3 = 0.$$

Also ist die Gleichung der Bildgeraden von Q, nämlich

$$x_1 \xi_1 + x_2 \xi_2 + x_3 \xi_3 = 0,$$

erfüllt, wenn $x_1 = z_1$, $x_2 = z_2$, $x_3 = z_3$ gesetzt werden.

Dieser Nachweis unterscheidet sich von den im Kapitel I B § 23 angegebenen in keiner Weise. Entscheidend ist auch hier die Symmetrie zwischen den x_ν und den z_ν. Wir brauchen daher nicht weiter auf diese Beziehungen einzugehen, und es erübrigt sich, zu zeigen, daß die besonderen Eigenschaften der Korrelation auch für den Raum erfüllt sind; das ist aber bereits in I B § 23 geschehen.

Die hier auftretende Analogie, durch die Punkte und Gerade bzw. Punkte und Ebene gleichberechtigte Gebilde werden, heißt Dualität.

In der Geometrie der Ebene ist der Punkt das duale Gebilde der Geraden und umgekehrt, der Verbindung zweier Punkte entspricht dual der Schnittpunkt beider Bildgeraden. Das duale Gebilde eines Vierecks ist das Vierseit, d. h. die eine Figur ist durch vier Eckpunkte, die andere durch vier Seiten gegeben, das ist insofern ein Unterschied, als das Viereck sechs Verbindungsgeraden von je zweien seiner Eckpunkte besitzt, während das Vierseit sechs Schnittpunkte von je zweien seiner Seiten hat.

Das duale Gebilde einer Geraden im Raum ist wieder eine Gerade, denn jedem Punkt entspricht eine Ebene, und wenn alle diese Punkte auf einer Geraden liegen, haben alle zugeordneten Ebenen eine gemeinsame Spurgerade, sie bilden ein Ebenenbüschel. Die Gerade kann also mit dem gleichen Recht als Punktreihe wie als Träger eines Ebenenbüschels aufgefaßt werden.

Es sei $F(z_1, z_2, z_3) = 0$ ein homogenes Polynom. Man kann

$$x = \frac{z_1}{z_3} \quad \text{und} \quad y = \frac{z_2}{z_3}$$

als Cartesische Koordinaten deuten und y als Funktion von x durch eine Kurve veranschaulichen. Man kann aber auch z_1, z_2, z_3 als Linienkoordinaten auffassen und alle die Geraden betrachten, deren Koordinaten die Gleichung $F = 0$ erfüllen. Wir erhalten so eine Schar gerader Linien, die im allgemeinen eine Kurve umhüllen, d. h. jede einzelne Gerade ist Tangente an diese Kurve.

Nehmen wir den einfachsten Fall, daß F linear ist,

$$F(z_1, z_2, z_3) = a_1 z_1 + a_2 z_2 + a_3 z_3 = 0,$$

so ist dies die Gleichung einer Geraden, sofern die z Punktkoordinaten sind. Was aber kann man über die Schar aller Geraden aussagen, deren Koordinaten die Gleichung

$$F(u_1, u_2, u_3) = a_1 u_1 + a_2 u_2 + a_3 u_3 = 0$$

erfüllen? Durch a_1, a_2, a_3 wird ein Punkt bestimmt. Ein beliebiges Zahlentripel, u_1, u_2, u_3, für das $F = 0$ ist, gibt eine Gerade mit der Gleichung

$$u_1 x_1 + u_2 x_2 + u_3 x_3 = 0,$$

und diese Gerade geht durch den Punkt $x_1 = a_1$, $x_2 = a_2$, $x_3 = a_3$. Es gehen also alle Geraden, deren Koordinaten $F = 0$ befriedigen, durch den Punkt a_1, a_2, a_3. Daher heißt $F = 0$ die Gleichung dieses Punktes oder die Gleichung des Geradenbüschels, dessen Träger dieser Punkt ist.

Während die Gerade als das gemeinsame Element einer Punktreihe aufgefaßt werden kann, erscheint der Punkt als das gemeinsame Element aller durch ihn gehenden Geraden.

Die Lösung eines homogenen linearen Gleichungssystems mit drei Unbekannten kann auf zwei Arten gedeutet werden: Erstens, die Unbekannten sind Punktkoordinaten, die Gleichungen stellen gerade Linien dar, und man berechnet die Koordinaten des Schnittpunktes. Zweitens, die Unbekannten sind Linienkoordinaten, die Gleichungen stellen Punkte dar, und man berechnet die Linienkoordinaten der Verbindungsgeraden. Im ersten Falle ist das gemeinsame Element ein Punkt, nämlich der Schnittpunkt der Geraden, und im zweiten Fall ist das gemeinsame Element eine Gerade, nämlich diejenige, die allen Büscheln zugleich angehört.

Betrachten wir homogene Polynome $F(z_1, z_2, z_3) = 0$ höheren Graden. Im Gegensatz zu der Gleichung eines Punktes wird hier im allgemeinen eine Kurve durch die Schar ihrer Tangenten erzeugt, wenn z_1, z_2, z_3 Linienkoordinaten sind.

Man findet die gemeinsamen Punkte zweier Kurven $F_1 = 0$ und $F_2 = 0$ durch Auflösen dieses Gleichungssystems, sofern Punktkoordinaten vorliegen. Sind aber beide Kurven in Linienkoordinaten gegeben, so bedeutet die Lösung des Systems, solche Linien anzugeben, die beiden Scharen angehören. Das sind die gemeinsamen Tangenten beider Kurven.

Als Beispiel soll die Gleichung eines Kreises in Linienkoordinaten aufgestellt werden. Für den Kreis

$$x_1^2 + x_2^2 = r^2 x_3^2$$

ist

$$x_1 y_1 + x_2 y_2 = r^2 x_3 y_3$$

die Gleichung der Tangente, wenn y_1, y_2, y_3 die laufenden Koordinaten, x_1, x_2, x_3 die des Berührungspunktes sind. Demnach ist

$$u_1 = x_1, \qquad u_2 = x_2, \qquad u_3 = -\mathrm{r}^2 x_3.$$

Diese Ausdrücke setzt man in die Kreisgleichung ein und erhält

$$u_1^2 + u_2^2 = \frac{u_3^2}{r^2}$$

als die Gleichung des Kreises in Linienkoordinaten. Sie ist auch vom zweiten Grade.

Um allgemein aus der Gleichung einer Kurve in Punktkoordinaten $F(x, y) = 0$ die Gleichung in Linienkoordinaten herzuleiten, brauchen wir die Gleichung der Tangente,

$$u_1 x + u_2 y + u_3 = 0.$$

u_1, u_2, u_3 sind Funktionen des Berührungspunktes x_0, y_0. Dazu kommt noch $F(x_0, y_0) = 0$. Durch Elimination von x_0 und y_0 entsteht die gesuchte Gleichung der Kurve in Linienkoordinaten

$$G(u_1, u_2, u_3) = 0.$$

Der Grad von F heißt die **Ordnung der Kurve**, der Grad von G die **Klasse der Kurve**. Diese beiden Zahlen brauchen nicht übereinzustimmen.

Alle diese Untersuchungen lassen sich ohne Schwierigkeit auf den Raum übertragen, wie dies zum größten Teil in Kapitel I B § 23 ausgeführt ist.

§ 3. Die projektive Gruppe und ihre Untergruppen, Kleins Erlanger Programm.

Definition: *Eine projektive Abbildung ist die Zuordnung zweier Gebilde $\mathfrak{x}$ und $\bar{\mathfrak{x}}$ durch eine homogene lineare Transformation*

$$\bar{\mathfrak{x}} = \mathfrak{A}\,\mathfrak{x}$$

mit nicht singulärer Matrix $\mathfrak{A}$.

Diese Abbildungen bilden ebenso wie die Matrizen eine **Gruppe**, d. h. sie erfüllen folgende Bedingungen:

1. Das Produkt zweier nicht singulärer Matrizen ist wieder eine solche.

2. Die Multiplikation ist assoziativ.

3. Sind $\mathfrak{A}, \mathfrak{B}, \mathfrak{C}$ drei Elemente und ist

$$\mathfrak{A}\,\mathfrak{B} = \mathfrak{C}\,\mathfrak{B},$$

so folgt

$$\mathfrak{A} = \mathfrak{C}.$$

4. Zu zwei Elementen $\mathfrak{A}, \mathfrak{B}$ gibt es zwei Elemente $\mathfrak{X}, \mathfrak{Y}$, so daß

$$\mathfrak{A}\,\mathfrak{X} = \mathfrak{B} \quad \text{und} \quad \mathfrak{Y}\,\mathfrak{A} = \mathfrak{B}$$

ist.

3. und 4. sind erfüllt, weil zu jeder Matrix die inverse vorhanden ist.

Es sei $\mathfrak{A}$ eine n-reihige, quadratische, nicht singuläre Matrix. $n = 2$, 3, oder 4. Der Fall $n = 2$, der bisher noch nicht erwähnt worden ist, bedeutet eine Abbildung innerhalb einer Geraden oder, wie wir später noch sehen werden, eines Geraden- oder Ebenenbüschels. Es sind x_1 und x_2 die homogenen Koordinaten der Punkte einer Geraden, $(0;1)$ ist der Nullpunkt und $(1;0)$ der unendlich ferne Punkt. Durch die Abbildung wird jedem Punkt der Geraden wieder einer ihrer Punkte zugeordnet.

Im allgemeinen treten bei einer projektiven Abbildung Veränderungen ein. Die Abstände zweier Punkte, die Größe der Winkel, die Gestalt von Kurven sind bei den Bildern anders als bei den ursprünglichen Gebilden.

Gegenstand der Projektiven Geometrie ist es, solche Eigenschaften zu untersuchen, die bei der Abbildung festbleiben, die, wie wir sagen, projektive Invarianten oder kurz projektiv sind. Ein Satz gehört dann in das Gebiet der projektiven Geometrie, wenn Voraussetzung und Behauptung solche projektiven Eigenschaften enthalten. Nur diese Sätze sind dualisierbar, d. h. es entsteht aus dem ursprünglichen ein neuer Satz, wenn die Gebilde durch ihre dualen ersetzt werden. Statt von einem neuen Satz zu sprechen, sagt man vielleicht richtiger, den in dem Satz und seinem Beweis vorkommenden Matrizen wird die duale Bedeutung beigelegt. Dadurch bleibt die Beweisführung ungeändert, und nur die geometrische Deutung wird eine andere. Beispiele hierfür, die zum besseren Verständnis dieser Dinge notwendig sind, werden an späterer Stelle behandelt. Wir wollen hier einige **projektive Eigenschaften** aufzählen.

1. Es sei $F(x_1, x_2, x_3, \ldots, x_n) = 0$ ein homogenes Polynom m-ten Grades. Es bedeutet für $n = 3$ eine **algebraische Kurve** und für $n = 4$ eine **algebraische Fläche**. $x_1, x_2, \ldots, x_n$ werden durch

$$\mathfrak{x} = \mathfrak{A}^{-1}\,\mathfrak{y}$$

ersetzt. Es entsteht wieder ein homogenes Polynom

$$G(y_1, y_2, \ldots, y_n) = 0,$$

das ebenfalls vom m-ten Grade ist, wie man leicht erkennt. Der Grad ist also invariant. Wenn F in Faktoren zerfällt, hat G die gleiche Eigenschaft und umgekehrt, also ist auch dieses Verhalten projektiv.

2. Haben zwei Kurven $F_1 = 0$ und $F_2 = 0$ ($n = 3$) s verschiedene Schnittpunkte, so gilt dasselbe für die Bildkurven, weil zwei verschiedene Punkte auch in zwei verschiedene Bildpunkte übergehen. Auch Berührungen bleiben erhalten.

3. Die Lagebeziehungen von Punkten, Geraden und Ebenen zueinander werden nicht gestört. D. h.: Schneiden sich mehrere Gerade oder mehrere Ebenen in einem Punkt, so verhalten sich die Bilder ebenso. Das gleiche gilt für Ebenen, die sich in einer Geraden schneiden. Mehrere Punkte, die auf einer Geraden oder in einer Ebene liegen, gehen in Punkte über, deren Lage entsprechend ist. Windschiefe Gerade bleiben windschief; denn ein etwa vorhandener Schnittpunkt der Bildgeraden könnte nur aus einem Schnittpunkt der ursprünglichen Geraden hervorgegangen sein, und parallele Gerade sind wie zwei sich schneidende aufzufassen.

Die Eigenschaft 3. ist eine geometrische Deutung des Satzes von der Invarianz des Ranges (Det. § 25 Satz 30). Denn sind $\mathfrak{x}_1, \mathfrak{x}_2, \ldots \mathfrak{x}_m$ eine Reihe von Punkten, $\mathfrak{y}_1, \mathfrak{y}_2, \ldots, \mathfrak{y}_m$ ihre Bildpunkte, so können die einzelnen Gleichungen

$$\mathfrak{y}_\nu = \mathfrak{A}\,\mathfrak{x}_\nu \qquad\qquad (\nu = 1, 2, \ldots, m)$$

in

$$(\mathfrak{y}_1\,\mathfrak{y}_2 \ldots \mathfrak{y}_m) = \mathfrak{A}\,(\mathfrak{x}_1\,\mathfrak{x}_2 \ldots \mathfrak{x}_m)$$

zusammengefaßt werden. Der Rang von $(\mathfrak{x}_1\,\mathfrak{x}_2 \ldots \mathfrak{x}_m)$ ist aber entscheidend für die gegenseitige Lage der Punkte und wird durch die Multiplikation nicht geändert. Die Matrizen $\mathfrak{x}_1, \ldots, \mathfrak{x}_m$ und $\mathfrak{y}_1, \ldots, \mathfrak{y}_m$ können auch Linien- oder Ebenenkoordinaten sein. Also gilt das für die Punkte Gesagte ebenso für die anderen linearen Gebilde.

Eine Abbildung, die die Bedingung 3. erfüllt, heißt eine **Kollineation**.

Bezeichnen $\mathfrak{x}_1, \ldots, \mathfrak{x}_m$ Punktkoordinaten, $\mathfrak{y}_1, \ldots, \mathfrak{y}_m$ Linien- oder Ebenenkoordinaten oder umgekehrt, so sieht man, daß 3. auch für

Korrelationen zutrifft, wenn bei dem Bild jedesmal die dualen Elemente genommen werden.

Aus diesem Grunde sind die Korrelationen ebenfalls projektive Abbildungen.

Satz 1: *Sind $\mathfrak{x}$ und $\mathfrak{u}$ Punkt- und Ebenenkoordinaten des ursprünglichen Raumes, $\mathfrak{y}$ und $\mathfrak{v}$ die entsprechenden Matrizen des abgebildeten Raumes, so folgt aus $\mathfrak{x} = \mathfrak{A}\,\mathfrak{y}$,*

$$\mathfrak{u} = \mathfrak{A}'^{-1}\,\mathfrak{v}\,.$$

Wir sagen auch: Ebenen- und Punktkoordinaten werden kontragredient zueinander transformiert. Für Linien- und Punktkoordinaten gilt dasselbe.

Beweis: $\mathfrak{u}'\mathfrak{x} = 0$ ist die Gleichung einer Ebene im ursprünglichen Raum. Dann ist

$$\mathfrak{u}'\mathfrak{A}\,\mathfrak{y} = 0$$

die Gleichung der entsprechenden Ebene im abgebildeten Raum; also ist

$$\mathfrak{u}'\,\mathfrak{A} = \mathfrak{v}',\qquad \mathfrak{v} = \mathfrak{A}'\,\mathfrak{u} \quad \text{und} \quad \mathfrak{u} = \mathfrak{A}'^{-1}\,\mathfrak{v}\,.$$

Ein besonderer Fall einer projektiven Abbildung ist die zentrale Projektion einer Ebene auf eine andere. E_1 und E_2 seien die beiden Ebenen. Das Zentrum S der Projektion ist ein außerhalb beider liegender Punkt. Alle Punkte von S_1 werden von S aus auf E_2 projiziert. Man erkennt leicht, daß diese Abbildung eine Kollineation ist. Die unendlich ferne Gerade von E_1 wird dadurch abgebildet, daß man durch S die zu E_1 parallele Ebene legt. Ihre Spurgerade mit E_2 ist dann das Bild der uneigentlichen Geraden. Man sieht daraus, daß den unendlich fernen Gebilden in der projektiven Geometrie keine Ausnahmestellung zukommt. Wir sagen auch: E_1 und E_2 befinden sich in perspektiver Lage. Zwei Ebenen, die perspektiv liegen, sind auch immer projektiv aufeinander bezogen, aber im allgemeinen nicht umgekehrt.

Unter den unendlich vielen Transformationen wollen wir jetzt diejenigen herausgreifen, die die uneigentliche Gerade bzw. Ebene unverändert lassen. Sie sind dadurch charakterisiert, daß, wenn $x_3 = 0\ (x_4 = 0)$ ist, auch $\bar{x}_3\ (\bar{x}_4)$ verschwinden muß. Demnach lautet die letzte Zeile

$$\bar{x}_3 = a_{33}\,x_3 \quad \text{bzw.} \quad \bar{x}_4 = a_{44}\,x_4.$$

Sie hat also nur an letzter Stelle ein von Null verschiedenes Element.

Eine solche Abbildung heißt affin. Da das Produkt zweier affiner Transformationen wieder eine Matrix derselben Beschaffenheit ergibt, bilden alle diese Abbildungen eine Gruppe, die eine Untergruppe der allgemeinen projektiven Gruppe ist.

Diese Transformationen können in nicht homogenen Koordinaten x, y, z für den Raum in der Form

$$\begin{pmatrix}\bar{x}\\ \bar{y}\\ \bar{z}\end{pmatrix} = \mathfrak{A}\begin{pmatrix}x\\ y\\ z\end{pmatrix} + \mathfrak{a}$$

geschrieben werden, wo $\mathfrak{A}$ und $\mathfrak{a}$ dreireihig sind. Hat $\mathfrak{A}$ Diagonalform, so erfolgt die Abbildung in der Weise, daß, von einer Parallelverschiebung durch $\mathfrak{a}$ abgesehen, in Richtung der drei Koordinatenachsen eine Streckung oder Dilatation ausgeführt wird. Auf diesen besonderen Fall kann jede affine Abbildung zurückgeführt werden, denn es gilt

Satz 2: *Jede affine Abbildung kann aus Drehungen, einer Dilatation und einer Parallelverschiebung zusammengesetzt werden.*

Beweis: In Det. § 36 Satz 54 ist gezeigt worden, daß jede nicht singuläre Matrix $\mathfrak{A}$ auf die Form

$$\mathfrak{A} = \mathfrak{S}_1\,\mathfrak{L}\,\mathfrak{S}_2$$

gebracht werden kann, wo $\mathfrak{L}$ Diagonalform hat und $\mathfrak{S}_1$ und $\mathfrak{S}_2$ orthogonal sind; etwa auftretende Spiegelungen können in $\mathfrak{L}$ aufgenommen werden, so daß die beiden orthogonalen Matrizen positive Determinanten haben.

Eine Eigenschaft heißt affin, wenn sie bei einer affinen Abbildung erhalten bleibt. Natürlich ist jede projektive Invariante auch eine affine, aber nicht umgekehrt. Je mehr Transformationen eine Gruppe umfaßt, desto geringer wird für eine geometrische Eigenschaft die Aussicht, invariant zu bleiben. So ist z. B. die parallele Lage zweier Geraden oder Ebenen eine affine invariante Eigenschaft, denn die gemeinsamen Punkte liegen sowohl bei den ursprünglichen Gebilden, wie bei den Bildern, im Unendlichen. Projektiv ist dieses Verhalten nicht, weil durch eine nicht affine Abbildung die uneigentlichen Gebilde in eigentliche übergehen, d. h., daß die Bilder paralleler Geraden oder Ebenen nicht parallel sind.

Eine Untergruppe der affinen Abbildungen sind die in III § 4 behandelten Ähnlichkeitstransformationen. Invariante Eigenschaften dieser Gruppe — z. B. der Cosinus eines Winkels — heißen äquiform. Die nächste Untergruppe ist die der kongruenten Abbildungen, sie führt zur metrischen Geometrie. Die Längen von Strecken oder allgemeiner das innere Produkt zweier Vektoren sind Invarianten.

Sollen auch Winkel, Eckensinus, äußeres Produkt und Inhalt invariant bleiben, muß die Abbildung orientierungstreu, d. h. sie muß eine Bewegung sein. Diese Transformationen positiver Determinante bilden eine Untergruppe der metrischen Gruppe. Die Umlegungen bilden keine Gruppe, weil das Produkt von je zweien keine Umlegung ist.

Diese Klassifikation der geometrischen Eigenschaften nach ihrer Zugehörigkeit zu einer der genannten Gruppen stammt von Felix Klein und wurde 1872 bei seinem Eintritt in die Philosophische Fakultät der Universität Erlangen zuerst veröffentlicht. Der genaue Titel des „Kleinschen Erlanger Programms" ist: *Vergleichende Betrachtungen über neue geometrische Forschungen* (vgl. auch Math. Ann. Bd. 43 oder gesammelte Abhandlungen von F. Klein).

Zusammenfassend seien die Untergruppen der projektiven Gruppe noch einmal aufgezählt. Es ist jedesmal die folgende Gruppe eine Untergruppe der vorhergehenden.

1. *Die affine Gruppe.* Die uneigentlichen Gebilde bleiben, parallele Gerade oder Ebenen gehen in parallele über. Alle affinen Abbildungen entstehen durch Drehungen, Parallelverschiebungen und eine Dilatation.

2. *Die Ähnlichkeitstransformationen oder äquiformen Abbildungen.* Alle Winkel und die Verhältnisse entsprechender Seiten sind invariant. Diese Transformationen setzen sich aus Parallelverschiebungen, Drehungen, Spiegelungen und einer Diagonalmatrix mit lauter gleichen Größen in der Diagonale zusammen.

3. *Die metrischen Abbildungen, das sind Bewegungen und Umlegungen.* Die Längen der Strecken bleiben, ihre Transformationen sind orthogonale Matrizen mit Parallelverschiebungen.

4. *Die orientierungstreuen Abbildungen* werden durch orthogonale Matrizen positiver Determinate und einer Parallelverschiebung vermittelt. Außer den in 3 genannten Invarianten bleibt hier noch die Orientierung erhalten.

§ 4. Hauptsatz der projektiven Geometrie.

$\mathfrak{x}_1, \mathfrak{x}_2, \ldots, \mathfrak{x}_m$ sind m Punkte und $\mathfrak{y}_1, \mathfrak{y}_2, \ldots, \mathfrak{y}_m$ die zugehörigen Bilder. Wir untersuchen, wie groß m sein muß und welchen Einschränkungen die $2\,m$ vorgegebenen Punkte unterliegen müssen, damit eine nicht singuläre, eindeutige Matrix $\mathfrak{A}$ vorhanden ist, die diese Abbildung vermittelt:

Setzen wir

$$\mathfrak{y}_\nu = \mathfrak{A}\,\mathfrak{x}_\nu \qquad (\nu = 1, 2, \ldots, m)$$

mit unbestimmten a_{ik} an, so muß noch beachtet werden, daß jedes $\mathfrak{x}_\nu$ und $\mathfrak{y}_\nu$ mit einem beliebigen von Null verschiedenen Faktor multipliziert werden kann. Es ist keine Einschränkung, wenn wir diese Faktoren nur den $\mathfrak{y}_\nu$ beifügen. Wir ersetzen also $\mathfrak{y}_\nu$ durch $\lambda_\nu\,\mathfrak{y}_\nu$ und haben damit $n^2 + m$ Unbekannte, nämlich die Größen a_{ik} und $\lambda_1, \lambda_2, \ldots, \lambda_m$. Zu ihrer Berechnung steht ein System homogener linearer Gleichungen

$$\lambda_\nu\,\mathfrak{y}_\nu = \mathfrak{A}\,\mathfrak{x}_\nu \qquad (\nu = 1, 2, \ldots, m)$$

zur Verfügung. Da jede Seite eine Matrix aus n Zeilen und einer Spalte ist, haben wir für jedes ν n Gleichungen, also insgesamt $m\,n$ homogene lineare Gleichungen. Wir wählen m so, daß die Anzahl der Unbekannten um 1 größer wird als die Anzahl der Gleichungen, damit eine brauchbare Lösung zu erwarten ist. Aus

$$m\,n + 1 = m + n^2$$

folgt

$$m = n + 1.$$

Damit wäre die Existenz einer Lösung, bei der nicht alle Unbekannten verschwinden, gesichert. Das genügt aber noch nicht. Denn die Lösung muß so beschaffen sein, daß alle λ_ν und $|\,\mathfrak{A}\,| \neq 0$ sind. Daher können die $2\,m$ Punkte nicht beliebig gewählt werden, die Bedingung, an die ihre Lage gebunden ist, enthält der folgende

Satz 3: *Wenn $n+1$ Punkte $\mathfrak{x}_1, \mathfrak{x}_2, \ldots, \mathfrak{x}_{n+1}$ so beschaffen sind, daß je n unter ihnen linear unabhängig sind und die Bildpunkte $\mathfrak{y}_1, \mathfrak{y}_2, \ldots, \mathfrak{y}_{n+1}$ die gleiche Eigenschaft haben, so ist die Matrix $\mathfrak{A}$, die die Abbildung vermittelt, bis auf einen konstanten Faktor eindeutig bestimmt.*

Man bezeichnet diesen Satz als den Hauptsatz der projektiven Geometrie.

Beweis: Je $n+1$ der $\mathfrak{x}_\nu$ und der $\mathfrak{y}_\nu$ sind immer linear abhängig, weil diese Matrizen n-reihig sind. Es gibt also $n+1$ Zahlen k_ν und ebenso viele l_ν, so daß

$$k_1 \mathfrak{x}_1 + k_2 \mathfrak{x}_2 + \cdots + k_{n+1} \mathfrak{x}_{n+1} = \mathfrak{O},$$
$$l_1 \mathfrak{y}_1 + l_2 \mathfrak{y}_2 + \cdots + l_{n+1} \mathfrak{y}_{n+1} = \mathfrak{O}$$

ist, und keine dieser Zahlen k_ν und l_ν kann verschwinden, weil sonst n der Punkte $\mathfrak{x}_\nu$ oder $\mathfrak{y}_\nu$ linear abhängig wären. Wir können also $k_{n+1} = l_{n+1} = -1$ setzen. Damit sind die übrigen eindeutig bestimmt. Aus

$$\mathfrak{x}_{n+1} = k_1 \mathfrak{x}_1 + k_2 \mathfrak{x}_2 + \cdots + k_n \mathfrak{x}_n$$

folgt:

$$\mathfrak{A}\,\mathfrak{x}_{n+1} = k_1 \mathfrak{A}\,\mathfrak{x}_1 + k_2 \mathfrak{A}\,\mathfrak{x}_2 + \cdots + k_n \mathfrak{A}\,\mathfrak{x}_n,$$
$$\lambda_{n+1} \mathfrak{y}_{n+1} = k_1 \lambda_1 \mathfrak{y}_1 + k_2 \lambda_2 \mathfrak{y}_2 + \cdots + k_n \lambda_n \mathfrak{y}_n$$

Andrerseits ist

$$\mathfrak{y}_{n+1} = l_1 \mathfrak{y}_1 + l_2 \mathfrak{y}_2 + \cdots + l_n \mathfrak{y}_n.$$

Da $\lambda_{n+1} \neq 0$ ist, kann $\lambda_{n+1} = 1$ gesetzt werden, und wir erhalten

$$k_\nu \lambda_\nu = l_\nu, \qquad \lambda_\nu = \frac{l_\nu}{k_\nu} \qquad (\nu = 1, 2, \ldots, n).$$

$\mathfrak{A}$ läßt sich jetzt angeben. Es ist

$$(\lambda_1 \mathfrak{y}_1, \lambda_2 \mathfrak{y}_2, \ldots \lambda_n \mathfrak{y}_n) = \mathfrak{A}\,(\mathfrak{x}_1, \mathfrak{x}_2, \ldots \mathfrak{x}_n),$$

woraus

$$\mathfrak{A} = (\lambda_1 \mathfrak{y}_1, \lambda_2 \mathfrak{y}_2, \ldots \lambda_n \mathfrak{y}_n)\,(\mathfrak{x}_1, \mathfrak{x}_2, \ldots \mathfrak{x}_n)^{-1}$$

folgt, und diese Matrix ist eindeutig und vermittelt die verlangte Abbildung, denn es ist zunächst für $\nu = 1, \ldots, n$

$$\lambda_\nu \mathfrak{y}_\nu = \mathfrak{A}\,\mathfrak{x}_\nu,$$

außerdem

$$\mathfrak{y}_{n+1} = \mathfrak{A}\,(k_1 \mathfrak{x}_1 + k_2 \mathfrak{x}_2 + \cdots + k_n \mathfrak{x}_n) = \mathfrak{A}\,\mathfrak{x}_{n+1},$$

w. z. b. w.

Eine Abbildung innerhalb der Ebene ist also durch vier Punkte und die dazugehörigen Bildpunkte bestimmt. Die dualen Betrachtungen ergeben, daß eine solche Abbildung auch durch vier Gerade und die zugehörigen Bildgeraden festgelegt ist; auch hier gelten entsprechende Einschränkungen, wonach weder von den ursprünglichen Geraden noch von den Bildern drei durch einen Punkt gehen dürfen. Man kann auch drei Punkte und eine Gerade nehmen, denn durch drei Punkte sind auch drei Gerade gegeben. Dasselbe gilt für einen Punkt und drei Gerade. Insbesondere ist eine affine Abbildung durch drei Punkte oder durch drei Gerade mit den zugehörigen Bildern gegeben.

§ 5. Projektive Koordinaten.

Es sei $\mathfrak{A}$ eine zwei-, drei- oder vierreihige quadratische, nicht singuläre Matrix. Durch

$$\mathfrak{x} = \mathfrak{A}\,\mathfrak{t}$$

ist den Koordinaten $x_1, x_2, \ldots$ ein Wertesystem $t_1, t_2, \ldots$ eindeutig umkehrbar zugeordnet. Die Größen $t_1, t_2, \ldots$ dienen also ebenso zur Bestimmung der Lage eines Punktes, einer Geraden oder einer Ebene, wie die $x_1, x_2, \ldots$ Sie werden **projektive Koordinaten** genannt.

Wir haben bisher eine solche homogene lineare Substitution als Abbildung gedeutet. Dabei wurden $x_1, x_2, \ldots$ ebenso wie $t_1, t_2, \ldots$ als homogen gemachte Cartesische Koordinaten aufgefaßt, die durch Division durch die letzte wieder auf die in der metrischen Geometrie übliche Form gebracht werden können.

Dieser Deutung der Substitution $\mathfrak{x} = \mathfrak{A}\mathfrak{t}$ als Abbildung steht nun eine andere geometrische Interpretation gegenüber, nämlich die Koordinatentransformation. D. h. alle Punkte der Geraden, der Ebene oder des Raumes bleiben fest, und das Koordinatensystem wird geändert. Z. B. wird der Kreis

$$x_1^2 + x_2^2 = x_3^2$$

vermöge

$$\mathfrak{x} = \begin{pmatrix} 1 & 0 & 0 \\ 0 & 1 & -1 \\ 0 & 1 & 1 \end{pmatrix} \mathfrak{t}$$

in

$$t_1^2 + (t_2 - t_3)^2 = (t_2 + t_3)^2, \qquad t_1^2 = 4\,t_2 t_3$$

transformiert. Wenn nun wie vorher $\dfrac{t_1}{t_3}$ und $\dfrac{t_2}{t_3}$ Cartesische Punktkoordinaten sind und die Transformation als Abbildung aufgefaßt wird, ist das Bild des Kreises eine Parabel.

Sind dagegen t_1, t_2, t_3 die durch $\mathfrak{A}$ transformierten Koordinaten, so bleibt die Kurve die gleiche, aber ihre Gleichung ist jetzt in den neuen Koordinaten angegeben. $t_1^2 = 4 t_2 t_3$ kann also je nach der Wahl des Systems die Gleichung eines Kreises oder die einer Parabel sein. Wie wir später noch einsehen werden, stehen alle nicht zerfallenden C_2 in der gleichen Beziehung zueinander wie hier der Kreis und die Parabel. Es sind daher die genannten Kurven in der projektiven Geometrie als nicht verschieden anzusehen; d. h. es gibt nur **eine** nicht zerfallende C_2. Welche Gestalt sie jeweils hat, hängt von dem Koordinatensystem ab.

Die Koordinatenmatrizen

$$\begin{pmatrix} 1 \\ 0 \end{pmatrix}, \qquad \begin{pmatrix} 0 \\ 1 \end{pmatrix} \quad \text{bzw.} \quad \begin{pmatrix} 1 \\ 0 \\ 0 \end{pmatrix}, \quad \begin{pmatrix} 0 \\ 1 \\ 0 \end{pmatrix}, \quad \begin{pmatrix} 0 \\ 0 \\ 1 \end{pmatrix}$$

$$\text{bzw.} \quad \begin{pmatrix} 1 \\ 0 \\ 0 \\ 0 \end{pmatrix}, \quad \begin{pmatrix} 0 \\ 1 \\ 0 \\ 0 \end{pmatrix}, \quad \begin{pmatrix} 0 \\ 0 \\ 1 \\ 0 \end{pmatrix}, \quad \begin{pmatrix} 0 \\ 0 \\ 0 \\ 1 \end{pmatrix}$$

nennt man die **Grundelemente**; sie können Punkt-, Linien- oder Ebenenkoordinaten sein. Setzt man in $\mathfrak{x} = \mathfrak{A} \mathfrak{t}$ für $\mathfrak{t}$ diese Werte ein, so sieht man, daß die einzelnen Spalten $\mathfrak{a}_\nu$ aus $\mathfrak{A}$ die Koordinaten der Grundelemente in dem mit $\mathfrak{x}$ bezeichneten System angeben. Z. B.

$$\begin{pmatrix} x_1 \\ x_2 \\ x_3 \end{pmatrix} = \mathfrak{A} \begin{pmatrix} 1 \\ 0 \\ 0 \end{pmatrix} \quad \text{oder} \quad x_1 = a_{11},\ x_2 = a_{21},\ x_3 + a_{31} \quad \text{usw.}$$

Wenn umgekehrt die $\mathfrak{x}$-Koordinaten der Grundelemente vorgegeben sind, ist jede Spalte aus $\mathfrak{A}$ bis auf einen konstanten Faktor bestimmt. In der Tat lehrt uns auch Satz 3, daß $n+1$ Elemente zur eindeutigen Ermittlung der Matrix $\mathfrak{A}$ erforderlich sind. Als weiterer Punkt wird der sogenannte **Einheitspunkt** hinzugenommen. Seine Koordinaten sind

$$t_1 = t_2 = (t_3) = (t_4) = 1.$$

Sind die Grundelemente Linien- oder Ebenenkoordinaten, so sprechen wir von der **Einheitsgeraden** oder **Einheitsebene**; ihre Koordinaten haben ebenfalls alle den Wert 1.

Die Grundpunkte bilden in der Ebene das **Grund-** oder **Koordinatendreieck** und im Raum das **Grund-** oder **Koordinatentetraeder**.

Das Cartesische Koordinatensystem ist demnach so charakterisiert, daß das Grunddreieck aus den beiden Achsen und der unendlich fernen Geraden besteht und der Einheitspunkt, der von den Achsen gleichen Abstand hat, das Innere des Dreiecks kennzeichnet.

Es seien $\mathfrak{a}_1, \mathfrak{a}_2, \ldots$ linear unabhängige zwei-, drei- oder vierreihige, einspaltige Matrizen und $t_1, t_2, \ldots$ Parameter. Wir wollen im folgenden die drei Darstellungen

$$(1) \qquad \mathfrak{z} = \mathfrak{a}_1 t_1 + \mathfrak{a}_2 t_2,$$

$$(2) \qquad \mathfrak{z} = \mathfrak{a}_1 t_1 + \mathfrak{a}_2 t_2 + \mathfrak{a}_3 t_3, \qquad\qquad \mathfrak{a}_\nu = \begin{pmatrix} a_1 \nu \\ a_2 \nu \\ a_3 \nu \\ a_4 \nu \end{pmatrix}$$

$$(3) \qquad \mathfrak{z} = \mathfrak{a}_1 t_1 + \mathfrak{a}_2 t_2 + \mathfrak{a}_3 t_3 + \mathfrak{a}_4 t_4$$

betrachten und geometrisch deuten.

Sie sind ein-, zwei- oder dreidimensionale Mannigfaltigkeiten und heißen Gebilde erster, zweiter oder dritter Stufe.

1. Gebilde erster Stufe: Sind $\mathfrak{a}_1$, $\mathfrak{a}_2$ und $\mathfrak{z}$ zweireihige Punktkoordinaten, so ist (1) eine Koordinatentransformation oder eine projektive Abbildung innerhalb der Geraden. Sind die genannten Matrizen drei- oder vierreihige Punktkoordinaten, so ist (1) eine Parameterdarstellung einer Geraden in der Ebene oder im Raum. In jedem Falle sind t_1 und t_2 Koordinaten eines Punktes der Geraden. Um t_1 und t_2 geometrisch zu deuten, bringen wir (1) auf die inhomogene Form

$$x = \frac{x_1}{x_4} = \frac{a_{11} t_1 + a_{12} t_2}{a_{41} t_1 + a_{42} t_2}, \qquad y = \frac{x_2}{x_4} = \frac{a_{21} t_1 + a_{22} t_2}{a_{41} t_1 + a_{42} t_2},$$

$$z = \frac{x_3}{x_4} = \frac{a_{31} t_1 + a_{32} t_2}{a_{41} t_1 + a_{42} t_2}.$$

Hier ist x_ν statt z_ν gesetzt. Setzen wir $p = a_{41} t_1$ und $q = - a_{42} t_2$, so erkennen wir (1) als Parameterdarstellung einer Geraden, wie sie in I A § 11 Nr. 5 gegeben wurde. Der Parameter $p : q$ ist das Verhältnis, indem der veränderliche Punkt die durch die beiden Grundpunkte gegebene Strecke teilt.

Für den Fall der Ebene, also für dreireihige $\mathfrak{a}_\nu$ ergibt die Elimination der Parameter

$$\begin{vmatrix} x_1 & a_{11} & a_{12} \\ x_2 & a_{21} & a_{22} \\ x_3 & a_{31} & a_{32} \end{vmatrix} = 0.$$

Das ist die Gleichung einer Geraden durch zwei gegebene Punkte.

Sind die $\mathfrak{a}_\nu$ und $\mathfrak{z}$ Linienkoordinaten (also dreireihig), so ist (1) die Parameterdarstellung eines Geradenbüschels, und t_1 und t_2 sind die Koordinaten einer Geraden des Büschels.

Denn

$$g_1 \equiv a_{11} x_1 + a_{21} x_2 + a_{31} x_3 = 0$$

und

$$g_2 \equiv a_{12} x_1 + a_{22} x_2 + a_{32} x_3 = 0$$

sind die Gleichungen der Geraden mit den Linienkoordinaten $\mathfrak{a}_1$ und $\mathfrak{a}_2$.

$$g \equiv g_1 t_1 + g_2 t_2 = u_1 x_1 + u_2 x_2 + u_3 x_3 = 0$$

ist für beliebige Werte t_1 und t_2 die Gleichung einer durch den Schnittpunkt von g_1 und g_2 gehenden Geraden. Wenn nämlich zugleich $g_1 = 0$ und $g_2 = 0$ ist, was nur für den Schnittpunkt beider eintritt, dann ist auch $g = 0$ ohne Rücksicht auf die Werte von t_1 und t_2. Mithin bildet die Gesamtheit aller Geraden $g = 0$ ein Büschel, d. h. alle gehen durch einen Punkt, der auch der **Träger des Büschels** genannt wird. Die Linienkoordinaten aller Geraden g sind

$$u_1 = a_{11}t_1 + a_{12}t_2, \qquad u_2 = a_{21}t_1 + a_{22}t_2,$$

$$u_3 = a_{31}t_1 + a_{32}t_2,$$

wie in (1) angegeben, nur ist $\mathfrak{u}$ statt $\mathfrak{z}$ geschrieben.

Die Elimination der Parameter ergibt wie vorher

$$\begin{vmatrix} u_1 & a_{11} & a_{12} \\ u_2 & a_{21} & a_{22} \\ u_3 & a_{31} & a_{32} \end{vmatrix} = 0$$

die Gleichung des Geradenbüschels. Sie wird auch Gleichung des Punktes genannt, nämlich des Trägers des Büschels, wie bereits in IV § 2 ausgeführt ist.

Sind $\mathfrak{a}_\nu$ und $\mathfrak{z}$ Ebenenkoordinaten (also vierreihig), so ist (1) die **Parameterdarstellung eines Ebenenbüschels**, darunter versteht man die Gesamtheit aller durch eine Gerade gehenden Ebenen. Wie vorher für die Gerade sind

$$E_1 \equiv a_{11}x_1 + a_{21}x_2 + a_{31}x_3 + a_{41}x_4 = 0$$

$$E_2 \equiv a_{12}x_1 + a_{22}x_2 + a_{32}x_3 + a_{42}x_4 = 0$$

die Gleichungen der beiden Ebenen mit den Ebenenkoordinaten $\mathfrak{a}_1$ und $\mathfrak{a}_2$, und alle Ebenen E des Büschels sind durch

$$E \equiv E_1 t_1 + E_2 t_2 = 0$$

dargestellt. Sie gehen durch die Spurgeraden von $E_1 = 0$ und $E_2 = 0$.

Gebilde erster Stufe sind also: Die Gerade als Punktreihe, das Geradenbüschel, der Punkt als sein Träger, das Ebenenbüschel und die Gerade als Träger eines Ebenenbüschels.

2. Gebilde zweiter Stufe: Sind die $\mathfrak{a}_\nu$ Punktkoordinaten der Ebene, also dreireihig, so ist (2) entweder als eine projektive Abbildung der Ebene in sich oder als ein Übergang von den $\mathfrak{x}$- zu den $\mathfrak{t}$-Koordinaten aufzufassen. Gleiches gilt für die Deutung der $\mathfrak{a}_\nu$ und $\mathfrak{z}$ als Linienkoordinaten. Sind die $\mathfrak{a}_\nu$ vierreihig, so ist (2) die Parameterdarstellung einer Ebene im Raum, deren Gleichung nach Elimination der Parameter t_1, t_2, t_3

$$\begin{vmatrix} x_1 & a_{11} & a_{12} & a_{13} \\ x_2 & a_{21} & a_{22} & a_{23} \\ x_3 & a_{31} & a_{32} & a_{33} \\ x_4 & a_{41} & a_{42} & a_{43} \end{vmatrix} = 0$$

lautet. Im dualen Falle stellt (2) eine Schar von Ebenen dar, die alle durch einen Punkt gehen. Denn sind die a_ν Koordinaten der Ebenen E_ν, also

$$E_\nu \equiv a_{1\nu} x_1 + a_{2\nu} x_2 + a_{3\nu} x_3 + a_{4\nu} x_4 = 0 \,,$$

so sind $\mathfrak{z}$ die Koordinaten der Ebenen

$$E \equiv \sum_{\nu=1}^{3} E_\nu t_\nu = 0 \,,$$

und alle E gehen durch den Schnittpunkt von $E_1 = 0$, $E_2 = 0$ und $E_3 = 0$. Ebenen mit dieser Eigenschaft bilden ein Ebenenbündel, und der Schnittpunkt ist sein Träger. Werden die Parameter eliminiert, so erhalten wir eine vierreihige Determinante, die, gleich Null gesetzt, als Gleichung des Ebenenbündels oder als Gleichung des Punktes bezeichnet wird.

Gebilde zweiter Stufe sind also: Die Ebenen, das Ebenenbündel und der Punkt als Träger des Bündels.

3. Gebilde dritter Stufe: (3) bedeutet entweder alle Punkte oder alle Ebenen des Raumes, dargestellt durch die t-Koordinaten.

Gebilde dritter Stufe sind also: Alle Punkte des Raumes und alle Ebenen des Raumes.

Wir geben noch die Gleichungen einiger besonderer Geraden, Ebenen, Büschel und Bündel.

Sind A_1, A_2, A_3 die Grundpunkte eines Koordinatendreiecks, so ist $t_1 = 0$ die Gleichung der Seite $A_2 A_3$, wie man erkennt, wenn man die Koordinaten der Punkte A_2 und A_3 in diese Gleichung einsetzt. Also sind $u_1 = 1$, $u_2 = 0$, $u_3 = 0$ die Linienkoordinaten dieser Seite. Entsprechendes gilt für die anderen Seiten und für die Seitenflächen des Koordinatentetraeders, deren Koordinatenmatrizen ebenso gebildet sind wie die der Eckpunkte.

Ferner gilt für das Koordinatentetraeder $A_1 A_2 A_3 A_4$: $t_1 = 0$, $t_2 = 0$ stellen die Kante $A_3 A_4$ als Spurgerade der beiden Seitenflächen, die den Ecken A_1 und A_2 gegenüberliegen, dar. Beachte auch, daß im Cartesischen System $x = 0$, $y = 0$ die Gleichung der Z-Achse ist.

Die Parameterdarstellung der Kante $A_3 A_4$ lautet demnach

$$\begin{pmatrix} t_1 \\ t_2 \\ t_3 \\ t_4 \end{pmatrix} = \begin{pmatrix} 0 \\ 0 \\ 1 \\ 0 \end{pmatrix} \lambda_1 + \begin{pmatrix} 0 \\ 0 \\ 0 \\ 1 \end{pmatrix} \lambda_2 \,,$$

das besagt nichts anderes, als daß $t_1 = 0$, $t_2 = 0$, t_3 und t_4 beliebig sind.

Die Gleichung des durch diese Kante gehenden Ebenenbüschels ist

$$E \equiv t_1 \mu_1 + t_2 \mu_2 = 0 \,,$$

denn $t_1 = 0$ und $t_2 = 0$ sind die Gleichungen der Seitenflächen $A_2 A_3 A_4$ und $A_1 A_3 A_4$. μ_1 und μ_2 sind die Parameter. Die Ebenenkoordinaten dieses Büschels haben die Parameterdarstellung

$$\mathfrak{u} = \begin{pmatrix} 1 \\ 0 \\ 0 \\ 0 \end{pmatrix} \mu_1 + \begin{pmatrix} 0 \\ 1 \\ 0 \\ 0 \end{pmatrix} \mu_2 .$$

D. h. $u_3 = 0$, $u_4 = 0$, u_1 und u_2 beliebig. Die Ebene

$$u_1 t_1 + u_2 t_2 + u_3 t_3 + u_4 t_4 = 0$$

geht dann und nur dann durch die Kante $A_3 A_4$, wenn u_3 und u_4 verschwinden.

Ist nur $u_1 = 0$, so geht die Ebene durch A_1. Denn ihre Gleichung ist erfüllt für $t_1 = 1$, $t_2 = 0$, $t_3 = 0$, $t_4 = 0$. Also ist $u_1 = 0$ die Gleichung des Ebenenbündels mit dem Träger A_1, während

$$\begin{pmatrix} u_1 \\ u_2 \\ u_3 \\ u_4 \end{pmatrix} = \begin{pmatrix} 0 \\ 1 \\ 0 \\ 0 \end{pmatrix} \lambda_2 + \begin{pmatrix} 0 \\ 0 \\ 1 \\ 0 \end{pmatrix} \lambda_3 + \begin{pmatrix} 0 \\ 0 \\ 0 \\ 1 \end{pmatrix} \lambda_4$$

eine Parameterdarstellung dieses Bündels ist.

§ 6. Erklärung und Invarianz des Doppelverhältnisses.

Es seien A, B, P, Q vier verschiedene Elemente eines einstufigen Gebildes. Das sind entweder vier Punkte einer Geraden, vier Gerade oder vier Ebenen eines Büschels.

$$\mathfrak{x} = \mathfrak{x}_1 t_1 + \mathfrak{x}_2 t_2$$

ist die Gleichung dieses Gebildes in Parameterform mit den Grundelementen $\mathfrak{x}_1$ und $\mathfrak{x}_2$. Die t-Koordinaten von $A, B, \ldots$ seien $\begin{pmatrix} a_1 \\ a_2 \end{pmatrix}$, $\begin{pmatrix} b_1 \\ b_2 \end{pmatrix}$, $\ldots$ Dann sind

$$\mathfrak{x}_1 a_1 + \mathfrak{x}_2 a_2, \quad \mathfrak{x}_1 b_1 + \mathfrak{x}_2 b_2, \quad \ldots$$

die $\mathfrak{x}$-Koordinaten von $A, B, \ldots$, die aus zwei, drei oder vier Reihen bestehen und auf ein beliebiges Koordinatensystem bezogen sind. Eine projektive Abbildung möge $\mathfrak{x}$ in

$$\bar{\mathfrak{x}} = \mathfrak{A} \mathfrak{x}$$

überführen. Dadurch gehen A in $\bar{A}$, B in $\bar{B} \ldots$ über. Aus

$$\mathfrak{x} = \mathfrak{x}_1 t_1 + \mathfrak{x}_2 t_2$$

folgt durch linksseitige Multiplikation mit $\mathfrak{A}$

$$\bar{\mathfrak{x}} = \bar{\mathfrak{x}}_1 t_2 + \bar{\mathfrak{x}}_2 t_2 .$$

Die Koordinaten t_1 und t_2 bleiben also dieselben.

Durch

$$\bar{t}_1 = \alpha\, t_1 + \beta\, t_2,$$
$$\bar{t}_2 = \gamma\, t_1 + \delta\, t_2, \qquad \alpha\,\delta - \beta\,\gamma \neq 0$$

wird eine Abbildung innerhalb des Gebildes vermittelt, und die t-Koordinaten werden geändert. $a_1, a_2, b_1, b_2, \ldots$ gehen über in

$$\bar{a}_1 = \alpha\, a_1 + \beta\, a_2, \qquad \bar{b}_1 = \alpha\, b_1 + \beta\, b_2,$$
$$\bar{a}_2 = \gamma\, a_1 + \delta\, a_2, \qquad \bar{b}_2 = \gamma\, b_1 + \delta\, b_2, \qquad \cdots$$

Wir setzen zur Abkürzung

$$\begin{vmatrix} a_1 & p_1 \\ a_2 & p_2 \end{vmatrix} = (a,\, p), \qquad \begin{vmatrix} b_1 & p_1 \\ b_2 & p_2 \end{vmatrix} = (b,\, p), \quad \ldots$$

und bilden aus den Koordinaten der vier Elemente A, B, P, Q folgenden Ausdruck, der mit $(A, B;\, P, Q)$ oder mit Dv bezeichnet und Doppelverhältnis genannt wird:

$$(A, B;\; P, Q) = Dv = \frac{(a,\, p)}{(b,\, p)} : \frac{(a,\, q)}{(b,\, q)}.$$

Satz 4: *Das Doppelverhältnis ist eine projektive Invariante.*

Beweis: Es ist

$$(\bar{a},\, \bar{p}) = \begin{vmatrix} \bar{a}_1 & \bar{p}_1 \\ \bar{a}_2 & \bar{p}_2 \end{vmatrix} = \begin{vmatrix} \alpha & \beta \\ \gamma & \delta \end{vmatrix} \begin{vmatrix} a_1 & p_1 \\ a_2 & p_2 \end{vmatrix} = \begin{vmatrix} \alpha & \beta \\ \gamma & \delta \end{vmatrix} (a,\, p)$$

und

$$\frac{(\bar{a},\, \bar{p})}{(\bar{b},\, \bar{p})} : \frac{(\bar{a},\, \bar{q})}{(\bar{b},\, \bar{q})} = \frac{(a,\, p)}{(b,\, p)} : \frac{(a,\, q)}{(b,\, q)},$$

w. z. b. w.

Je nach dem die Elemente A, B, P, Q als Punkte, Gerade oder Ebenen gedeutet werden, ergibt sich folgendes:

1. A, B, P, Q seien Punkte einer Geraden.

Wir wollen zeigen, daß das Dv, das in der metrischen Geometrie durch

$$(A, B;\; P, Q) = \frac{\overrightarrow{AP}}{\overrightarrow{BP}} : \frac{\overrightarrow{AQ}}{\overrightarrow{BQ}}$$

erklärt ist (vgl. I A § 6), mit dem oben gegebenen Ausdruck übereinstimmt. Gewiß ist $(a,\, p)$ nicht die Länge der Strecke $\overrightarrow{AP}$, aber auch der Quotient $\dfrac{(a,\, p)}{(b,\, p)}$ stimmt nicht mit dem Verhältnis $\overrightarrow{AP} : \overrightarrow{BP}$ überein; denn

$$\frac{(a,\, p)}{(b,\, p)} = \frac{a_1 p_2 - a_2 p_1}{b_1 p_2 - b_2 p_1}$$

ändert sich, wenn a_1 und a_2 (oder b_1 und b_2) mit einem Faktor multipliziert werden, während die Lage des Punktes A (oder B) davon unabhängig ist. Man versteht jetzt, warum die Einführung des Doppelverhältnisses erforderlich ist, denn dieses hängt nur von den Quotienten $a_1 : a_2$, $b_1 : b_2$, ... ab und läßt sich so schreiben:

$$Dv = \frac{\dfrac{a_1}{a_2} - \dfrac{p_1}{p_2}}{\dfrac{b_1}{b_2} - \dfrac{p_1}{p_2}} : \frac{\dfrac{a_1}{a_2} - \dfrac{q_1}{q_2}}{\dfrac{b_1}{b_2} - \dfrac{q_1}{q_2}} .$$

Nimmt man den Nullpunkt und den unendlich fernen Punkt als Grundpunkte, so sind $a_1 : a_2$, $b_1 : b_2$, ... die Abstände dieser Punkte vom Nullpunkt, und es ist

$$\frac{a_1}{a_2} - \frac{p_1}{p_2} = \overrightarrow{PA} = -\overrightarrow{AP} .$$

Dabei ist vorausgesetzt, daß $a_2, b_2, \ldots$ von Null verschieden sind, d. h. daß alle Punkte im Endlichen liegen. Werden diese Differenzen überall durch die Längen der Strecken ersetzt, so erkennt man die Übereinstimmung. Weil das Dv gegenüber einer projektiven Abbildung unverändert bleibt, ergibt sich unabhängig vom Koordinatensystem

$$Dv = \frac{\overrightarrow{AP}}{\overrightarrow{BP}} : \frac{\overrightarrow{AQ}}{\overrightarrow{BQ}} ,$$

und das Doppelverhältnis ist für vier auf einer Geraden liegende Punkte so erklärt, wie man es im Sinne der metrischen Geometrie erwartet

2. a, b, p, q seien Strahlen eines Büschels.

Mit dieser anderen Deutung ändern wir die Bezeichnung und ersetzen $A, B, \ldots$ durch $a, b, \ldots$.

Satz 5: *Werden vier Strahlen eines Büschels von einer nicht zum Büschel gehörigen Geraden geschnitten, so ist das Doppelverhältnis der Strahlen gleich dem der vier Schnittpunkte.*

Beweis: Es sei

$$\mathfrak{u} = \mathfrak{u}_1 \mu_1 + \mathfrak{u}_2 \mu_2$$

die Parameterdarstellung des Büschels und

$$\mathfrak{x} = \mathfrak{x}_1 \lambda_1 + \mathfrak{x}_2 \lambda_2$$

die der Geraden.

Jeder Strahl des Büschels schneidet die Gerade in einem Punkt, also jedem Wertepaar μ_1, μ_2 entspricht ein Wertepaar λ_1, λ_2, nämlich die Koordinaten des Schnittpunktes

Es ist

$$\mathfrak{x}' \mathfrak{u} = \mathfrak{x}' (\mathfrak{u}_1 \mu_1 + \mathfrak{u}_2 \mu_2) = 0$$

die Gleichung eines Strahles. Zur Ermittlung des Schnittpunktes wird $\mathfrak{x}$ durch die Parameterdarstellung der Geraden ersetzt.

$$(\mathfrak{x}'_1 \lambda_1 + \mathfrak{x}'_2 \lambda_2)(\mathfrak{u}_1 \mu_1 + \mathfrak{u}_2 \mu_2) = 0 .$$

Hieraus

$$\frac{\lambda_1}{\lambda_2} = - \frac{x_2' u_1 \mu_1 + x_2' u_2 \mu_2}{x_1' u_1 \mu_1 + x_1' u_2 \mu_2},$$

und dieser Ausdruck hat die Form

$$\frac{\lambda_1}{\lambda_2} = \frac{\alpha \mu_1 + \beta \mu_2}{\gamma \mu_1 + \delta \mu_2}.$$

Aus der Invarianz des Dv gegenüber einer linearen Transformation folgt die Behauptung.

3. a, b, p, q seien Ebenen eines Büschels.

Auf diesen Fall näher einzugehen, erübrigt sich. Denn in gleicher Weise wie vorher ergeben sich leicht folgende beide Eigenschaften:

a) Schneidet man diese Ebenen durch eine zur Spurgerade windschiefe Gerade, so ist das Dv der vier Ebenen das gleiche wie das der vier Schnittpunkte.

b) Eine nicht zum Büschel gehörige Ebene schneidet die vier Ebenen in vier Strahlen, die das gleiche Dv bilden.

Es ist hier das Dv von vier Strahlen erklärt worden, aber es ist nicht gesagt worden, was man im Sinne der metrischen Geometrie unter dem Verhältnis zu verstehen hat, in dem ein Strahl eines Büschels zwei andere Strahlen teilt. Es ist eine solche Definition ebensowenig notwendig wie die für das Verhältnis zweier Strecken, die der Erklärung für das Dv vorangehen würde. Beide Begriffe sind nicht projektiv. Wir wollen aber doch diese Lücke durch eine elementargeometrische Betrachtung ausfüllen.

Es seien a, b, p drei Strahlen eines Büschels, dann wird

$$\frac{\sin(a, p)}{\sin(b, p)}$$

als das Verhältnis bezeichnet, in dem p die beiden anderen Strahlen teilt. Nimmt man noch den vierten Strahl q hinzu, so ist

$$\frac{\sin(a, p)}{\sin(b, p)} : \frac{\sin(a, q)}{\sin(b, q)}$$

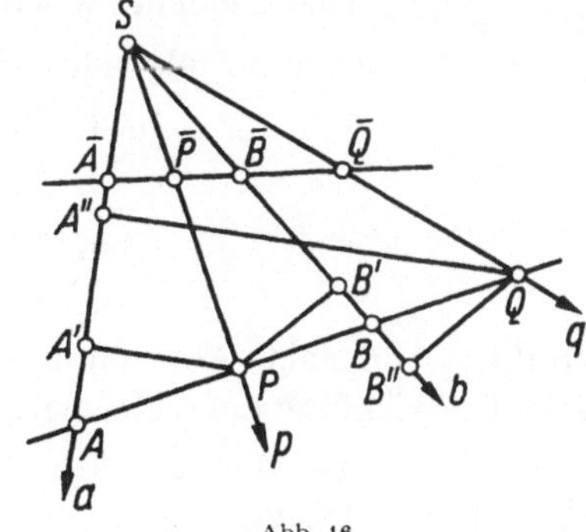

Abb. 46.

das Dv, und dieses stimmt mit dem in der projektiven Geometrie erklärten Dv überein.

Um das zu zeigen, schneiden wir die vier Strahlen durch eine nicht dem Büschel angehörende Gerade (Abb. 46). A, B, P, Q sind die Schnittpunkte. Von P und Q werden die Lote auf a und b gefällt, die Fußpunkte sind A', B' und A'', B''. Dann ist

$$\sin (a,\, p) = \frac{A'P}{PS}\,, \qquad \sin (b,\, p) = \frac{B'P}{PS}\,,$$

$$\sin (a,\, q) = \frac{A''Q}{QS}\,, \qquad \sin (b,\, q) = \frac{B''Q}{QS}\,,$$

$$\frac{\sin (a,\, p)}{\sin (a,\, q)} : \frac{\sin (b,\, p)}{\sin (b,\, q)} = \frac{A'P}{B'P} : \frac{A''Q}{B''Q}\,.$$

Beachten wir noch

$$A'P : A''Q = AP : AQ \quad \text{und} \quad B'P : B''Q = BP : BQ,$$

so wird

$$\frac{\sin (a,\, p)}{\sin (b,\, p)} : \frac{\sin (a,\, q)}{\sin (b,\, q)} = \frac{AP}{BP} : \frac{AQ}{BQ} = Dv\,.$$

Hiermit ist gezeigt, daß $(A,\, B;\, P,\, Q)$ unabhängig von der schneidenden Geraden ist. Nimmt man eine zweite Gerade mit den Schnittpunkten $\overline{A},\, \overline{B},\, \overline{P},\, \overline{Q}$, so sind beide Gerade in perspektiver Lage, und es ist somit die Invarianz des Dv bei einer Perspektivität auch elementargeometrisch nachgewiesen.

Zugleich ist gezeigt, daß eine durch eine Perspektivität gegebene Abbildung auch eine projektive ist. Denn sind $A,\, B,\, P$ und die Bildpunkte $\overline{A},\, \overline{B},\, \overline{P}$ gegeben, so wird das Bild eines Punktes Q einerseits durch die Gleichheit der Dv erhalten, andererseits liefert die Konstruktion auch einen Punkt $\overline{Q}$, der dadurch gekennzeichnet ist, daß die Dv gleich sind, es gibt aber nur einen solchen Punkt.

Wenn zwei Gerade projektiv aufeinander bezogen sind, brauchen sie nicht perspektiv zu liegen.

§ 7. Verschiedene Werte des Dv bei Vertauschungen.

Wir brauchen im folgenden eine Identität, die sich aus

$$\begin{vmatrix} a_1 & b_1 & p_1 & q_1 \\ a_2 & b_2 & p_2 & q_2 \\ a_1 & b_1 & p_1 & q_1 \\ a_2 & b_2 & p_2 & q_2 \end{vmatrix} = 0$$

ergibt, wenn nach Abtrennung der beiden ersten Zeilen die Laplacesche Entwicklung angesetzt wird. Nach Kürzung des Faktors 2 kommt:

$$(a\, b)\, (p,\, q) + (a,\, p)\, (q,\, b) + (q,\, a)\, (p,\, b) = 0\,.$$

(Vgl. Det. § 18 Aufg. 2.)

Wir untersuchen, welche verschiedenen Werte das Dv annimmt, wenn die vier Punkte $A,\, B,\, P,\, Q$ vertauscht werden. Es sind 24 Permutationen möglich. Die Werte des Dv sind aber nicht alle verschieden, denn wenn zugleich A mit B und P mit Q vertauscht werden, bleibt das Dv unverändert. Denn

$$\frac{\overrightarrow{AP}}{\overrightarrow{BP}} : \frac{\overrightarrow{AQ}}{\overrightarrow{BQ}} = \frac{\overrightarrow{BQ}}{\overrightarrow{AQ}} : \frac{\overrightarrow{BP}}{\overrightarrow{AP}}\,.$$

Außerdem können A durch P, P durch A, B durch Q und Q durch B ersetzt werden, ohne daß Dv sich ändert, weil

$$\frac{\overrightarrow{AP}}{\overrightarrow{BP}} : \frac{\overrightarrow{AQ}}{\overrightarrow{BQ}} = \frac{\overrightarrow{PA}}{\overrightarrow{QA}} : \frac{\overrightarrow{PB}}{\overrightarrow{QB}}.$$

Endlich können die genannten Vertauschungen beide zugleich ausgeführt werden. Danach ist, wenn das Dv mit λ bezeichnet wird,

$$\lambda = (A,\,B;\;P,\,Q) = (B,\,A;\;Q,\,P) = (P,\,Q;\;A,\,B) = (Q,\,P;\;B,\,A).$$

Da von den 24 Permutationen immer je 4 zu demselben Wert führen, kann es nur 6 verschiedene Werte für Dv geben. Wir stellen sie in folgender Tabelle zusammen und erhalten 6 Funktionen $f_1(\lambda), \ldots, f_6(\lambda)$,

$$f_1(\lambda) = \lambda = (A,B;\,P,Q) = (B,A;\,Q,P) = (P,Q;\,A,B) = (Q,P;\,B,A),$$

$$f_2(\lambda) = \tfrac{1}{\lambda} = (B,A;\,P,Q) = (A,B;\,Q,P) = (P,Q;\,B,A) = (Q,P;\,A,B),$$

$$f_3(\lambda) = 1-\lambda = (A,P;\,B,Q) = (P,A;\,Q,B) = (B,Q;\,A,P) = (Q,B;\,P,A),$$

$$f_4(\lambda) = \tfrac{1}{1-\lambda} = (P,A;\,B,Q) = (A,P;\,Q,B) = (B,Q;\,P,A) = (Q,B;\,A,P),$$

$$f_5(\lambda) = 1-\tfrac{1}{\lambda} = (B,P;\,A,Q) = (P,B;\,Q,A) = (A,Q;\,B,P) = (Q,A;\,P,B),$$

$$f_6(\lambda) = \tfrac{\lambda}{\lambda-1} = (P,B;\,A,Q) = (B,P;\,Q,A) = (A,Q;\,P,B) = (Q,A;\,B,P).$$

Daß die Vertauschung von A und B in der ersten Zeile den reziproken Wert ergibt, ist sofort zu erkennen. Die Gültigkeit der dritten Zeile folgt aus der oben abgeleiteten Identität. Demnach ist

$$1 - \frac{(a,\,p)}{(b,\,p)}\,\frac{(b,\,q)}{(a,\,q)} = \frac{(a,\,b)\,(p,\,q)}{(a,\,q)\,(p,\,b)}$$

oder

$$1-\lambda = (A,\,P;\,B,\,Q).$$

$f_4(\lambda)$ ist ebenso aus $f_3(\lambda)$ gebildet wie f_2 aus f_1, nämlich durch Vertauschung der beiden ersten Elemente. f_5 geht aus f_2 hervor wie f_3 aus f_1 durch Vertauschung der beiden mittleren Elemente. Endlich ergibt sich

$$f_6(\lambda) = \frac{1}{1 - \dfrac{1}{\lambda}}$$

aus f_5 wie f_2 aus f_1 durch Vertauschung der beiden ersten Elemente.

Die sechs Funktionen $f_1, \ldots, f_6$ haben die Eigenschaft, daß je zwei von ihnen, nacheinander angewendet, wieder eine dieser Funktionen ergeben. Z. B.

$$f_6(f_2(\lambda)) = \frac{\dfrac{1}{\lambda}}{\dfrac{1}{\lambda} - 1} = \frac{1}{1-\lambda} = f_3(\lambda).$$

Sie bilden eine endliche Gruppe. (Vgl. Det. § 20 Aufg. 7. Die Tafel dieser Gruppe, die nach dem dort angegebenen Verfahren aufzustellen ist, stimmt mit der Gruppentafel der $\mathfrak{S}_1, \ldots, \mathfrak{S}_6$ überein; sie sind also isomorph.)

Wir untersuchen besondere Werte des Dv. Ist $\lambda = 0$, $\lambda = 1$ oder $\dfrac{1}{\lambda} = 0$, so verschwindet einer der sechs Werte $f_\nu(\lambda)$ und damit auch eine der zweireihigen Determinanten, durch die das Dv erklärt wurde; das bedeutet, daß von den vier Punkten zwei zusammenfallen.

Von Interesse ist weiter der Fall, daß die sechs Werte nicht alle verschieden ausfallen Setzen wir

$$\lambda = \frac{1}{\lambda}$$

und schließen $\lambda = 1$ aus, so ist $\lambda = -1$. In diesem Falle haben wir vier harmonische Punkte oder Strahlen, man sagt auch: sie bilden ein harmonisches Quadrupel, oder das Punktepaar AB wird durch das Paar PQ harmonisch getrennt. (Vgl. I A § 6.) Weil $(A, B; P, Q) = (P, Q; A, B)$ ist, wird das Paar PQ auch durch AB harmonisch getrennt.

Die beiden Grundpunkte $\begin{pmatrix} 1 \\ 0 \end{pmatrix}$ und $\begin{pmatrix} 0 \\ 1 \end{pmatrix}$ bilden mit $\begin{pmatrix} 1 \\ 1 \end{pmatrix}$ und $\begin{pmatrix} 1 \\ -1 \end{pmatrix}$ ein harmonisches Quadrupel, wie man leicht nachprüft.

Durch eine Koordinatentransformation können A und B zu Grundpunkten und P zum Einheitspunkt gemacht werden. Q ist als vierter harmonischer Punkt eindeutig bestimmt. Das Koordinatensystem kann also stets so gelegt werden, daß vier beliebige harmonische Punkte die hier angegebenen Koordinaten besitzen.

Liegt ein Cartesisches System vor, so ist $E\begin{pmatrix} 0 \\ 1 \end{pmatrix}$ der Nullpunkt und $A\begin{pmatrix} 1 \\ 0 \end{pmatrix}$ der unendlich ferne Punkt. Die beiden anderen Punkte liegen im gleichen Abstand zu beiden Seiten des Nullpunktes. Wenn also von den beiden Punkten A und B durch PQ harmonisch geteilt wird, B in der Mitte von PQ liegt, ist A der uneigentliche Punkt.

Hieraus folgt weiter: Es seien a, b, p, q vier harmonische Strahlen. Zieht man durch einen Punkt P auf p die Parallele zu q und sind A und B ihre Schnittpunkte mit a und b, so ist $AP = PB$.

Steht außerdem noch p senkrecht auf q, so ist p die Winkelhalbierende des Winkels (a, b) und q die des Nebenwinkels. Das bedeutet: In einem Dreieck werden zwei Seiten durch die Halbierende des Innenwinkels und die des Außenwinkels harmonisch getrennt.

Für $\lambda = -1$ wird

$$f_1(\lambda) = f_2(\lambda) = -1, \qquad f_3(\lambda) = f_5(\lambda) = 2, \qquad f_4(\lambda) = f_6(\lambda) = \frac{1}{2}.$$

Setzt man zwei beliebige andere Werte $f_\nu(\lambda)$ einander gleich, so kommen für reelle λ keine neuen Werte mehr hinzu, und für komplexe λ führt die Gleichung $f_1(\lambda) = f_4(\lambda)$ zu den Werten

$$\lambda = \frac{1}{2} \pm \frac{1}{2}\sqrt{-3}\,.$$

In diesem Falle werden die Punkte äquianharmonisch genannt.

§ 8. Konstruktionen.

Von den beiden folgenden Aufgaben ist die eine die duale der anderen. Sie sind nebeneinander gesetzt, um das Duale hervorzuheben.

Es bezeichnen:

links	rechts
große lateinische Buchstaben	
Punkte	die zugeordneten Geraden
kleine lateinische Buchstaben	
gerade Linien	die zugeordneten Punkte oder das von diesen ausgehende Strahlenbüschel

Wenn also a links die Verbindung zweier Punkte A und A' bedeutet, so bezeichnet rechts a den Schnittpunkt der Geraden A und A', und wenn links A der Schnittpunkt von g und g' ist, so ist rechts A die Verbindung von g und g'.

Die Aufgaben lauten:

Gegeben sind zwei nicht zusammenfallende Gerade g und $\bar{g}$; sie sind projektiv aufeinander bezogen, indem drei Punkte A, B, P auf g drei Punkten $\bar{A}$, $\bar{B}$, $\bar{P}$ auf $\bar{g}$ zugeordnet sind. Es soll zu einem beliebigen Punkt Q auf g der Bildpunkt $\bar{Q}$ auf g konstruiert werden.	Gegeben sind zwei Strahlenbüschel mit verschiedenen Zentren g und $\bar{g}$; sie sind projektiv aufeinander bezogen, indem drei Strahlen A, B, P aus g die Strahlen $\bar{A}$, $\bar{B}$, $\bar{P}$ aus $\bar{g}$ zugeordnet sind. Es soll zu einem beliebigen Strahl Q aus g der Bildstrahl $\bar{Q}$ aus $\bar{g}$ konstruiert werden.

Die Lösung ist einfach, in dem besonderen Fall, daß sich die beiden Gebilde in perspektiver Lage befinden, d. h. wenn

$A\bar{A}$, $B\bar{B}$, $P\bar{P}$ sich in einem Punkte S, dem Zentrum der Perspektivität, schneiden.	die Schnittpunkte von $A\bar{A}$, $B\bar{B}$, $P\bar{P}$ in einer Geraden S, der Perspektivitätsachse liegen.

Dann wird $\overline{Q}$ gefunden, indem

die Verbindung QS mit $\overline{g}$ geschnitten wird.	der Schnittpunkt von Q und S mit $\overline{g}$ verbunden wird.

Im allgemeinen Falle wird

eine Gerade g' konstruiert, die sowohl zu g mit dem Zentrum S_1, wie zu $\overline{g}$ mit dem Zentrum S_2 perspektiv liegt.	ein Büschel g' konstruiert, das sowohl zu g durch die Gerade S_1, wie zu $\overline{g}$ durch die Gerade S_2 perspektiv liegt.

Konstruktion von g':

Auf $A\overline{A}$ werden S_1 und S_2 beliebig angenommen, S_1P und $S_2\overline{P}$ schneiden sich in P'. Ebenso wird B' erhalten. $P'B'$ ist die Gerade g' (Abb. 47).	Durch a, dem Schnittpunkt von A und $\overline{A}$ werden zwei Gerade S_1 und S_2 gezogen. S_1 wird von den Strahlen A, B, P des Büschels g in a, b, p geschnitten und S_2 von den Strahlen $\overline{A}$, $\overline{B}$, $\overline{P}$ des Büschels g in $\overline{a}$, $\overline{b}$, $\overline{p}$. a und $\overline{a}$ fallen zusammen, g' ist der Schnittpunkt von $p\overline{p}$ mit $b\overline{b}$ (Abb. 48).

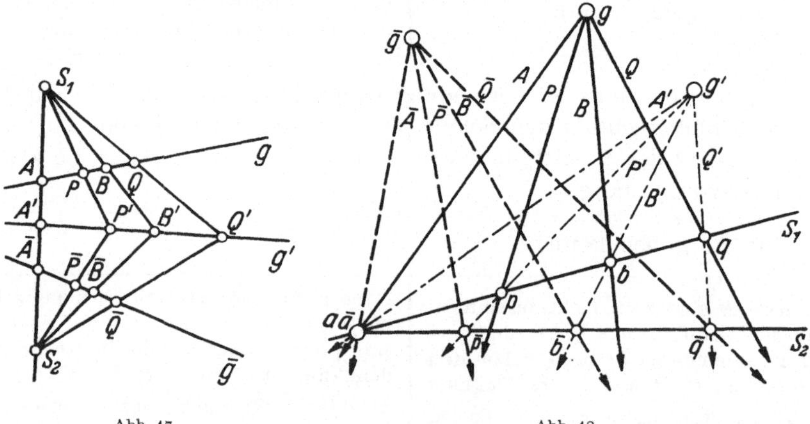

Abb. 47.　　　　　　　　　　　　Abb. 48.

Wie man jetzt von Q zu Q' und zu $\overline{Q}$ gelangt, ist aus den Zeichnungen zu sehen. Aus dem Gang der Konstruktion ergibt sich unmittelbar folgender

Satz 6: *Wenn der Schnittpunkt zweier projektiv aufeinander bezogener Geraden sich selber zugeordnet ist, so liegen die Geraden perspektiv, und wenn der gemeinsame Strahl zweier projektiv aufeinander bezogener Büschel (d. i. die Verbindung der Zentren) ein sich selbst zugeordneter Strahl ist, so liegen die Büschel perspektiv.*

Eine weitere Aufgabe:

Gegeben sind die Grundpunkte A_1 und A_2 und der Einheitspunkt E einer Geraden mit den Koordinaten

$$\binom{1}{0}, \qquad \binom{0}{1}, \qquad \binom{1}{1},$$

dazu die Koordinaten t_1 und t_2 eines beliebigen Punktes P. Dieser soll konstruiert werden.

Erste Lösung: Ist A_2 der Nullpunkt 0 eines Cartesischen Systems, A_1 der uneigentliche Punkt der Geraden, so ist OP auf Grund der Proportion

$$OP : OE = t_2 : t_1$$

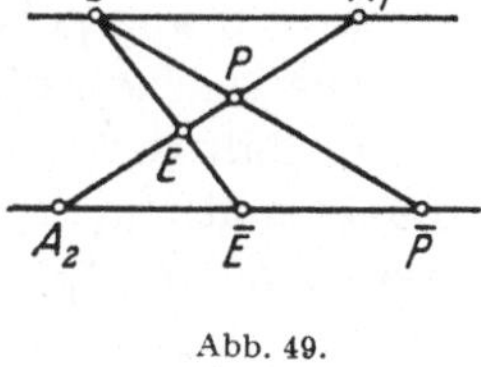

Abb. 49.

zu konstruieren. Liegen dagegen A_1 und A_2 beliebig, so bilden wir durch zentrale Projektion auf ein System ab, in dem A_2 Nullpunkt und A_1 uneigentlicher Punkt wird (Abb. 49). Zu diesem Zweck wird durch A_2 eine beliebige Gerade gezogen und durch A_1 die Parallele dazu, auf der das Zentrum S angenommen wird; man findet $\overline{E}$ durch Projektion. Da t_1 und t_2 auf der Bildgeraden dieselben Werte haben, ist

$$O\overline{P} : O\overline{E} = t_2 : t_1.$$

Hiernach wird $\overline{P}$ gefunden und auf $A_1 A_2$ projiziert.

Zweite Lösung: Es ist

$$(A_1, A_2;\ E,\ P) = \frac{\begin{vmatrix} 1 & 1 \\ 0 & 1 \end{vmatrix}}{\begin{vmatrix} 0 & 1 \\ 1 & 1 \end{vmatrix}} : \frac{\begin{vmatrix} 1 & t_1 \\ 0 & t_2 \end{vmatrix}}{\begin{vmatrix} 0 & t_1 \\ 1 & t_2 \end{vmatrix}} . - t_1 : t_2$$

oder

$$A_1 P : A_2 P = t_2\, A_1 E : t_1\, A_2 E.$$

Man hat also die Strecke $A_1 A_2$ in dem angegebenen Verhältnis zu teilen.

Wir wollen noch nähere Angaben über den Einfluß des Vorzeichens von $t_1 : t_2$ auf die Lage des Punktes P machen. Zu diesem Zweck wird $\overrightarrow{A_1 A_2}$ orientiert, $\overrightarrow{A_1 A_2}$ sei positiv. Liegt E zwischen A_1 und A_2, so ist $\overrightarrow{A_1 E}$ positiv und $\overrightarrow{A_2 E}$ negativ. (Das ist kein Widerspruch zu der Tatsache, daß E die Koordinaten (1; 1) hat, denn diese Zahlen sind nicht die Längen der Strecken.) Wegen

$$\overrightarrow{A_1 P} : \overrightarrow{A_2 P} = t_2\, \overrightarrow{A_1 E} : t_1\, \overrightarrow{A_2 E}$$

ist, wenn $t_2 : t_1$ positiv ist, $\overrightarrow{A_1 P} : \overrightarrow{A_2 P}$ negativ. Dann muß $A_1 P > 0$ und $A_2 P < 0$ sein, also liegt P zwischen A_1 und A_2. Ist $t_2 : t_1 < 0$, so haben

$\overrightarrow{A_1 P}$ und $\overrightarrow{A_2 P}$ gleiches Vorzeichen, und zwar sind beide positiv, wenn ihr Verhältnis größer als 1 ist, andernfalls sind beide negativ, dann liegt P außerhalb der Strecke $A_1 A_2$.

Liegt E außerhalb der Strecke $A_1 A_2$, so haben alle Punkte zwischen A_1 und A_2 ein negatives Koordinatenverhältnis, und ein positives für Punkte außerhalb.

Eine Gerade eines Büschels mit gegebenen Koordinaten konstruiert man, indem das Büschel mit einer nicht zu ihm gehörigen Geraden geschnitten wird. Die Koordinaten der Schnittpunkte sind dieselben wie die der schneidenden Geraden, und so findet man den Schnittpunkt nach dem angegebenen Verfahren.

Die gleiche Aufgabe für die Ebene führen wir auf den eindimensionalen Fall zurück. Sind A_1, A_2, A_3 die Grundpunkte, E der Einheitspunkt und $P(t_1, t_2, t_3)$ der zu konstruierende Punkt, so ist die Gleichung der Geraden $A_1 P$

$$x_2 t_3 - x_3 t_2 = 0,$$

wo x_1, x_2, x_3 die laufenden Koordinaten bezeichnen. Ihr Schnittpunkt P_1 mit $x_1 = 0$ ist

$$0 : t_2 : t_3.$$

Fällt P mit E zusammen, so ergeben sich für den projizierten Punkt E_1 die Koordinaten

$$0 : 1 : 1.$$

Nimmt man also A_2 und A_3 als Grundpunkte, E_1 als Einheitspunkt für ein System auf dieser Geraden, so sind die Koordinaten des Punktes P_1 dieselben wie die zweiten und dritten Koordinaten des Punktes P. Der Punkt P_1 kann also, wie vorher angegeben, gefunden werden. In gleicher Weise zeichnet man P_2 und P_3, die Projektionen von P auf die anderen Dreiecksseiten.

Auf die Tatsache, daß $A_1 P_1$, $A_2 P_2$, $A_3 P_3$ durch einen Punkt gehen, kommen wir später zurück, ebenso auf die Zurückführung der dualen Aufgabe auf den vorliegenden Fall.

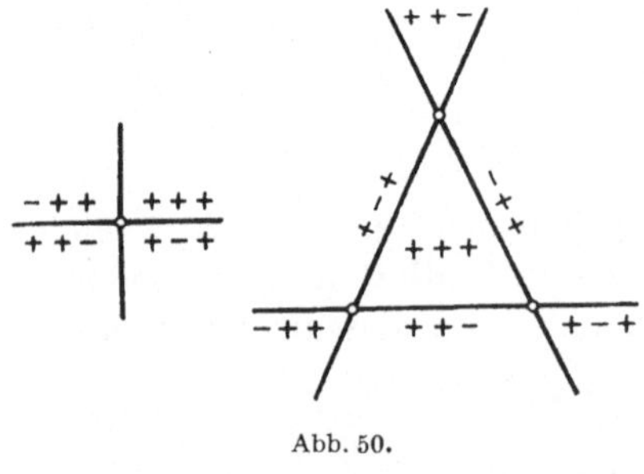

Abb. 50.

Die Aufteilung der Ebene in vier Quadranten durch die beiden Koordinatenachsen ist ein besonderer Fall der durch ein Koordinatendreieck bewirkten Zerlegung. Hier wird die Ebene in vier Dreiecke aufgeschnitten (Abb. 50). Das ist so zu verstehen, daß die mit den gleichen Vorzeichen versehenen Teile je als ein Dreieck aufzufassen sind. In dem Cartesischen Koordinatensystem ist eine der Dreiecksseiten die unendlich ferne Gerade. Bei der in der Abb. 50 zugrunde gelegten Verteilung der Vorzeichen liegt E im Inneren des Dreiecks, dabei ist noch zu beachten, daß eine Umkehrung aller Vorzeichen keine Veränderung in der Lage des Punktes herbeiführt.

§ 9. Baryzentrische, trimetrische Koordinaten.

Es sei $\mathfrak{A} = (a_{ik})$ eine dreireihige, nicht singuläre Matrix und

$$x_1 = a_{11}t_1 + a_{12}t_2 + a_{13}t_3,$$
$$x_2 = a_{21}t_1 + a_{22}t_2 + a_{23}t_3,$$
$$x_3 = a_{31}t_1 + a_{32}t_2 + a_{33}t_3$$

die zugehörige Koordinatentransformation. Wir ordnen jeder Spalte aus $\mathfrak{A}$ einen Grundpunkt zu und fassen die drei Größen $a_{1\nu}, a_{2\nu}, a_{3\nu}$ als homogene Cartesische Koordinaten des Punktes A_ν in der Ebene auf. Ebenso sollen x_1, x_2, x_3 homogene Cartesische Koordinaten sein. Die Lage der Grundpunkte ändert sich nicht, wenn $a_{1\nu}, a_{2\nu}, a_{3\nu}$ durch $\varrho_\nu a_{1\nu}, \varrho_\nu a_{2\nu}, \varrho_\nu a_{3\nu}$ ersetzt wird; die durch Multiplikation der Spalten aus $\mathfrak{A}$ entstehende Matrix wird wieder mit $\mathfrak{A} = (a_{ik})$ bezeichnet. Diese Faktoren können so gewählt werden, daß ein beliebiger Punkt, der auf keiner der Dreiecksseiten liegen darf, zum Einheitspunkt wird. Von den Punkten A_ν soll keiner im Unendlichen liegen, also alle $a_{3\nu}$ seien von Null verschieden. Wird

$$\varrho_\nu = \frac{1}{a_{3\nu}}$$

gesetzt, so geht die letzte Zeile von $\mathfrak{A}$ in $1, 1, 1$ über und der Einheitspunkt, dessen t-Koordinaten die Werte $1, 1, 1$ haben, besitzt die Cartesischen Koordinaten

$$\frac{e_1}{e_3} = \frac{a_{11} + a_{12} + a_{13}}{3} \qquad \frac{e_2}{e_3} = \frac{a_{21} + a_{22} + a_{23}}{3}.$$

Er ist also der Schnittpunkt der Seitenhalbierenden (vgl. II § 5 Satz 4) und zugleich der Schwerpunkt des Dreiecks, wenn die Punkte A_1, A_2, A_3 mit der gleichen Masse belegt sind.

Für einen beliebigen Punkt P ist

$$\frac{x_1}{x_3} = \frac{a_{11}t_1 + a_{12}t_2 + a_{13}t_3}{t_1 + t_2 + t_3}, \qquad \frac{x_2}{x_3} = \frac{a_{21}t_1 + a_{22}t_2 + a_{23}t_3}{t_1 + t_2 + t_3}.$$

Das sind die Koordinaten des Schwerpunktes, wenn in A_1, A_2, A_3 die Massen t_1, t_2, t_3 liegen. Diese Deutung behält auch ihren Sinn, wenn negative Massen auftreten, denn dann ist die wirkende Kraft entgegengesetzt (vgl. I A § 12 Aufg. 12).

Wir fassen zusammen:

Wenn $a_{31} = a_{32} = a_{33} = 1$ ist, ist E der Schnittpunkt der Mittellinien. Die Koordinaten eines Punktes können als Kräfte gedeutet werden, die in den Eckpunkten des Dreiecks angreifen und je nach dem Vorzeichen nach

der einen oder anderen Seite senkrecht zur Ebene des Dreiecks wirken.
$P(t_1, t_2, t_3)$ selber ist dann der Angriffspunkt der Resultierenden.

Ein solches Koordinatensystem, das auch in der Geometrie der Geraden und des Raumes Verwendung findet, heißt **baryzentrisch**.

Zur Ermittlung der baryzentrischen Koordinaten t_1, t_2, t_3 eines Punktes P projiziert man ihn von A_1, A_2, A_3 auf die gegenüberliegenden Seiten. Die so entstehenden Punkte P_1, P_2, P_3 genügen den Bedingungen.

$$A_1 P_3 t_1 = A_2 P_3 t_2, \qquad A_2 P_1 t_2 = A_3 P_1 t_3, \qquad A_3 P_2 t_3 = A_1 P_2 t_1.$$

Wählt man den Einheitspunkt so, daß er von den drei Seiten gleichen Abstand hat, so heißt das System **trimetrisch**. E ist dann der Mittelpunkt des Inkreises oder eines der Ankreise.

Um auch hier die Bedingung aufzustellen, denen die Elemente der Matrix $\mathfrak{A}$ genügen müssen, gehen wir von der inversen (c_{ik}) aus und führen auf nicht homogene Cartesische Koordinaten zurück.

$$t_i = c_{i1} x + c_{i2} y + c_{i3} \qquad\qquad (i = 1, 2, 3).$$

$t_1 = 0$ ist die Gleichung der Seite $A_2 A_3$, und der Abstand d_i eines Punktes (x, y) von $t_i = 0$ ist

$$d_i = \frac{c_{i1} x + c_{i2} y + c_{i3}}{\sqrt{c_{i1}^2 + c_{i2}^2}} = \frac{t_i}{\sqrt{c_{i1}^2 + c_{i2}^2}}.$$

Für den Einheitspunkt $(t_1 : t_2 : t_3 = 1 : 1 : 1)$ soll, damit das System trimetrisch wird, auch

$$d_1 : d_2 : d_3 = 1 : 1 : 1$$

sein. Also ist

$$\sqrt{c_{11}^2 + c_{12}^2} = \sqrt{c_{21}^2 + c_{22}^2} = \sqrt{c_{31}^2 + c_{32}^2}$$

die Bedingung dafür, daß der Einheitspunkt von den Seiten gleichen Abstand hat. Für einen beliebigen Punkt gilt dann

$$d_1 : d_2 : d_3 = t_1 : t_2 : t_3.$$

Die trimetrischen Koordinaten haben demnach die Eigenschaft, daß sie den Abständen von den Seiten proportional sind.

Beispiel: Die Gleichung des dem Grunddreieck umbeschriebenen Kreises soll in trimetrischen Punktkoordinaten aufgestellt werden (Abb. 51).

a_1, a_2, a_3 sind die Längen der Dreiecksseiten, die im positiven Umlaufssinn des Dreiecks orientiert sind.

$$t_i = x \cos \varphi_i + y \sin \varphi_i + \varrho = 0 \qquad\qquad (i = 1, 2, 3)$$

sind die Gleichungen der Dreiecksseiten in Hessescher Normalform, wenn E, der Mittelpunkt des Inkreises, zum Nullpunkt gewählt wird. Daher ist der Abstand d_i vom Nullpunkt überall gleich ϱ. φ_i ist der

Winkel, den das von E auf die Seite $t_i = 0$ gefällte Lot d_i mit der X-Achse bildet.

$$\sphericalangle \, \varphi_i = \sphericalangle \, (X,\, d_i).$$

Dann sind die Außenwinkel

$$\sphericalangle \, (a_1,\, a_2) = \varphi_2 - \varphi_1, \qquad \sphericalangle \, (a_2,\, a_3) = \varphi_3 - \varphi_2, \qquad \sphericalangle \, (a_3,\, a_1) = \varphi_1 - \varphi_3$$

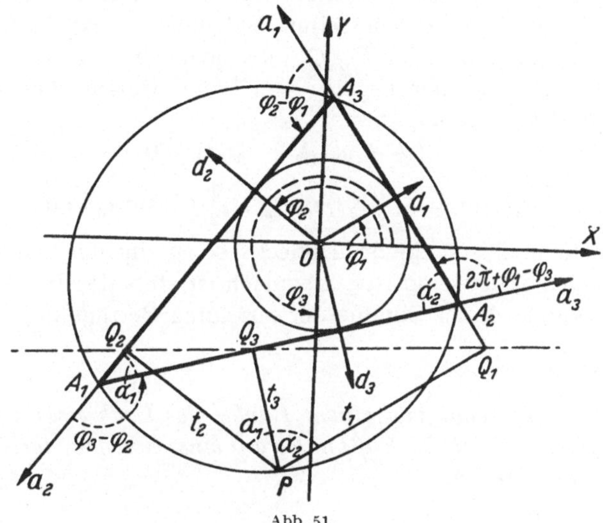

Abb. 51.

Wir zeigen, daß

$$a_1 t_2 t_3 + a_2 t_3 t_1 + a_3 t_1 t_2 = 0$$

die Gleichung des umbeschriebenen Kreises ist.

Zunächst ist klar, daß diese Gleichung eine C_2 darstellt, die durch die Ecken des Dreiecks geht. Um einzusehen, daß diese Kurve ein Kreis ist, gehen wir auf homogene Cartesische Koordinaten zurück, setzen

$$t_i = x_1 \cos \varphi_i + x_2 \sin \varphi_i + x_3 \varrho$$

ein und zeigen, daß diese Kurve durch die uneigentlichen imaginären Kreispunkte geht. Wir setzen $x_1 = 1$, $x_2 = i$, $x_3 = 0$ und verwenden die Formel

$$\cos \varphi + i \sin \varphi = e^{i \varphi}$$

Dann ist zu zeigen, daß

$$a_1 e^{i(\varphi_2 + \varphi_3)} + a_2 e^{i(\varphi_3 + \varphi_1)} + a_3 e^{i(\varphi_1 + \varphi_2)} = 0$$

ist. Weil

$$a_1 : a_2 : a_3 = \sin(\varphi_3 - \varphi_2) : \sin(\varphi_1 - \varphi_3) : \sin(\varphi_2 - \varphi_1)$$

ist, kann a_1 durch

$$2 i \sin(\varphi_3 - \varphi_2) = e^{i(\varphi_3 - \varphi_2)} - e^{-i(\varphi_3 - \varphi_2)}$$

ersetzt werden, ebenso a_2 und a_3, woraus

$$(e^{2i\varphi_3} - e^{2i\varphi_2}) + (e^{2i\varphi_1} - e^{2i\varphi_3}) + (e^{2i\varphi_2} - e^{2i\varphi_1}) = 0$$

folgt.

Wir bringen noch eine geometrische Deutung dieser Kreisgleichung. Q_1, Q_2, Q_3 seien die Fußpunkte der von einem Punkte P des Kreises gefällten Lote auf die Seiten des Dreiecks (Abb. 51) und $\alpha_1, \alpha_2, \alpha_3$ die Innenwinkel des Dreiecks. Wenn t_1, t_2, t_3 die wahren Abstände des Punktes P von den Dreiecksseiten bedeuten, so ist $\frac{1}{2} t_2 t_3 \sin \alpha_1$ der Flächeninhalt des Dreiecks PQ_2Q_3, der je nach dem Vorzeichen der Koordinaten positiv oder negativ sein kann. Entsprechendes gilt für PQ_3Q_1 und PQ_1Q_2. Aus

$$a_1 t_2 t_3 + a_2 t_3 t_1 + a_3 t_1 t_2 = 0$$

folgt
$$\frac{1}{2} t_2 t_3 \sin \alpha_1 + \frac{1}{2} t_3 t_1 \sin \alpha_2 + \frac{1}{2} t_1 t_2 \sin \alpha_3 = 0 .$$

Liegt P nicht in einer Ecke des Dreiecks, so ist eine der Größen t_ν negativ, die beiden anderen positiv. Demnach ist stets der Inhalt eines der drei Dreiecke gleich der Summe der absoluten Beträge der Inhalte der beiden anderen.

Daraus folgt

Satz 7: *Fällt man von einem Punkte des Umkreises Lote auf die Dreiecksseiten, so liegen die Fußpunkte auf einer Geraden, der sogenannten* WALLACE*schen Geraden.*

§ 10. Desarguesscher Satz.

Es seien A, B, C die Eckpunkte des Koordinatendreiecks mit den Koordinaten $(1; 0; 0)$, $(0; 1; 0)$, $(0; 0; 1)$ und A', B', C' drei weitere Punkte, deren Koordinaten mit

$$\begin{pmatrix} a_1 \\ a_2 \\ a_3 \end{pmatrix}, \qquad \begin{pmatrix} b_1 \\ b_2 \\ b_3 \end{pmatrix}, \qquad \begin{pmatrix} c_1 \\ c_2 \\ c_3 \end{pmatrix}$$

bezeichnet werden (Abb. 52).

Zwischen den Ecken und Seiten der Dreiecke besteht eine Zuordnung, die durch die Bezeichnung zum Ausdruck gebracht ist.

Die Gleichung der Verbindungslinie von

$$\begin{aligned} AA' \quad &\text{ist} \quad x_2 a_3 - x_3 a_2 = 0, \\ BB' \quad &\text{ist} \quad x_1 b_3 - x_3 b_1 = 0, \\ CC' \quad &\text{ist} \quad x_1 c_2 - x_2 c_1 = 0. \end{aligned}$$

Die Bedingung dafür, daß diese drei Geraden durch einen Punkt gehen, ist

$$D = \begin{vmatrix} 0 & a_3 & -a_2 \\ b_3 & 0 & -b_1 \\ c_2 & -c_1 & 0 \end{vmatrix} = 0 .$$

S_1, S_2, S_3 seien die Schnittpunkte entsprechender Seiten, also in S_1 treffen sich BC und $B'C'$ usw. Um die Koordinaten von S_3 zu bestimmen, brauchen wir die Gleichungen der Seiten $A'B'$ und AB. Sie lauten

$$\begin{vmatrix} x_1 & x_2 & x_3 \\ a_1 & a_2 & a_3 \\ b_1 & b_2 & b_3 \end{vmatrix} = 0 \quad \text{bzw.} \quad x_3 = 0.$$

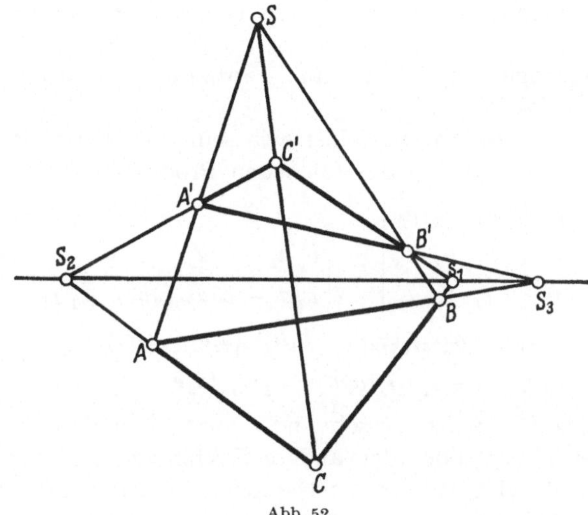

Abb. 52.

Die Koordinaten von S_3 sind also aus der Gleichung

$$x_1(a_2 b_3 - a_3 b_2) \quad x_2(a_1 b_3 \quad a_3 b_1) - 0$$

zu entnehmen und durch

$$(a_1 b_3 - a_3 b_1) : (a_2 b_3 - a_3 b_2) : 0$$

gegeben. Ebenso ergeben sich die Koordinaten von S_1

$$0 : (b_1 c_2 - b_2 c_1) : (b_1 c_3 - b_3 c_1)$$

und S_2

$$(c_2 a_1 - c_1 a_2) : 0 : (c_2 a_3 - a_2 c_3).$$

Die Bedingung dafür, daß diese drei Punkte auf einer Geraden liegen, ist

$$\Delta = \begin{vmatrix} 0 & b_1 c_2 - b_2 c_1 & b_1 c_3 - b_3 c_1 \\ c_2 a_1 - c_1 a_2 & 0 & c_2 a_3 - c_3 a_2 \\ a_1 b_3 - a_3 b_1 & a_2 b_3 - a_3 b_2 & 0 \end{vmatrix}.$$

$$= (b_1 c_3 - b_3 c_1)(c_2 a_1 - c_1 a_2)(a_2 b_3 - a_3 b_2) +$$
$$+ (b_1 c_2 - b_2 c_1)(c_2 a_3 - c_3 a_2)(a_1 b_3 - a_3 b_1)$$
$$= 0.$$

Der DESARGUESsche Satz lautet:

Satz 8: *Wenn AA', BB' und CC' durch einen Punkt S gehen, dann liegen S_1, S_2 und S_3 auf einer Geraden.*

Würden beide Dreiecke in verschiedenen Ebenen liegen und diese Voraussetzungen erfüllen, so wäre S als Zentrum der Perspektivität beider Ebenen aufzufassen, und die Punkte S_1, S_2 und S_3 würden auf der Spurgeraden beider Ebenen liegen. Man sagt deshalb auch für den hier vorliegenden Fall, daß die beiden Dreiecks perspektiv zueinander liegen.

Man überzeuge sich, daß der duale Satz die Umkehrung des DESARGUESschen Satzes ist.

Der Beweis des Satzes selbst wie seiner Umkehrung ergibt sich durch zeilenweise Bildung des folgenden Produktes:

$$
\begin{vmatrix} 0 & a_3 & -a_2 \\ b_3 & 0 & -b_1 \\ c_2 & -c_1 & 0 \end{vmatrix}
\begin{vmatrix} a_1 & a_2 & a_3 \\ b_1 & b_2 & b_3 \\ c_1 & c_2 & c_3 \end{vmatrix}
=
\begin{vmatrix} 0 & a_3 b_2 - a_2 b_3 & a_3 c_2 - a_2 c_3 \\ b_3 a_1 - b_1 a_3 & 0 & b_3 c_1 - b_1 c_3 \\ c_2 a_1 - c_1 a_2 & c_2 b_1 - c_1 b_2 & 0 \end{vmatrix}
$$

$$
= (a_3 c_2 - a_2 c_3)(b_3 a_1 - b_1 a_3)(c_2 b_1 - c_1 b_2) +
$$
$$
+ (c_2 a_1 - c_1 a_2)(a_3 b_2 - a_2 b_3)(b_3 c_1 - b_1 c_3) = \varDelta.
$$

Wenn also $D = 0$ ist, verschwindet auch $\varDelta$, und wenn $\varDelta = 0$ ist, ist entweder $D = 0$ oder der andere Faktor verschwindet, in diesem Falle liegen A', $B'C'$ auf einer Geraden, die dann auch die Punkte S_1, S_2, S_3 enthält.

§ 11. Sätze von CEVA und MENELAOS, Viereck und Vierseit.

Es sei $A_1 A_2 A_3$ das Koordinatendreieck. Die Projektionen eines Punktes $P(t_1, t_2, t_3)$ und des Einheitspunktes E von den Eckpunkten auf die Dreiecksseiten werden wieder mit P_1, P_2, P_3 und E_1, E_2, E^3 bezeichnet. Es ist

$$
\frac{\overrightarrow{A_1 P_3}}{\overrightarrow{A_2 P_3}} : \frac{\overrightarrow{A_1 E_3}}{\overrightarrow{A_2 E_3}} = \frac{\begin{vmatrix} 1 & t_1 \\ 0 & t_2 \end{vmatrix}}{\begin{vmatrix} 0 & t_1 \\ 1 & t_2 \end{vmatrix}} : \frac{\begin{vmatrix} 1 & 1 \\ 0 & 1 \end{vmatrix}}{\begin{vmatrix} 0 & 1 \\ 1 & 1 \end{vmatrix}} = \frac{t_2}{t_1}.
$$

Werden baryzentrische Koordinaten verwendet, so ist $\overrightarrow{A_1 E_3} = -\overrightarrow{A_2 E_3}$ und

$$
\overrightarrow{A_1 P_3} : \overrightarrow{A_2 P_3} = -t_2 \cdot t_1,
$$

ebenso

$$
\overrightarrow{A_2 P_1} : \overrightarrow{A_3 P_1} = -t_3 : t_2
$$

und

$$
\overrightarrow{A_3 P_2} : \overrightarrow{A_1 P_2} = -t_1 : t_3.
$$

Durch Multiplikation dieser drei Gleichungen ergibt sich der Satz des CEVA:

Satz 9:

$$\frac{\overrightarrow{A_1 P_3}}{\overrightarrow{A_2 P_3}} \cdot \frac{\overrightarrow{A_2 P_1}}{\overrightarrow{A_3 P_1}} \cdot \frac{\overrightarrow{A_3 P_2}}{\overrightarrow{A_1 P_2}} = -1 \,.$$

E möge wieder beliebig gewählt sein. Die Gleichung der Einheitsgeraden ist

$$t_1 + t_2 + t_3 = 0 \,.$$

Ihre Schnittpunkte $\varepsilon_1, \varepsilon_2, \varepsilon_3$ mit den Seiten $A_2 A_3$, $A_3 A_1$, $A_1 A_2$ haben die Koordinaten

$$\begin{pmatrix} 0 \\ 1 \\ -1 \end{pmatrix}, \quad \begin{pmatrix} -1 \\ 0 \\ 1 \end{pmatrix}, \quad \begin{pmatrix} 1 \\ -1 \\ 0 \end{pmatrix},$$

wie man leicht nachprüft. Die Punkte A_2, A_3, E_1 (Abb. 53) haben die Koordinaten

$$\begin{pmatrix} 1 \\ 0 \end{pmatrix}, \quad \begin{pmatrix} 0 \\ 1 \end{pmatrix}, \quad \begin{pmatrix} 1 \\ 1 \end{pmatrix}, \quad \begin{pmatrix} 1 \\ -1 \end{pmatrix}.$$

(Die dritte Koordinate ist überall gleich Null und ist nicht mitgeschrieben, weil wir hier nur mit dem System auf der Geraden $A_2 A_3$ rechnen wollen.) Sie bilden daher vier harmonische Punkte (vgl. IV § 7). Aus

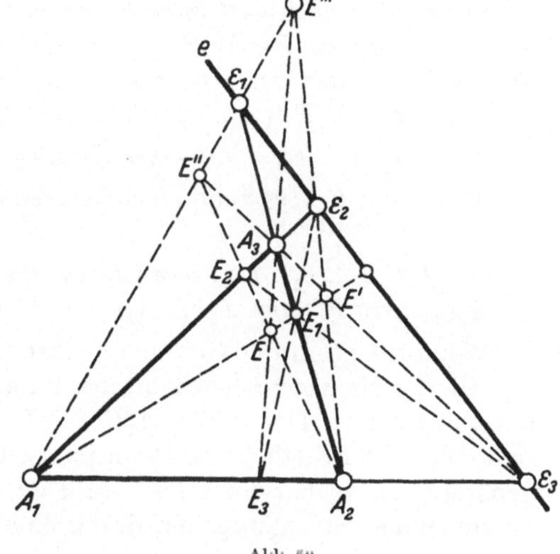

Abb. 53.

$$\frac{\overrightarrow{A_2 E_1}}{\overrightarrow{A_3 E_1}} : \frac{\overrightarrow{A_2 \varepsilon_1}}{\overrightarrow{A_3 \varepsilon_1}} = -1 \,, \qquad \frac{\overrightarrow{A_3 E_2}}{\overrightarrow{A_1 E_2}} : \frac{\overrightarrow{A_3 \varepsilon_2}}{\overrightarrow{A_1 \varepsilon_2}} = -1 \,,$$

$$\frac{\overrightarrow{A_1 E_3}}{\overrightarrow{A_2 E_3}} : \frac{\overrightarrow{A_1 \varepsilon_3}}{\overrightarrow{A_2 \varepsilon_3}} = -1$$

folgt durch Multiplikation und mit Rücksicht auf den Satz des CEVA der Satz des MENELAOS.

Satz 10:

$$\frac{\overrightarrow{A_2 \varepsilon_1}}{\overrightarrow{A_3 \varepsilon_1}} \cdot \frac{\overrightarrow{A_3 \varepsilon_2}}{\overrightarrow{A_1 \varepsilon_2}} \cdot \frac{\overrightarrow{A_1 \varepsilon_3}}{\overrightarrow{A_2 \varepsilon_3}} = 1 \,.$$

Von den beiden genannten Sätzen kann der eine aus dem anderen nicht durch Dualisierung hervorgehen. Denn im Ergebnis treten Verhältnisse zweier Strecken auf, daher sind diese Sätze metrisch und nicht projektiv.

Es gilt weiter: Die Punkte E_2, E_3 und ε_1 liegen auf einer Geraden, weil

$$\begin{vmatrix} 1 & 1 & 0 \\ 1 & 0 & 1 \\ 0 & 1 & -1 \end{vmatrix} = 0$$

ist. Die Gerade A_1E_1, $A_2\varepsilon_2$ und $A_3\varepsilon_3$ gehen durch einen Punkt E' (-1; 1; 1). Denn ihre Gleichungen sind

$$t_2 - t_3 = 0, \quad t_1 + t_3 = 0, \quad t_1 + t_2 = 0.$$

Ebenso sind noch zwei entsprechende Punkte E'' und E''' vorhanden. Zusammenfassend ergibt sich somit folgender

Satz 11: *Konstruiert man zu einem beliebigen, nicht auf einer Dreiecksseite liegenden Punkt E die Projektionen E_1, E_2, E_3 von den Ecken aus auf die Seiten des Dreiecks, dann die vierten harmonischen Punkte ε_1, ε_2, ε_3, d. h. z. B. $(A_2, A_3; E_1, \varepsilon_1) = -1$, so gilt*

(1) ε_1, ε_2, ε_3 liegen auf einer Geraden e,

(2) ε_1, E_2, E_3 liegen auf einer Geraden e', ε_2, E_3, E_1 auf e'' und ε_3, E_1, E_2 auf e'''.

(3) A_1E_1, $A_2\varepsilon_2$, $A_3\varepsilon_3$ gehen durch einen Punkt E', ebenso $A_1\varepsilon_1$, A_2E_2, $A_3\varepsilon_3$ durch E'' und $A_1\varepsilon_1$, $A_2\varepsilon_2$, A_3E_3 durch E'''.

Wenn man von der Geraden e statt von dem Punkt E ausgeht und E_1, E_2, E_3 als vierte harmonische Punkte erklärt, so tritt an Stelle der Behauptung (1): A_1E_1, A_2E_2, A_3E_3 gehen durch einen Punkt E, und das ist der duale Satz. Denn jetzt ist der zu A_1A_2, A_1A_3 und $A_1\varepsilon_1$ gehörige, vierte harmonische Strahl zu konstruieren, und die drei so entstehenden Strahlen gehen durch einen Punkt E.

Die Behauptungen (2) ergeben sich aus (1), wenn E' oder E'' oder E''' zum Einheitspunkt genommen werden, die Einheitsgeraden sind dann e' oder e'' oder e'''.

Folgerungen:

1. Die Konstruktion der Einheitsgeraden zu einem gegebenen Einheitspunkt eines Grunddreiecks kann mit dem Lineal allein ausgeführt werden, ebenso das Umgekehrte. Man braucht nur E_2E_3 zu ziehen und erhält ε_1. Umgekehrt liefert der Schnitt von $A_1\varepsilon_1$ mit $A_2\varepsilon_2$ den Punkt E''', und A_3E''' trifft A_1A_2 in E_3.

2. Zugleich ergibt sich hieraus die Konstruktion des vierten harmonischen Punktes zu drei gegebenen Punkten einer Geraden allein mit dem Lineal. Gegeben seien etwa die Punkte A_2, A_3, E_1. Wir nehmen A_1 beliebig an und auf A_1E_1 einen Punkt E, ziehen A_2E und A_3E und erhalten E_2 und E_3. Die Verbindung E_2E_3 schneidet A_2A_3 in dem gesuchten Punkt ε_1

3. Im baryzentrischen Koordinatensystem ist e die uneigentliche Gerade. Denn wenn E_1, E_2, E_3 die Seitenmitten sind, liegen die vierten harmonischen Punkte im Unendlichen.

4. Im trimetrischen System ist E der Schnittpunkt der Innenwinkelhalbierenden, und weil zwei Dreiecksseiten mit den Halbierenden des Innen- und Außenwinkels vier harmonische Strahlen bilden, sind E_1 und ε_1 die Endpunkte dieser Strecken. E', E'' und E''' sind dann die Mittelpunkte der Ankreise. Danach liegen die Schnittpunkte der Außenwinkelhalbierenden mit den gegenüberliegenden Seiten auf einer Geraden. Dasselbe gilt für die Endpunkte zweier Innenwinkelhalbierenden und der Außenwinkelhalbierenden des dritten Dreieckswinkels.

5. Wir fassen die vier Punkte A_1, A_2, A_3 und E als die Eckpunkte eines vollständigen Vierecks auf. Die Verbindungen je zweier Eckpunkte ergeben folgende sechs Seiten des Vierecks:

$$A_1A_2,\ \ A_2A_3,\ \ A_3A_1,\ \ A_1E,\ \ A_2E,\ \ A_3E.$$

Diese lassen sich in drei Paare gegenüberliegender Seiten einteilen, nämlich

$$A_1A_2 \text{ und } A_3E,\ \ A_2A_3 \text{ und } A_1E,\ \ A_3A_1 \text{ und } A_2E.$$

Jedes dieser Paare hat einen Schnittpunkt, das sind bzw. die Punkte E_3, E_1 und E_2. Sie bilden das Diagonaldreieck, und seine Seiten die Diagonalen. Eine Viereckseite, etwa A_2A_3, wird durch E_1 und die Gerade E_2E_3 harmonisch geteilt. Der vorige Satz kann daher jetzt so formuliert werden:

Von jedem Diagonalpunkt gehen vier Strahlen aus, nämlich je zwei Gegenseiten des Vierecks und zwei Seiten des Diagonaldreiecks. Diese bilden ein harmonisches Strahlenbüschel.

6. Dem Viereck entspricht dual das Vierseit. Ein solches wird aus den Seiten des Grunddreiecks und der Einheitsgeraden gebildet. Die Schnittpunkte von je zweien der Seiten bilden die sechs Ecken des Vierseits. Zwei Ecken, die zusammen alle vier Seiten des Vierseits enthalten, heißen Gegenecken, es sind drei Paare vorhanden, nämlich

$$A_1 \text{ und } \varepsilon_1,\ \ A_2 \text{ und } \varepsilon_2,\ \ A_3 \text{ und } \varepsilon_3.$$

Die Verbindungen zweier Ecken sind die Diagonalen. E', E'', E''' sind demnach die Ecken des Diagonaldrei-

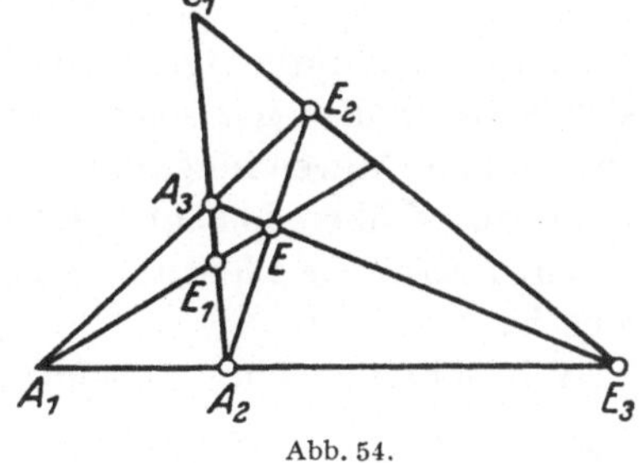

Abb. 54.

seits. Der Satz lautet jetzt: Auf jeder Seite des Diagonaldreiseits liegen vier Punkte, nämlich zwei Ecken des Dreiseits und zwei Gegenecken des Vierseits, also E', E'', ε_3, A_3; und diese bilden ein harmonisches Quadrupel. Denn sie sind die Projektionen der Punkte E_1, ε_1, A_2; A_3 von A_1 aus.

Betrachten wir A_1A_2, A_2E, EA_3 und A_3A_1 (Abb. 54) als die Seiten eines Vierseits, dann bilden A_1E, A_2A_3 und E_2E_3 die Diagonalen, und die vorher genannten, von E_2 ausgehenden vier harmonischen Strahlen führen zu den vier harmonischen Punkten A_3, A_2; E_1, ε_1. Danach erhält der Satz folgende Fassung: Die Diagonale eines Vierseits wird durch die beiden anderen harmonisch geteilt. Dieses harmonische Quadrupel bildete aber den Ausgangspunkt des ganzen Satzes und alles andere erweist sich als eine andere Formulierung oder Dualisierung dieser Tatsache.

Wenn nun $A_1 A_2 E A_3$ ein Parallelogramm wird, liegen E_3, E_2 und ε_1 im Unendlichen, und E_1 wird die Mitte von $A_2 A_3$. Der elementargeometrische Satz, wonach die Diagonalen im Parallelogramm einander halbieren, ist demnach nichts anderes als der Satz von den Diagonalen im Vierseit. Der Beweis des allgemeinen Satzes kann dadurch keine Vereinfachung erfahren, daß man zunächst nur den besonderen Fall zeigt und daraus durch Projektion zum allgemeinen übergeht, denn die Voraussetzung der Parallelität kann bei den hier angewandten Hilfsmitteln in keiner Weise in die Erscheinung treten, weil die projektive Geometrie keine parallelen Geraden kennt und der uneigentlichen Geraden keine besondere Stellung zukommt.

Der Satz von den Diagonalen im Parallelogramm gehört nur scheinbar in die metrische Geometrie, man braucht ihn nur anders zu formulieren, um seinen projektiven Inhalt zu erkennen.

Ebenso steht es mit den Sätzen über die Halbierenden der Innen- und Außenwinkel eines Dreiecks. Diese Sätze sind in einem Satz vereinigt; das überrascht um so mehr, weil sie in der metrischen Geometrie wesentlich verschieden zu sein scheinen. Aber in einer solchen Zusammenfassung liegt gerade der Vorzug der projektiven Geometrie.

§ 12. Involutionen.

Unter den projektiven Abbildungen der Gebilde erster Stufe auf sich selbst wollen wir solche der Ordnung zwei betrachten, d. h.: Eine zweimalige Anwendung derselben Abbildung ist die Identität, oder: Geht x in x' über, so geht x' in x über. Eine solche Abbildung heißt eine Involution. Die Identität gehört nicht dazu, weil sie von der Ordnung eins ist.

Wir schreiben die Transformation in der inhomogenen Form

$$x' = \frac{a\,x + b}{c\,x + d}, \quad \text{wo } a\,d - b\,c \neq 0 \text{ ist,}$$

oder

$$c\,x\,x' + d\,x' - a\,x - b = 0.$$

Damit diese Abbildung eine Involution ist, muß diese Beziehung unverändert bleiben, wenn x und x' vertauscht werden. Also muß

$$c\,x\,x' + d\,x - a\,x' - b = 0$$

mit der vorigen Gleichung identisch sein. Daraus folgt

$$a = -d.$$

Also ist

$$c\,x\,x' - a(x + x') - b = 0 \quad \text{mit} \quad a^2 + bc \neq 0$$

die allgemeine Darstellung einer Involution.

Sie ist durch zwei Paare einander zugeordneter Elemente y, y' und z, z' bestimmt. Die Größen unterliegen nur der Einschränkung, daß $y \neq z$, $y \neq z'$, $y' \neq z'$ sein muß; denn würde etwa $y = z$ sein, so würde aus der Eindeutigkeit der Abbildung auch $y' = z'$ folgen, und es wäre dann nur ein Paar entsprechender Punkte gegeben. Dagegen kann $y = y'$ und $z = z'$ sein. Die Gleichung zwischen x und x', die die vorgegebene Involution vermittelt, wird durch

$$\begin{vmatrix} x\,x' & x + x' & 1 \\ y\,y' & y + y' & 1 \\ z\,z' & z + z' & 1 \end{vmatrix} = 0$$

gegeben, wie man leicht erkennt.

Wird $x = x'$, so spricht man von einem **Fixelement**, weil es mit seinem Bilde zusammenfällt. Es genügt der quadratischen Gleichung

$$c\,x^2 - 2\,a\,x - b = 0,$$

deren Diskriminante

$$a^2 + bc$$

positiv oder negativ ausfallen kann. Ist sie > 0, so sind die Fixelemente reell, und die Involution heißt **hyperbolisch**. Im anderen Fall sind die Fixelemente komplex, und die Involution heißt **elliptisch**. Verschwindet die Diskriminante, so haben wir eine ausgeartete Involution, die **parabolisch** genannt wird; sie vermittelt keine projektive Abbildung. Die Erklärung dieser Benennungen wird später gegeben.

Im einzelnen können folgende Fälle eintreten:

I. $c = 0$. Dann ist $a \neq 0$ und $x + x' = -\dfrac{b}{a}$ ist eine Spiegelung an dem Punkt $-\dfrac{b}{2a}$. Dieser und der unendlich ferne Punkt sind die Fixpunkte.

II. $c \neq 0$. Wir verlegen den Nullpunkt, indem wir x und x' durch y und y' vermöge der Substitution

$$x = y + \frac{a}{c} \quad \text{und} \quad x' = y' + \frac{a}{c}$$

ersetzen. Dann ist

$$c\left(y + \frac{a}{c}\right)\left(y' + \frac{a}{c}\right) - a(y + y') - \frac{2\,a^2}{c} - b = 0$$

oder

$$y\,y' = \frac{1}{c^2}(a^2 + b\,c).$$

Wir schreiben wieder x und x' statt y und y' und setzen die rechte Seite gleich $\pm k^2$. Danach wird diese Involution durch

$$x x' = \pm k^2$$

dargestellt. Wir unterscheiden weiter

$$\text{a)} \quad x x' = k^2 \,.$$

Die Involution ist hyperbolisch und $\pm k$ sind die beiden Fixelemente.

Satz 12: *Bei einer hyperbolischen Involution bilden die Fixelemente mit jedem Paar der Involution vier harmonische Elemente.*

Beweis (vgl. IB § 16 Satz 7): Die Gleichung

$$\frac{x + k}{k - x} = \frac{x' + k}{x' - k} \,,$$

durch die die harmonische Beziehung ausgedrückt wird, geht nach Umrechnung in

$$x x' = k^2$$

über.

$$\text{b)} \quad x x' = - k^2$$

ist eine elliptische Involution, denn ihre Fixpunkte sind imaginär.

Besondere Beachtung verdient der Fall $k = 1$.

$$x x' = - 1$$

heißt eine orthogonale oder Rechtwinkelinvolution.

Sind nämlich

$$l_1 \equiv u_1 x_1 + u_2 x_2 + u_3 x_3 = 0 \,,$$
$$l_2 \equiv v_1 x_1 + v_2 x_2 + v_3 x_3 = 0$$

die Gleichungen zweier Geraden, so ist

$$\lambda_1 l_1 + \lambda_2 l_2 = 0$$

mit veränderlichen λ_1 und λ_2 ein Strahlenbüschel. Innerhalb dieses Büschels sei eine Rechtwinkelinvolution durch

$$\frac{\lambda_1}{\lambda_2} \frac{\lambda_1'}{\lambda_2'} = - 1 \quad \text{oder} \quad \lambda_1 \lambda_1 + \lambda_2' \lambda_2 = 0$$

gegeben.

Es seien jetzt x_1 und x_2 Cartesische Koordinaten, also $x_3 = 1$, ferner sollen l_1 und l_2 aufeinander senkrecht stehen und ihre Gleichungen in Hessescher Normalform vorliegen. Dann ist

$$u_1^2 + u_2^2 = 1, \qquad v_1^2 + v_2^2 = 1 \quad \text{und} \quad u_1 v_2 + u_2 v_2 = 0 \,.$$

Sind

$$\lambda_1 l_1 + \lambda_2 l_2 = 0 \quad \text{und} \quad \lambda_1' l_1 + \lambda_2' l_2 = 0$$

ein Paar zugeordneter Geraden der Involution, so stehen diese auch aufeinander senkrecht, weil

$$(\lambda_1 u_1 + \lambda_2 v_1)(\lambda_1' u_1 + \lambda_2' v_1) + (\lambda_1 u_2 + \lambda_2 v_2)(\lambda_1' u_2 + \lambda_2' v_2) = 0$$

ist, wie man leicht nachrechnet.

Ferner gilt der

Satz 13: *Wird die Involution durch zwei Paare (y, y'), (z, z') bestimmt und sind diese zueinander orthogonal, also $y y' = -1$, $z z' = -1$, so ist die Involution orthogonal.*

Beweis: Aus

$$\begin{vmatrix} x\,x' & x + x' & 1 \\ y\,y' & y + y' & 1 \\ z\,z' & z + z' & 1 \end{vmatrix} = 0$$

folgt

$$x\,x' + 1 = 0.$$

Um das einzusehen, addiere man die letzte Spalte zur ersten und beachte, daß

$$y + y' - z - z' = y - \frac{1}{y} - z + \frac{1}{z} = (y - z)\left(1 + \frac{1}{y\,z}\right) \neq 0$$

sein muß, weil weder $y = z$ noch $y = z' = -\dfrac{1}{z}$ sein kann.

Wenn also bei einem Strahlenbüschel zwei Paare einer Involution so beschaffen sind, daß jedesmal die beiden zugeordneten Geraden aufeinander senkrecht stehen, so ist zu jeder Geraden das Lot der zugeordnete Strahl.

§ 13. Aufgaben zum vierten Kapitel.

1. a) Die homogenen Cartesischen Koordinaten der Ecken eines Grunddreiecks und des Einheitspunktes seien

$$A_1(5;\,0;\,1), \qquad A_2(2;\,4;\,1), \qquad A_3(0;\,0;\,1), \qquad E(10;\,10;\,3).$$

Es soll die Matrix angegeben werden, die den Übergang von den Cartesischen Koordinaten zu den Dreieckskoordinaten bewirkt.

b) $t_1 t_2 = t_3^2$ ist die Gleichung einer Kurve in den Dreieckskoordinaten. Wie lautet ihre Gleichung in Cartesischen Koordinaten?

2. Durch welche projektive Abbildung werden die Kurven

$$\text{a)} \quad x_1^2 - x_2^2 = x_3^2, \qquad \text{b)} \quad x_2^2 = x_1 x_3$$

zu Kreisen?

3. Gegeben sind die beiden Grundstrahlen und der Einheitsstrahl eines Büschels. Zeichne den Strahl mit den Koordinaten $t_1 = 1$, $t_2 = -3$.

4. $u v = 1$ ist die Gleichung einer Kurve in Linienkoordinaten. Ihre Gleichung in Punktkoordinaten ist gesucht.

5. a) Es ist zu zeigen, daß die Gleichung des Kreises

$$(x_1 - a\,x_3)^2 + (x_2 - b\,x_3)^2 = r^2 x_3^2$$

in Linienkoordinaten

$$r^2(u_1^2 + u_2^2) = (a\,u_1 + b\,u_2 + u_3)^2$$

lautet.

b) Welches ist die Bedingung dafür, daß

$$A\,u_1^2 + 2\,B\,u_1u_2 + C\,u_2^2 + 2D\,u_1u_3 + 2E\,u_2u_3 + F\,u_3^2 = 0$$

einen Kreis darstellt?

6. Welches sind die Koordinaten der gemeinsamen Tangenten der beiden Kreise

$$u^2 + v^2 = 1 \quad \text{und} \quad 4(u^2 + v^2) = (u + 3v - 1)^2 \,?$$

7. $K_1 \equiv r_1^2(u^2 + v^2) - (a_1 u + b_1 v - 1)^2 = 0$,

$$K_2 \equiv r_2^2(u^2 + v^2) - (a_2 u + b_2 v - 1)^2 = 0$$

sind die Gleichungen zweier Kreise in Linienkoordinaten. Was bedeutet

$$\lambda_1 K_1 - \lambda_2 K_2 = 0$$

für beliebige Werte λ_1 und λ_2 und insbesondere

$$\frac{1}{r_1^2} K_1 - \frac{1}{r_2^2} K_2 = 0$$

für ein Gebilde?

8. a) $x = \varphi(t)$, $y = \psi(t)$ sei die Parameterdarstellung einer Kurve in Punktkoordinaten. Es soll die Parameterdarstellung in Linienkoordinaten hergeleitet werden. D. h. u und v sind als Funktionen von t anzugeben.

b) Es seien umgekehrt $u = u(t)$ und $v = v(t)$ gegeben, und die Parameterdarstellung in Punktkoordinaten ist anzugeben.

9. u_1, v_1; u_2, v_2; u_3, v_3 sind die inhomogenen Cartesischen Koordinaten von drei Geraden. Welches ist der Inhalt des von ihnen gebildeten Dreiecks?

10. Es sei $\bar{\mathfrak{x}} = \mathfrak{A}\mathfrak{x}$ eine affine Abbildung. I ist der Inhalt eines Dreiecks oder Tetraeders, $\bar{I}$ der des Bildes. Dann ist $I : \bar{I}$ eine nur von $\mathfrak{A}$ abhängige Konstante.

11. Das Viereck, dessen Eckpunkte durch die homogenen Cartesischen Koordinaten $A\,(0; 0; 1)$, $B\,(1; 0; 1)$, $C\,(3; 4; 1)$ und $D\,(0; 1; 1)$ gegeben sind, soll unter Beibehaltung der Punkte A, B und D in ein Quadrat abgebildet werden. Wie heißt die zugehörige Matrix?

12. a) Zwei Gerade g und $\bar{g}$ seien projektiv aufeinander bezogen. Den Punkten $S, P, Q, R, \ldots$ mögen $\bar{S}, \bar{P}, \bar{Q}, \bar{R}, \ldots$ zugeordnet sein. Es ist zu zeigen, daß die Schnittpunkte von $S\bar{P}$ mit $\bar{S}P$, von $S\bar{Q}$ mit $\bar{S}Q$, von $S\bar{R}$ mit $\bar{S}R$ usw. auf einer Gerade liegen. Das gilt insbesondere, wenn $SP = \overline{SP}$, $SQ = \overline{SQ}, \ldots$ ist.

b) Ein Dreieck zu konstruieren aus $a + c$, $b + c$ und $\sphericalangle\,\gamma$.

Anleitung: Man verwende a und beachte, daß $\sphericalangle SD\overline{S}$ durch γ bestimmt ist (Abb. 55).

13. Bei einer projektiven Abbildung

$$\overline{x} = \frac{a\,x + b}{c\,x + d}$$

innerhalb einer Geraden seien $x_1 - x_0$ und $\overline{x}_1 - \overline{x}_0$ die Längen zweier zugeordneter Strecken. Es soll gezeigt werden, daß es unendlich viele Paare gleich langer, einander zugeord- neter Strecken gibt.

14. Sind t_1, t_2, t_3 die auf ein Grund- dreieck $A_1 A_2 A_3$ bezogenen Koordinaten eines Punktes, so bedeutet die Trans- formation

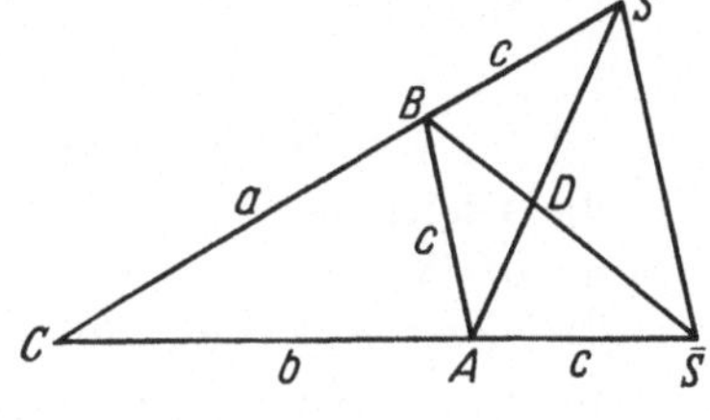

Abb. 55.

$$t_1 = c_1\,\tau_1, \quad t_2 = c_2\tau_2, \quad t_3 = c_3\tau_3,$$

durch die bei gegebenen c_ν von den t- zu den τ-Koordinaten übergegangen wird, die Verlegung des Einheitspunktes. Für $\tau_1 : \tau_2 : \tau_3 = 1 : 1 : 1$ wird $t_1 : t_2 : t_3 = c_1 : c_2 : c_3$, d. h. $c_1 : c_2 : c_3$ sind die Koordinaten des neuen Einheitspunktes in dem System der t-Koordinaten.

Es soll folgendes gezeigt werden:

a) Die trimetrischen Koordinaten des Schwerpunktes S sind

$$t_1 : t_2 : t_3 = \frac{1}{a_1} : \frac{1}{a_2} : \frac{1}{a_3}.$$

a_ν sind die Längen der Dreiecksseiten. Beachte die Flächengleichheit der Dreiecke $A_1 S A_2$, $A_2 S A_3$ und $A_3 S A_1$.

b) Die baryzentrischen Koordinaten des Mittelpunktes 0 des In- kreises sind

$$\beta_1 : \beta_2 : \beta_3 = a_1 : a_2 : a_3.$$

c) Sind allgemein t_1, t_2, t_3 die trimetrischen, $\beta_1, \beta_2, \beta_3$ die baryzen- trischen Koordinaten eines Punktes, so ist

$$\beta_1 : \beta_2 : \beta_3 = a_1 t_1 : a_2 t_2 : a_3 t_3.$$

d) Für den Höhenschnittpunkt H ist

$$t_1 : t_2 : t_3 = \frac{1}{\cos\alpha_1} : \frac{1}{\cos\alpha_2} : \frac{1}{\cos\alpha_3},$$

$$\beta_1 : \beta_2 : \beta_3 = \mathrm{tg}\,\alpha_1 : \mathrm{tg}\,\alpha_2 : \mathrm{tg}\,\alpha_3.$$

α_ν sind die Innenwinkel des Dreiecks.

e) Für den Mittelpunkt M des Umkreises ist

$$t_1 : t_2 : t_3 = \cos\alpha_1 : \cos\alpha_2 : \cos\alpha_3,$$

$$\beta_1 : \beta_2 : \beta_3 = \sin 2\alpha_1 : \sin 2\alpha_2 : \sin 2\alpha_3.$$

f) H, M und S liegen auf einer Geraden.

15. a) Welche Koordinatentransformation $\mathfrak{x} = \mathfrak{A}\mathfrak{y}$ macht die Seitenmitten M_1, M_2, M_3 des Grunddreiecks zu Grundpunkten und den Schwerpunkt S, der zugleich Schwerpunkt des Dreiecks $M_1 M_2 M_3$ ist, zum Einheitspunkt, wenn das ursprüngliche System ebenfalls baryzentrisch ist?

b) Welches sind die $\mathfrak{x}$ und $\mathfrak{y}$ Koordinaten des Mittelpunktes F des FEUERBACHschen Kreises (d. i. der dem Dreieck $M_1 M_2 M_3$ umbeschriebene Kreis)?

c) Man zeige weiter:

$$\frac{a_1^2}{-x_1 + x_2 + x_3} + \frac{a_2^2}{x_1 - x_2 + x_3} + \frac{a_3^2}{x_1 + x_2 - x_3} = 0$$

ist die Gleichung des FEUERBACHschen Kreises in den $\mathfrak{x}$-Koordinaten. (Benutze IV § 9.)

d) Dieser Kreis geht durch die Höhenfußpunkte.

16. Die Gleichung der Geraden SH ist in baryzentrischen Koordinaten anzugeben. Damit S und H Grundpunkte für die Gerade werden, muß die Gleichung die Form haben

$$\mathfrak{x} = c_1 \begin{pmatrix} 1 \\ 1 \\ 1 \end{pmatrix} t_1 + c_2 \begin{pmatrix} \operatorname{tg}\alpha_1 \\ \operatorname{tg}\alpha_2 \\ \operatorname{tg}\alpha_3 \end{pmatrix} t_2 \,.$$

c_1 und c_2 sind so zu bestimmen, daß M Einheitspunkt wird, d. h. für $t_1 : t_2 = 1 : 1$ erhält man den Punkt M.

Man zeige, daß F auch auf dieser Geraden liegt, und

$$(S, H; M, F) = -1$$

ist.

17. Der Umkreis des Koordinatendreiecks hat in trimetrischen Koordinaten die Gleichung (vgl. IV § 9)

$$\frac{a_1}{t_1} + \frac{a_2}{t_2} + \frac{a_3}{t_3} = 0 \,.$$

Man zeige:

a) $z_1(a_2 t_3 + a_3 t_2) + z_2(a_3 t_1 + a_1 t_3) + z_3(a_1 t_2 + a_2 t_1) = 0$

ist die Gleichung der Tangente (t_1, t_2, t_3 Berührungspunkt und z_1, z_2, z_3 laufende Koordinaten).

b)
$$\begin{vmatrix} u_1 & u_2 & u_3 & 0 \\ 0 & a_3 & a_2 & u_1 \\ a_3 & 0 & a_1 & u_2 \\ a_2 & a_1 & 0 & u_3 \end{vmatrix} = 0$$

ist die Gleichung des Umkreises in trimetrischen Linienkoordinaten.

c) Wie lauten die gleichen Formeln in baryzentrischen Koordinaten?

Fünftes Kapitel.

Kurven zweiter Ordnung.

§ 1. Klassifikation der C_2.

Ist $\mathfrak{A}$ eine n-reihige, symmetrische Matrix, so ist

$$F = \mathfrak{x}' \mathfrak{A} \mathfrak{x} = \sum a_{ik} x_i x_k \qquad (i, k = 1, 2, \ldots, n)$$

eine homogene quadratische Form.

Wie die allgemeine Theorie der Hauptachsentransformation lehrt (vgl. Det. Kapitel VII), gibt es stets eine orthogonale Matrix $\mathfrak{S}$, so daß $\mathfrak{S}' \mathfrak{A} \mathfrak{S}$ Diagonalform hat, d. h., daß die Form durch $\mathfrak{x} = \mathfrak{S} \mathfrak{y}$ in

$$\lambda_1 y_1^2 + \lambda_2 y_2^2 + \cdots + \lambda_n y_n^2$$

übergeführt wird. $\lambda_1, \lambda_2, \ldots, \lambda_n$ sind die Eigenwerte der Matrix $\mathfrak{A}$. Ist für $\mathfrak{S}$ eine beliebige, aber nicht singuläre Matrix zugelassen, so liegt eine allgemeine projektive Abbildung vor, und es kann erreicht werden, daß F in

$$y_1^2 + y_2^2 + \cdots + y_p^2 - y_{p+1}^2 - \cdots - y_r^2$$

transformiert wird. Hier ist r der Rang von $\mathfrak{A}$, und die Anzahl der positiven, vermindert um die Anzahl der negativen Glieder, heißt die Signatur und werde mit s bezeichnet. r und s sind projektive Invarianten. Wenn zwei Formen hierin übereinstimmen, so kann die eine durch eine nicht singuläre Transformation in die andere übergeführt werden.

Unsere Aufgabe besteht nun darin, alle projektiv und metrisch verschiedenen C_2 aufzuzählen. Wir setzen $n = 3$, dann ist $\mathfrak{x}' \mathfrak{A} \mathfrak{x} = 0$ die Gleichung einer C_2 in homogenen Koordinaten. Sie kann durch eine projektive Abbildung stets auf eine der folgenden Formen gebracht werden, die nach den verschiedenen Werten von r und s in folgende Klassen eingeteilt werden:

$$1. \quad r = 3, \quad s = 3, \quad x_1^2 + x_2^2 + x_3^2 = 0$$

$$2. \quad r = 3, \quad s = 1, \quad x_1^2 + x_2^2 - x_3^2 = 0.$$

$x_1^2 - x_2^2 - x_3^2 = 0$ ist dasselbe, wie die Umkehrung der Vorzeichen zeigt. Es kommt nur auf den absoluten Betrag der Signatur an.

$$3. \quad r = 2, \quad s = 2, \quad x_1^2 + x_2^2 = 0.$$

$$4. \quad r = 2, \quad s = 0, \quad x_1^2 - x_2^2 = 0.$$

$$5. \quad r = 1, \quad s = 1, \quad x_1^2 = 0.$$

Betrachtet man solche C_2, die durch projektive Abbildung auseinander hervorgehen, als nicht verschieden, so gibt es nur die angeführten fünf Fälle.

Metrisch nicht verschieden sind solche C_2, die durch eine kongruente Abbildung ineinander übergeführt werden können. Wir verwenden daher für die metrische Klassifikation inhomogene, rechtwinklige Koordinaten und bringen durch Drehung und Parallelverschiebung des Koordinatensystems die Gleichung der C_2 auf eine besonders einfache Form. Die Matrix

$$\mathfrak{A}_{33} = \begin{pmatrix} a_{11} & a_{12} \\ a_{21} & a_{22} \end{pmatrix}$$

erfaßt die quadratischen Glieder der C_2

$$a_{11}\,x_1^2 + 2a_{12}\,x_1\,x_2 + a_{22}\,x_2^2\,.$$

Durch Drehung des Koordinatensystems wird $\mathfrak{A}_{33}$ auf Diagonalform gebracht. Für diesen besonderen Fall einer zweireihigen Matrix wollen wir die Konstruktion der orthogonalen Matrix, wie sie allgemein durchgeführt wurde, nicht benutzen, sondern den Drehungswinkel direkt angeben. Durch

$$x_1 = y_1 \cos\varphi - y_2 \sin\varphi\,,$$
$$x_2 = y_1 \sin\varphi + y_2 \cos\varphi$$

werden x_1, x_2 durch y_1, y_2 ersetzt.

$$a_{11}\,x_1^2 + 2a_{12}\,x_1\,x_2 + a_{22}\,x_2^2 = a_{11}(y_1\cos\varphi - y_2\sin\varphi)^2 +$$
$$+ 2a_{12}(y_1\cos\varphi - y_2\sin\varphi)(y_1\sin\varphi + y_2\cos\varphi) + a_{22}(y_1\sin\varphi + y_2\cos\varphi)^2$$

Der Koeffizient von $y_1\,y_2$ lautet:

$$-2a_{11}\cos\varphi\,\sin\varphi + 2a_{12}(\cos^2\varphi - \sin^2\varphi) + 2a_{22}\cos\varphi\,\sin\varphi$$
$$= (-a_{11} + a_{22})\sin 2\varphi + 2a_{12}\cos 2\varphi\,.$$

φ ist so zu wählen, daß dieser Ausdruck verschwindet, daher

$$\operatorname{tg} 2\varphi = \frac{2a_{12}}{a_{11} - a_{22}}\,.$$

Unter teilweiser Beibehaltung der ursprünglichen Bezeichnungen erhält die Gleichung der C_2 jetzt folgende Form

$$\lambda_1\,x_1^2 + \lambda_2\,x_2^2 + 2a_{13}\,x_1 + 2a_{23}\,x_2 + a_{33} = 0\,.$$

Sind die Eigenwerte λ_1 und λ_2 der Matrix $\mathfrak{A}_{33}$ von Null verschieden, können noch durch die Parallelverschiebung

$$x_1 = y_1 - \frac{a_{13}}{\lambda_1} \qquad x_2 = y_2 - \frac{a_{23}}{\lambda_2}$$

die linearen Glieder weggebracht werden, und wir erhalten schließlich

$$\lambda_1\,x_1^2 + \lambda_2\,x_2^2 + \lambda_3 = 0\,,$$

wenn statt y_1 und y_2 wieder x_1 und x_2 geschrieben wird. (Beachte, daß $\lambda_1, \lambda_2, \lambda_3$ nicht die Eigenwerte von $\mathfrak{A}$ sind.)

Hieraus ergibt sich folgende Einteilung:

1. Rang $\mathfrak{A} = 3$ und Rang $\mathfrak{A}_{33} = 2$, also $|\mathfrak{A}| \neq 0$ und $|\mathfrak{A}_{33}| \neq 0$. λ_1 und λ_2 sind die Wurzeln der charakteristischen Gleichung

$$\begin{vmatrix} a_{11} - \lambda & a_{12} \\ a_{21} & a_{22} - \lambda \end{vmatrix} = \lambda^2 - (a_{11} + a_{22})\,\lambda + a_{11}\,a_{22} - a_{12}^2 = 0\,,$$

und es ist

$$|\mathfrak{A}_{33}| = \lambda_1\,\lambda_2\,.$$

λ_1 und λ_2 sind daher beide von Null verschieden. Außerdem ist

$$|\mathfrak{A}| = \lambda_1\,\lambda_2\,\lambda_3\,,$$

also ist auch $\lambda_3 \neq 0$. Es kommt jetzt auf die Vorzeichen der Größen $\lambda_1, \lambda_2, \lambda_3$ an.

a) $\lambda_1, \lambda_2, \lambda_3$ haben alle das gleiche Vorzeichen. Dann hat die Kurve keinen reellen Punkt.

b) λ_1 und λ_2 haben gleiches Vorzeichen, also

$$\lambda_1\,\lambda_2 = a_{11}\,a_{22} - a_{12}^2 > 0\,,$$

während das Vorzeichen von λ_3 entgegengesetzt ist. Dann ist die Kurve eine Ellipse.

c) λ_1 und λ_2 haben entgegengesetztes Vorzeichen, also

$$\lambda_1\,\lambda_2 = a_{11}\,a_{22} - a_{12}^2 < 0\,,$$

dann liegt eine Hyperbel vor.

2. Rang $\mathfrak{A} = 3$ und Rang $\mathfrak{A}_{33} = 1$. Es möge $\lambda_1 \neq 0$, aber $\lambda_2 = 0$ sein. Wie vorher kann das lineare Glied $2\,a_{13}\,x_1$ durch Parallelverschiebung weggebracht werden, und die Gleichung erhält die Form

$$\lambda_1\,x_1^2 + 2\,a_{23}\,x_2 + a_{33} = 0\,,$$

wo $a_{23} \neq 0$ sein muß, denn sonst wäre

$$|\mathfrak{A}| = \begin{vmatrix} \lambda_1 & 0 & 0 \\ 0 & 0 & a_{23} \\ 0 & a_{32} & a_{33} \end{vmatrix} = -\lambda_1\,a_{23}^2 = 0\,.$$

Wir ersetzen x_2 durch $x_2 - \dfrac{a_{33}}{2\,a_{23}}$. Dann fällt das konstante Glied fort, und wir erhalten die Gleichung einer Parabel

$$x_1^2 = -\frac{2\,a_{23}}{\lambda_1}\,x_2\,.$$

Da Rang $\mathfrak{A} = 3$ und Rang $\mathfrak{A}_{33} = 0$ nicht möglich ist, sind durch 1a, b, c und 2 alle Fälle mit Rang $\mathfrak{A} = 3$ erschöpft. Ellipse und Hyperbel sind demnach Kurven vom Range 3 und der Signatur 1. Um zu zeigen, daß auch die Signatur der Parabel $= 1$ ist, gehen wir von der Gleichung

$$\lambda_1\,x_1^2 + 2\,a_{23}\,x_2 = 0$$

aus und bilden dazu die charakteristische Gleichung

$$\begin{vmatrix} \lambda_1 - \lambda & 0 & 0 \\ 0 & -\lambda & a_{23} \\ 0 & a_{23} & -\lambda \end{vmatrix} = -(\lambda - \lambda_1)(\lambda + a_{23})(\lambda - a_{23}).$$

Ihre Eigenwerte sind λ_1, a_{23}, $-a_{23}$, und diese sind auf jeden Fall so beschaffen, daß nicht alle drei dasselbe Vorzeichen haben.

Fassen wir noch einmal zusammen: Damit eine C_2 eine Ellipse, Parabel oder Hyperbel ist, muß zunächst $r = 3$ und $s = 1$ sein. Weiter entscheidet die Diskriminante der Form

$$a_{11}\, x_1^2 + 2\, a_{12}\, x_1\, x_2 + a_{22}\, x_2^2$$

$$a_{12}^2 - a_{11}\, a_{22} \begin{cases} > 0 & \text{Hyperbel} \\ = 0 & \text{Parabel} \\ < 0 & \text{Ellipse} \end{cases}$$

Damit findet auch die Ausdrucksweise „hyperbolische, parabolische und elliptische Involution" des § IV 12 ihre Rechtfertigung, weil es bei dieser Unterscheidung auch auf das Vorzeichen einer solchen Diskriminante ankommt.

Schließlich kann man auch sagen: Eine Ellipse liegt dann vor, wenn die Schnittpunkte mit der unendlich fernen Geraden imaginär sind, eine Parabel, wenn sie zusammenfallen und eine Hyperbel, wenn sie reell und verschieden sind.

Die drei genannten Kurven sind also projektiv nicht verschieden, wie ja nicht anders zu erwarten war. Denn, wenn ein fester Kreiskegel vorgegeben ist, so kann er durch eine Ebene so geschnitten werden, daß eine beliebig vorgegebene Ellipse, Parabel oder Hyperbel als Schnittfigur entsteht. Man kann also stets zwei dieser Kurven in perspektive Lage zueinander bringen.

3. Rang $\mathfrak{A} = 2$ und Rang $\mathfrak{A}_{33} = 2$. Dann ist $\lambda_3 = 0$ und die C_2

$$\lambda_1\, x_1^2 + \lambda_2\, x_2^2 = 0$$

zerfällt in

$$\left(x_1 + \sqrt{-\frac{\lambda_2}{\lambda_1}}\; x_2 \right)\left(x_1 - \sqrt{-\frac{\lambda_2}{\lambda_1}}\; x_2 \right) = 0\,.$$

Das sind zwei sich im Nullpunkt schneidende Geraden, die im Falle $\dfrac{\lambda_2}{\lambda_1} > 0$ außer dem Nullpunkt keinen reellen Punkt besitzen.

4. Rang $\mathfrak{A} = 2$ und Rang $\mathfrak{A}_{33} = 1$. In diesem Falle ist eine der beiden Größen λ_1 oder $\lambda_2 = 0$, während $\lambda_3 \neq 0$ ist. Es sei $\lambda_2 = 0$.

$$\lambda_1\, x_1^2 + \lambda_3 = 0$$

ist dann die Gleichung der C_2; sie stellt zwei parallele Geraden dar, die für $\dfrac{\lambda_3}{\lambda_1} < 0$ reell, sonst imaginär sind.

5. Rang $\mathfrak{A} = 1$ und Rang $\mathfrak{A}_{33} = 1$. Beide Geraden fallen in eine zusammen, und

$$x_1^2 = 0$$

ist die Gleichung der C_2.

§ 2. Die C_2 als Kurven zweiter Klasse.

Durch die Punkte $\mathfrak{y}$ und $\mathfrak{z}$ sei die Gerade

$$\mathfrak{x} = \lambda\,\mathfrak{y} + \mu\,\mathfrak{z}$$

gegeben. λ und μ sind die Punktkoordinaten auf dieser Geraden. Wir bringen sie mit der nicht zerfallenden C_2

$$\mathfrak{x}'\mathfrak{A}\mathfrak{x} = 0$$

zum Schnitt und erhalten aus

$$(\lambda\,\mathfrak{y}' + \mu\,\mathfrak{z}')\,\mathfrak{A}\,(\lambda\,\mathfrak{y} + \mu\,\mathfrak{z}) = 0$$

$$\lambda^2\mathfrak{y}'\mathfrak{A}\mathfrak{y} + \lambda\,\mu\,(\mathfrak{y}'\mathfrak{A}\mathfrak{z} + \mathfrak{z}'\mathfrak{A}\mathfrak{y}) + \mu^2\mathfrak{z}'\mathfrak{A}\mathfrak{z} = 0$$

die quadratische Gleichung zur Bestimmung des Verhältnisses $\lambda:\mu$. Wegen $\mathfrak{A} = \mathfrak{A}'$ ist

$$\mathfrak{y}'\mathfrak{A}\mathfrak{z} = \mathfrak{z}'\mathfrak{A}\mathfrak{y}.$$

Es sei jetzt $\mathfrak{y}$ ein Punkt der C_2. Dann ist

$$\mathfrak{y}'\mathfrak{A}\mathfrak{y} = 0,$$

und $\mu = 0$ ist eine Wurzel der quadratischen Gleichung. Damit die Gerade Tangente in $\mathfrak{y}$ wird, muß $\mu = 0$ Doppelwurzel sein, was nur eintritt, wenn

$$\mathfrak{y}'\mathfrak{A}\mathfrak{z} = 0$$

ist. Das ist also die Bedingung dafür, daß $\mathfrak{z}$ auf der in $\mathfrak{y}$ an die C_2 gezogenen Tangente liegt. Bezeichnen wir wieder mit $\mathfrak{x}$ die laufenden Koordinaten, so ist

$$\mathfrak{x}'\mathfrak{A}\mathfrak{y} = 0 \quad \text{oder} \quad \mathfrak{y}'\mathfrak{A}\mathfrak{x} = 0$$

die Gleichung der Tangente in $\mathfrak{y}$. Wir leiten hieraus die Gleichung der C_2 in Linienkoordinaten ab.

Ist

$$x_1 u_1 + x_2 u_2 + x_3 u_3 = 0 \quad \text{oder} \quad \mathfrak{x}'\mathfrak{u} = 0$$

die Gleichung der Tangente, sind also u_1, u_2, u_3 ihre Linienkoordinaten, so ist, von einem Faktor abgesehen,

$$\mathfrak{u} = \mathfrak{A}\mathfrak{y} \quad \text{und} \quad \mathfrak{y} = \mathfrak{A}^{-1}\mathfrak{u},$$

und aus

$$\mathfrak{y}'\mathfrak{A}\mathfrak{y} = 0$$

folgt

$$\mathfrak{u}'\mathfrak{A}'^{-1}\mathfrak{A}\mathfrak{A}^{-1}\mathfrak{u} = \mathfrak{u}'\mathfrak{A}^{-1}\mathfrak{u} = 0.$$

Das ist die Bedingung dafür, daß die Gerade u_1, u_2, u_3 Tangente ist. Dies stellt zugleich die gesuchte Gleichung der C_2 in Linienkoordinaten dar. (Vgl. IV § 13 Aufg. 17.) Sie ist in bezug auf die Linienkoordinaten ebenfalls vom zweiten Grade, und wir erhalten den

Satz 1: *Alle nicht zerfallenden Kurven zweiter Ordnung sind auch Kurven zweiter Klasse und umgekehrt. Die entsprechenden Koeffizientenmatrizen sind zueinander invers.*

Die Klassifikation der Kurven zweiter Klasse kann jetzt ebenso durchgeführt werden, wie bei den Kurven zweiter Ordnung.

§ 3. Projektive Eigenschaften der C_2.

a) Projektive Erzeugung.

Wir wollen in diesem Paragraphen nur solche C_2 betrachten, die drei Punkte A_1, A_2, A_3 enthalten, die nicht auf einer Geraden liegen. Diese drei Punkte seien die Ecken des Koordinatendreiecks. Die Gleichung der C_2 ist für die Punkte $(1;0;0)$, $(0;1;0)$ und $(0;0;1)$ erfüllt. Die Glieder der Diagonalen der Matrix $\mathfrak{A}$ müssen daher verschwinden, und die Gleichung der Kurve in bezug auf ein solches Koordinatendreieck lautet:

$$\gamma_1 x_2 x_3 + \gamma_2 x_3 x_1 + \gamma_3 x_1 x_2 = 0,$$

wenn $\gamma_1 = 2a_{23}$, $\gamma_2 = 2a_{31}$, $\gamma_3 = 2a_{12}$ gesetzt sind. Wir nehmen $\gamma_3 \neq 0$ und erreichen durch Division, daß dieser Koeffizient den Wert -1 bekommt. Dann ist

$$x_1 x_2 = x_3 (\gamma_1 x_2 + \gamma_2 x_1).$$

Durch die Substitution

$$x_3 = x_1 t$$
$$x_2 = (\gamma_1 x_2 + \gamma_2 x_1) t$$

führen wir eine Größe t ein und erhalten eine Parameterdarstellung der C_2, in der das Verhältnis zweier Koordinaten als rationale Funktion von t erscheint. Da die beiden letzten Gleichungen in x_1, x_2, x_3 linear sind, entsprechen jedem Wert von t zwei gerade Linien, deren Schnittpunkt Kurvenpunkt ist. Er ist aus den beiden linearen Gleichungen

$$t x_1 - x_3 = 0$$
$$t \gamma_2 x_1 + (t \gamma_1 - 1) x_2 = 0$$

zu entnehmen, und es ist

$$x_1 : x_2 : x_3 = (1 - t \gamma_1) : t \gamma_2 : (t - t^2 \gamma_1).$$

$x_3 - t x_1 = 0$ ist die Gleichung eines Geradenbüschels mit dem Träger A_2, und die andere Gleichung $x_2 - t (\gamma_1 x_2 + \gamma_2 x_1) = 0$ stellt ein Büschel dar, das durch die beiden Geraden $x_2 = 0$ und $\gamma_1 x_2 + \gamma_2 x_1 = 0$ mit dem

Schnittpunkt A_3 bestimmt ist. Dadurch, daß der Parameter t in beiden Büscheln derselbe ist, sind sie projektiv aufeinander bezogen. Einem bestimmten Wert von t entsprechen zwei zugeordnete Strahlen der beiden Büschel, und der Schnittpunkt dieser beiden Strahlen ist ein Punkt der C_2. Hat man umgekehrt zwei projektiv aufeinander bezogene Strahlenbüschel

$$l_1 - t l_2 = 0 \quad \text{und} \quad l_3 - s l_4 = 0,$$

wo $l_1 = 0, \ldots, l_4 = 0$ die Gleichungen von vier Geraden sind und die Parameter t und s durch die Beziehung

$$s = \frac{\alpha t + \beta}{\gamma t + \delta}$$

zusammenhängen, so werden durch die Schnittpunkte zweier zugeordneter Strahlen der beiden Büschel die Punkte einer C_2 bestimmt, deren Gleichung sich durch Elimination von t ergibt.

Man nennt diese Entstehung der C_2 ihre projektive Erzeugung.

b) Bestimmung einer C_2 durch fünf Punkte.

Danach ist eine C_2, von gewissen Ausnahmefällen abgesehen, durch fünf ihrer Punkte vollkommen bestimmt. Denn sind S_1 und S_2 die beiden Träger der Büschel — also die vorher mit A_2 und A_3 bezeichneten Punkte —, so braucht man jetzt nach IV Satz 3 drei Strahlen des einen Büschels und die zugeordneten des anderen, damit jeder Strahl des einen eindeutig auf einen Strahl des anderen bezogen werden kann. Diese sechs Strahlen werden durch drei Punkte P_1, P_2, P_3 bestimmt, indem den Strahlen $S_1 P_i$ die Strahlen $S_2 P_i$ $(i = 1, 2, 3)$ zugeordnet werden. Die Konstruktion weiterer Punkte ist damit auf die Aufgabe zurückgeführt, zu einem beliebigen Strahl den zugeordneten zu zeichnen (vgl. IV § 8). Der Schnittpunkt beider ist Kurvenpunkt. Die Punkte S_1 und S_2 sind selber auch Punkte der C_2. Denn betrachten wir die Verbindung $S_1 S_2$ als einen Strahl des Büschels S_1, so gibt es einen ihm zugeordneten Strahl g aus S_2. Schnittpunkt beider ist S_2, also ist S_2 Kurvenpunkt. g muß die Kurve berühren, denn hätte g mit der C_2 noch einen zweiten Punkt P gemeinsam, so gäbe es auch noch einen Strahl $S_1 P$, der ebenfalls g als Bild hat.

Liegen P_1, P_2, P_3 auf einer Geraden und ist P_4 ein beliebiger Punkt dieser Geraden, so sind $S_1 P_4$ und $S_2 P_4$ zugeordnet, also ist P_4 Kurvenpunkt, und alle Punkte dieser Geraden liegen auf der Kurve. In diesem Falle ist die Gerade $S_1 S_2$ sich selbst zugeordnet, also ist auch jeder andere Punkt dieser Geraden ein Punkt der Kurve. Die C_2 zerfällt also, und somit ist auch dieser besondere Fall in der projektiven Erzeugung enthalten.

S_1 und S_2 sind keine ausgezeichneten Punkte, da zwei beliebige Punkte der C_2 als die Träger der Büschel genommen werden können. Wir gingen ja auch anfangs davon aus, daß wir drei beliebige, nicht auf einer Geraden liegende Punkte A_1, A_2, A_3 der C_2 auswählten.

Wenn die aufeinander bezogenen Strahlenbüschel so beschaffen sind, daß jedesmal die Winkel $P_i S_1 P_k$ und $P_i S_2 P_k$ für alle i und k einander gleich sind, so sind die Büschel kongruent. Dann ist die Kurve ein Kreis, weil die Umfangswinkel über denselben Bögen einander gleich sind. Dieser Satz der elementaren Geometrie ist in dieser Form nicht projektiv, er erscheint aber hier als ein besonderer Fall eines für alle C_2 gültigen Satzes der projektiven Geometrie.

Es soll die Gleichung der C_2 durch fünf gegebene Punkte in der Form

$$\gamma_1 x_2 x_3 + \gamma_2 x_3 x_1 + \gamma_3 x_1 x_2 = 0$$

angegeben werden. Drei der gegebenen Punkte seien die Eckpunkte des Koordinatendreiecks. Damit ist der Fall ausgeschlossen, daß alle fünf Punkte auf einer Geraden liegen. Die C_2 würde dann aus dieser und einer beliebigen anderen Geraden bestehen und wäre daher unbestimmt.

Die gesuchte Kurvengleichung ist für die drei Eckpunkte erfüllt. Sie muß außerdem gelten
1. für die laufenden Koordinaten x_1, x_2, x_3,
2. für die des gegebenen Punktes $Y\,(y_1,\,y_2,\,y_3)$,
3. für die des gegebenen Punktes $Z\,(z_1,\,z_2,\,z_3)$.
Die Elimination von γ_1, γ_2, γ_3 ergibt

$$\begin{vmatrix} x_2 x_3 & x_3 x_1 & x_1 x_2 \\ y_2 y_3 & y_3 y_1 & y_1 y_2 \\ z_2 z_3 & z_3 z_1 & z_1 z_2 \end{vmatrix} = 0 \,.$$

Es bleibt noch nachzuprüfen, ob diese Gleichung identisch verschwinden kann. Das tritt nur ein, wenn alle drei zweireihigen aus den beiden letzten Zeilen gebildeten Unterdeterminanten $= 0$ sind. Das bedeutet, daß von den fünf gegebenen Punkten entweder zwei in einem zusammenfallen oder Y und Z auf einer der Dreiecksseiten liegen, wie eine einfache Untersuchung der betreffenden zweireihigen Unterdeterminanten zeigt. In diesen Fällen ist die C_2 unbestimmt.

Zusammenfassend ergibt sich also: Durch fünf Punkte ist eine C_2 nur dann eindeutig bestimmt, wenn nicht vier der Punkte auf einer Geraden liegen. Liegen drei auf einer Geraden, so zerfällt die C_2 in diese und die durch die beiden anderen Punkte gehende Gerade. Schließt man diese Fälle aus, so ist durch die fünf Punkte eine nicht zerfallende C_2 eindeutig bestimmt. Die projektive Erzeugung ermöglicht es, aus den fünf gegebenen Punkten weitere zu konstruieren. Man nehme zwei der fünf Punkte als Träger der Büschel und zeichne mit Hilfe der übrigen Punkte drei Strahlen des einen Büschels und die zugeordneten des anderen. Wie in IV § 8 gezeigt ist, kann jetzt zu jedem beliebigen vierten Strahl der zugeordnete konstruiert werden. Der Schnittpunkt beider ist ein Punkt der C_2.

c) Sätze von PASCAL und BRIANCHON.

Damit die sechs Punkte A_1, Z, A_2, X, A_3, Y auf einer C_2 liegen, muß

$$D = \begin{vmatrix} x_2 x_3 & x_3 x_1 & x_1 x_2 \\ y_2 y_3 & y_3 y_1 & y_1 y_2 \\ z_2 z_3 & z_3 z_1 & z_1 z_2 \end{vmatrix} = 0$$

sein, wo wie vorher A_1, A_2, A_3 die Eckpunkte des Koordinatendreiecks bezeichnen (Abb. 56).

Nehmen wir die Eckpunkte des Sechsecks in der angegebenen Reihenfolge, so sind ZA_2 und A_3Y zwei gegenüberliegende Seiten, dasselbe gilt für A_1Z und XA_3 und für YA_1 und A_2X.

Die durch $D = 0$ ausgedrückte Bedingung dafür, daß sechs Punkte auf einer C_2 liegen, wird durch den folgenden Satz geometrisch gedeutet.

Satz 2 (Satz von PASCAL): *Damit ein Sechseck ein Sehnensechseck einer C_2 wird, ist notwendig und hinreichend, daß die drei Schnittpunkte der Paare von gegenüberliegenden Seiten auf einer Geraden liegen. Diese Gerade wird PASCAL-sche Gerade genannt.*

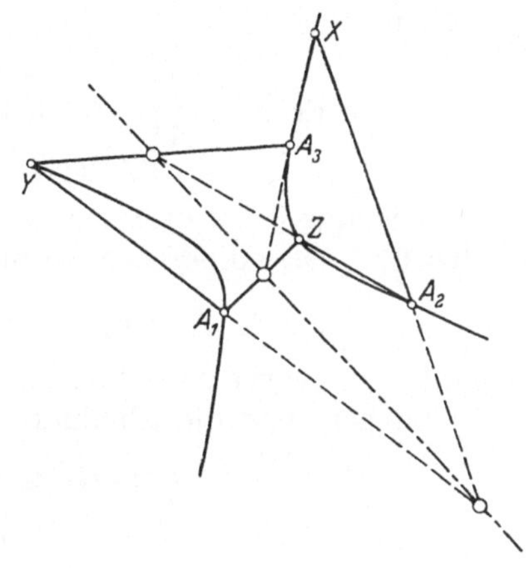

Abb. 56.

Beweis: ZA_2 hat die Gleichung: $z_3\xi_1 - z_1\xi_3 = 0$,

A_3Y hat die Gleichung: $y_2\xi_1 - y_1\xi_2 = 0$.

Hier sind ξ_1, ξ_2, ξ_3 die laufenden Koordinaten bzw. die des Schnittpunktes beider Geraden. Dann ist:

$$\xi_1 : \xi_2 : \xi_3 = y_1 z_1 : y_2 z_1 : y_1 z_3 .$$

Ebenso erhalten wir den Schnittpunkt von A_1Z mit XA_3,

$$\eta_1 : \eta_2 : \eta_3 = x_1 z_2 : x_2 z_2 : x_2 z_3$$

und von YA_1 mit A_2X,

$$\zeta_1 : \zeta_2 : \zeta_3 = x_1 y_3 : x_3 y_2 : x_3 y_3 .$$

Sollen diese Punkte auf einer Geraden liegen, muß die Determinante

$$D_1 = \begin{vmatrix} y_1 z_1 & y_2 z_1 & y_1 z_3 \\ x_1 z_2 & x_2 z_2 & x_2 z_3 \\ x_1 y_3 & x_3 y_2 & x_3 y_3 \end{vmatrix}$$

verschwinden.

D_1 und D sind aber identisch, wie man entweder durch Entwicklung beider Determinanten leicht bestätigt oder dadurch nachweist, daß D durch folgende Umformung in D_1 übergeführt wird. (vgl. Det. § 13 Aufg. 19). In D_1 werden die Zeilen der Reihe nach durch $y_1 z_1$, $x_2 z_2$, $x_3 y_3$ dividiert und die Spalten der Reihe nach mit $x_2 x_3$, $y_1 y_3$, $z_1 z_2$ multipliziert.

Der PASCALsche Satz bleibt noch gültig, wenn zwei der sechs Punkte in einen zusammenfallen und die Sehne durch die Tangente in diesem Punkt ersetzt wird. Ebenso kann auch die C_2 durch vier ihrer Punkte und die Tangente in einen dieser Punkte bestimmt werden.

Es ist

$$(x_1\ x_2\ x_3) \begin{pmatrix} 0 & \gamma_3 & \gamma_2 \\ \gamma_3 & 0 & \gamma_1 \\ \gamma_2 & \gamma_1 & 0 \end{pmatrix} \begin{pmatrix} 1 \\ 0 \\ 0 \end{pmatrix} = \gamma_3\, x_2 + \gamma_2\, x_3 = 0$$

die Gleichung der Tangenten in A_1. Ist diese durch ihre Linienkoordinaten 0, u_2, u_3 vorgegeben, so muß

$$\gamma_3 : \gamma_2 = u_2 : u_3 \quad \text{oder} \quad u_2\gamma_2 - u_3\gamma_3 = 0$$

sein. Da die Kurve noch durch X und Y geht, erhalten wir zwei weitere Gleichungen, und die Elimination der $\gamma_1, \gamma_2, \gamma_3$ ergibt

$$\begin{vmatrix} x_2 x_3 & x_3 x_1 & x_1 x_2 \\ y_2 y_3 & y_3 y_1 & y_1 y_2 \\ 0 & u_2 & -u_3 \end{vmatrix} = 0\,.$$

Der Beweis des PASCALschen Satzes verläuft in diesem besonderen Fall ebenso wie vorher und kann dem Leser überlassen bleiben.

Endlich kann noch Y mit A_1 zusammenfallen. Dann ist die C_2 durch drei Punkte und durch die Tangenten in A_1 und A_3 bestimmt. Läßt man auch noch den sechsten Punkt des PASCALschen Sechsecks mit A_2 zusammenfallen, so geht das Sechseck in ein Sehnendreieck über. Hier ist aber jede Ecke doppelt zu zählen, und die Richtungen der drei fehlenden Seiten des Sechsecks sind die Richtungen der Tangenten in diesen Punkten (Abb. 57).

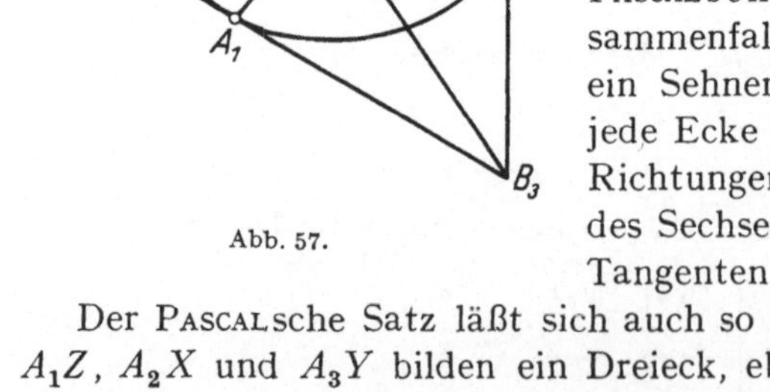

Abb. 57.

Der PASCALsche Satz läßt sich auch so formulieren: die drei Seiten $A_1 Z$, $A_2 X$ und $A_3 Y$ bilden ein Dreieck, ebenso die Seiten $A_3 X$, $A_1 Y$ und $A_2 Z$. Diese beiden Dreiecke liegen nach dem DESARGUESschen Satz perspektiv zueinander, denn die Schnittpunkte je zweier entsprechender

Seiten — das sind $A_1 Z$ und $A_3 X$, $A_2 X$ und $A_1 Y$, $A_3 Y$ und $Z A_2$ — liegen auf der PASCALschen Geraden.

In dem besonderen Fall, daß drei Seiten des Sechsecks zu Tangenten werden, sind $A_1\, A_2\, A_3$ und $B_1\, B_2\, B_3$ die genannten Dreiecke (Abb. 57).

Wenn also $B_1\, B_2\, B_3$ Tangentendreieck einer C_2 mit vorgegebenen Berührungspunkten $A_1\, A_2\, A_3$ werden soll, müssen die beiden Dreiecke perspektiv zueinander liegen.

Die Dualisierung der Konstruktion einer C_2 durch fünf Punkte führt zu der Aufgabe, eine C_2 durch fünf ihrer Tangenten zu bestimmen. Dem Sehnensechseck entspricht das Tangentensechseck. Hier gilt der folgende zum PASCALschen Satz duale

Satz 3 (Satz von BRIANCHON): *Ein Sechseck ist dann und nur dann ein Tangentensechseck einer C_2, wenn die Verbindungslinien je zweier gegenüberliegender Eckpunkte durch einen Punkt gehen.*

Die besonderen Fälle, daß zwei der Tangenten in eine zusammenfallen, führen zu den gleichen Betrachtungen wie vorher. So kann z. B. die C_2 bestimmt werden durch zwei ihrer Tangenten nebst Berührungspunkten und eine dritte Tangente.

In diesem Falle haben wir, wenn noch der Berührungspunkt der dritten Tangenten hinzugenommen wird, wieder das der C_2 einbeschriebene Dreieck $A_1\, A_2\, A_3$ und das umbeschriebene Dreieck $B_1\, B_2\, B_3$ (Abb. 57), die perspektiv zueinander liegen. Das Zentrum der Perspektivität ist der BRIANCHONsche Punkt B.

d) Pol und Polare.

In IB § 23 wurde die zu einem Punkt P gehörige Polare bzw. Polarebene durch ihre Gleichung erklärt. Diese war gleichlautend mit der Gleichung der Tangenten bzw. Tangentialebene, nur der Berührungspunkt wurde durch einen beliebigen anderen Punkt ersetzt. Demnach ist auch in der hier gebrauchten Schreibweise

$$\mathfrak{x}' \mathfrak{A} \mathfrak{y} = 0$$

die Gleichung der Polaren bzw. Polarebene, wenn $\mathfrak{y}$ ein fester und $\mathfrak{x}$ der veränderliche Punkt ist.

Aus der Symmetrie von $\mathfrak{x}$ und $\mathfrak{y}$ ergeben sich die früher angegebenen Sätze:

Sind P und Q zwei Punkte, p und q die zugehörigen Polaren, so besteht die Beziehung: Liegt P auf q, so liegt Q auf p. Oder: die Polaren aller Punkte einer Geraden gehen durch ihren Pol. Weiter gilt

Satz 4: *Zieht man durch P einen Strahl, der eine C_2 in A und B und die Polare p in Q trifft, so werden A und B durch P und Q harmonisch getrennt* (Abb. 58).

Beweis: $\mathfrak{y}$ und $\mathfrak{z}$ seien die Koordinatenmatrizen der Punkte P und Q, also $\mathfrak{z}' \mathfrak{A} \mathfrak{y} = 0$, und

$$\mathfrak{x} = \lambda_1 \mathfrak{y} + \lambda_2 \mathfrak{z}$$

ist die Gleichung des Strahles PQ. Dann haben P und Q die λ-Koordinaten $1;0$ und $0;1$. Die Koordinaten von A und B ergeben sich aus der Gleichung

$$\mathfrak{x}'\,\mathfrak{A}\,\mathfrak{x} = (\lambda_1\mathfrak{y}' + \lambda_2\mathfrak{z}')\,\mathfrak{A}\,(\lambda_1\mathfrak{y} + \lambda_2\mathfrak{z}) = 0$$

oder

$$\lambda_1^2\,\mathfrak{y}'\,\mathfrak{A}\,\mathfrak{y} + \lambda_2^2\,\mathfrak{z}'\,\mathfrak{A}\,\mathfrak{z} = 0.$$

Hieraus

$$A:\quad \lambda_1' = \sqrt{\mathfrak{z}'\,\mathfrak{A}\,\mathfrak{z}} \qquad \lambda_2' = \sqrt{-\mathfrak{y}'\,\mathfrak{A}\,\mathfrak{y}},$$

$$B:\quad \lambda_1'' = \sqrt{\mathfrak{z}'\,\mathfrak{A}\,\mathfrak{z}} = \lambda_1';\qquad \lambda_2'' = -\sqrt{-\mathfrak{y}'\,\mathfrak{A}\,\mathfrak{y}} = -\lambda_2'.$$

Das Doppelverhältnis ist:

$$(P,Q;\ A,B) = \frac{\begin{vmatrix} 1 & \lambda_1' \\ 0 & \lambda_2' \end{vmatrix}}{\begin{vmatrix} 1 & \lambda_1'' \\ 0 & \lambda_2'' \end{vmatrix}} : \frac{\begin{vmatrix} 0 & \lambda_1' \\ 1 & \lambda_2' \end{vmatrix}}{\begin{vmatrix} 0 & \lambda_1'' \\ 1 & \lambda_2'' \end{vmatrix}} = \frac{\lambda_2'\,(-\lambda_1'')}{\lambda_2''\,(-\lambda_1')} = -1.$$

Demnach läßt sich die Polare zu P auch folgendermaßen erklären: Wir ziehen von P aus eine Reihe von Strahlen, die die C_2 in $A_1 B_1$, $A_2 B_2$, usw.... schneiden. Alle Punkte Q_i, für die $(A_i, B_i;\ P, Q_i) = -1$ ist, liegen auf einer Geraden, nämlich auf der Polaren zu P.

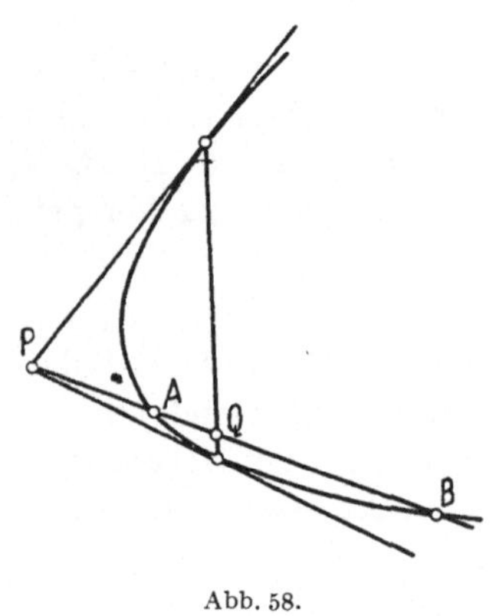

Abb. 58.

Die duale Übertragung führt zu keinem neuen Ergebnis; wir wollen sie trotzdem durchführen.

Es ist:

$$\mathfrak{u}'\,\mathfrak{A}^{-1}\mathfrak{u} = 0$$

die Gleichung der C_2 in Linienkoordinaten, und

$$\mathfrak{u}'\,\mathfrak{A}^{-1}\mathfrak{v} = 0$$

ist die Gleichung eines Punktes, wenn $\mathfrak{v}$ die Koordinaten einer beliebigen, festen und $\mathfrak{u}$ die einer veränderlichen Geraden bezeichnen. Dieser Punkt ist der Pol zu $\mathfrak{v}$ bzw. der Berührungspunkt, wenn $\mathfrak{v}$ Tangente ist.

Wir hatten vorher von einem Punkt P aus einen Strahl gezogen, der die C_2 in A und B traf. Jetzt gehen wir von einer Geraden q aus, nehmen auf dieser einen beliebigen Punkt P und bestimmen die Gerade, deren Koordinaten zugleich die Gleichung des Punktes P und die der C_2 erfüllen. Das sind die Tangenten von P aus. Sie entsprechen dual den Punkten A und B, und dem Schnittpunkt Q des von P gezogenen Strahles mit der Polaren p entspricht dual die Verbindungslinie von P mit dem Pol von q (Abb. 59).

Bezeichnen wir mit r den Strahl PQ und mit R den Schnittpunkt von q mit p, so ist R der Pol zu r; denn R liegt auf den Polaren von P und Q, also ist PQ die Polare zu R. Die beiden Strahlen q und r haben

die Eigenschaft, daß jeder durch den Pol des anderen geht, sie heißen
deshalb zueinander konjugiert. Hierzu genügt, daß eine der beiden
Geraden durch den Pol der zweiten geht, weil dann die zweite auch
durch den Pol der ersten gehen muß.

Danach lautet die duale Übertragung
des vorigen Satzes:

Satz 5: *Zieht man von einem Punkte
aus zwei konjugierte Strahlen, so bilden
diese zusammen mit den Tangenten ein
harmonisches Strahlenbüschel. Oder: Die
Paare konjugierter Strahlen von einem
Punkte aus bilden eine Involution, deren
Fixelemente die Tangenten sind.*

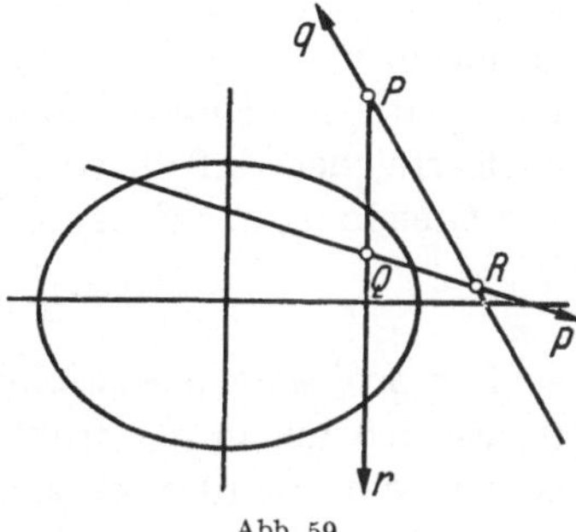

Abb. 59.

Diese Involution ist hyperbolisch,
wenn reelle Tangenten vorhanden sind, andernfalls ist sie elliptisch. Liegt
der Punkt auf der C_2, artet die Involution aus und wird parabolisch.

Ebenso nennt man zwei Punkte einer Geraden konjugiert, wenn der
eine auf der Polaren des anderen liegt. Auch diese Paare bilden eine Involution, deren Fixpunkte die Schnittpunkte der Geraden mit der C_2 sind.

Für den Mittelpunkt einer Ellipse oder Hyperbel ist die unendlich
ferne Gerade die Polare, denn hier ist Q die Mitte von AB, also ist der
vierte harmonische Punkt ein uneigentlicher. Die Polaren aller unendlich fernen Punkte sind also Durchmesser. Eine Schar paralleler Sehnen
ist als ein Strahlenbüschel aufzufassen, dessen Träger ein unendlich
ferner Punkt P ist. Die Mittelpunkte dieser Sehnen bilden die vierten
harmonischen Punkte. Sie liegen also auf einer Geraden, nämlich der
Polaren p zu P. Jede der Schar paralleler Geraden ist, weil sie durch P
geht, zu p konjugiert, das gilt besonders für den Durchmesser. Danach
heißen also zwei Durchmesser konjugiert, wenn der eine durch den Pol des
anderen geht, eine Erklärung, die sich mit der früher gegebenen deckt.

Das Dreieck PQR (Abb. 59) ist so beschaffen, daß die Eckpunkte
die Pole der gegenüberliegenden Seiten sind. Es sind also je zwei Seiten
und je zwei Ecken zueinander konjugiert. Ein solches Dreieck heißt
ein Polardreieck.

Wir wollen jetzt durch eine Transformation ein Polardreieck zum
Koordinatendreieck machen. Es sei

$$\mathfrak{x}' \mathfrak{A} \mathfrak{x} = 0$$

die so entstehende Gleichung. $\mathfrak{A}$ besitzt Diagonalform. Denn die Gleichung der Polaren des Eckpunktes $(1; 0; 0)$ lautet

$$(x_1 \; x_2 \; x_3) \, \mathfrak{A} \begin{pmatrix} 1 \\ 0 \\ 0 \end{pmatrix} = 0$$

oder

$$a_{11} x_1 + a_{21} x_2 + a_{31} x_3 = 0.$$

Diese Gerade soll die dem Punkte $(1;0;0)$ gegenüberliegende Dreiecks-seite sein. Ihre Gleichung ist $x_1 = 0$, also sind $a_{21} = 0$ und $a_{31} = 0$. In gleicher Weise folgt, daß auch a_{32} verschwinden muß. Also hat $\mathfrak{A}$ Diagonalform. Durch passende Wahl des Einheitspunktes kann man noch erreichen, daß die Glieder der Diagonalen die Werte $\pm\, 1$ annehmen. Die Gleichung der C_2 lautet demnach

$$\pm\, x_1^2 \pm x_2^2 \pm x_3^2 = 0.$$

Zur projektiven Klassifikation ist, wie man sieht, die Hauptachsen-transformation in der früher angegebenen Form nicht erforderlich; es genügt, ein Polardreieck zum Koordinatendreieck zu machen, und man erhält die oben angegebene, sogenannte **kanonische Form** der Glei-chung. Die metrische Klassifikation kann allerdings hiermit nicht durch-geführt werden.

§ 4. Metrische Eigenschaften der C_2.

Bei einer projektiven Abbildung einer C_2 bleiben die Brennpunkte im allgemeinen nicht erhalten, wie man bei der Abbildung einer Ellipse auf einen Kreis erkennt. Daher sind Sätze über Brennpunkte nicht projektiv, sondern metrisch.

Um die wichtigsten Eigenschaften der Brennpunkte kennenzu-lernen, untersuchen wir zunächst die Mittelpunktskegelschnitte, Ellipse und Hyperbel und nehmen ihre Gleichungen in der Form

$$\frac{x^2}{a^2} \pm \frac{y^2}{b^2} = 1.$$

Für die Ellipse ist

$$\mathfrak{A} = \begin{pmatrix} \dfrac{1}{a^2} & 0 & 0 \\[2mm] 0 & \dfrac{1}{b^2} & 0 \\[2mm] 0 & 0 & -1 \end{pmatrix} \quad\text{und}\quad \mathfrak{A}^{-1} = \begin{pmatrix} a^2 & 0 & 0 \\ 0 & b^2 & 0 \\ 0 & 0 & -1 \end{pmatrix}.$$

Es genügt, die folgenden Rechnungen für die Ellipse durchzuführen, da für die Hyperbel nur b^2 durch $-b^2$ zu ersetzen ist. Die Gleichung der Polaren lautet

$$\frac{x\, x_0}{a^2} + \frac{y\, y_0}{b^2} = 1.$$

Zwei Punkte (x_0, y_0) und (x_1, y_1) sind konjugiert, wenn

$$\frac{x_1\, x_0}{a^2} + \frac{y_1\, y_0}{b^2} = 1$$

ist. D. h. jeder Punkt liegt auf der Polaren des anderen.

Sind u_0, v_0, w_0 und u_1, v_1, w_1 die homogenen Linienkoordinaten zweier Geraden, so ist

$$a^2 u_0 u_1 + b^2 v_0 v_1 - w_0 w_1 = 0$$

die Bedingung dafür, daß beide Geraden konjugiert sind.

Die Koordinaten des Schnittpunktes beider Geraden werden mit ξ, η bezeichnet. Dann ist

$$w_0 = -u_0 \xi - v_0 \eta,$$
$$w_1 = -u_1 \xi - v_1 \eta.$$

Diese Ausdrücke werden in die vorige Gleichung eingesetzt:

$$a^2 u_0 u_1 + b^2 v_0 v_1 - (u_0 \xi + v_0 \eta)(u_1 \xi + v_1 \eta) = 0.$$

Definition: *Ein Punkt ξ, η, für den je zwei konjugierte Geraden aufeinander senkrecht stehen, heißt ein Brennpunkt.*

Wir wollen alle Brennpunkte ermitteln. Die letzte Gleichung muß also, wenn ξ, η Brennpunkt sein soll, so beschaffen sein, daß sie für alle Werte u_0, v_0, u_1, v_1, die der Orthogonalitätsbedingung

$$u_0 u_1 + v_0 v_1 = 0$$

genügen, identisch erfüllt ist. Insbesondere wird für $u_0 = 0$ und $v_1 = 0$

$$v_0 u_1 \xi \eta = 0.$$

Es muß also entweder $\xi = 0$ oder $\eta = 0$ sein. Denn wenn $u_0 = 0$ ist, muß $u_1 \neq 0$ sein, ebenso folgt $v_0 \neq 0$. Der Fall $\eta = 0$ ergibt für beliebige andere Werte von u_0 und v_1 mit Rücksicht auf

$$v_0 v_1 = -u_0 u_1$$
$$u_0 u_1 (a^2 - b^2) = u_0 u_1 \xi^2$$

oder

$$\xi = \pm \sqrt{a^2 - b^2} = \pm e,$$

und dies sind auch dieselben Punkte, die wir früher als Brennpunkte kennengelernt haben.

Der Fall $\xi = 0$ führt zu $\eta = \pm \sqrt{b^2 - a^2}$. Das sind die imaginären Brennpunkte auf der kleinen Halbachse.

So ergibt sich folgender

Satz 6: *Für Ellipse und Hyperbel gibt es zwei reelle und zwei imaginäre Punkte derart, daß die zugehörige Involution die Rechtwinkelinvolution ist. Diese Punkte werden Brennpunkte genannt.*

Die Polaren der Brennpunkte sind die in IB § 18 erklärten Leitlinien.

Unter den Paaren der durch einen beliebigen Punkt $P(\xi, \eta)$ gehenden konjugierten Strahlen suchen wir ein Paar zueinander senkrechter

Geraden auf, die die X-Achse in S_0 und S_1 schneiden mögen. Sind

$$u_0 x + v_0 y + w_0 = 0$$

und

$$u_1 x + v_1 y + w_1 = 0$$

ihre Gleichungen, so haben S_0 und S_1 die Abszissen

$$x_0 = -\frac{w_0}{u_0} \quad \text{und} \quad x_1 = -\frac{w_1}{u_1}.$$

Das Produkt beider ist

$$x_0 x_1 = \frac{w_0 w_1}{u_0 u_1}.$$

Weil die Strahlen konjugiert sind, ist, wie oben gezeigt,

$$w_0 w_1 = a^2 u_0 u_1 + b^2 v_0 v_1,$$

und weil hier $u_0 u_1 = - v_0 v_1$ ist, ist

$$x_0 x_1 = a^2 - b^2 = e^2,$$

also konstant, d. h. von der Lage von P unabhängig. Alle Punkte, S_0 und S_1, die von beliebigen Punkten P herrühren, bilden also eine Involution, deren Fixpunkte die Brennpunkte sind.

Wir bemerken noch, daß auch umgekehrt aus $x_0 x_1 = e^2$ und aus $u_1 u_0 + v_0 v_1 = 0$ die Gleichung $a^2 u_0 u_1 + b^2 v_0 v_1 - w_0 w_1 = 0$ ebenso abgeleitet werden kann. Es folgt somit der

Satz 7: *Die Schnittpunkte zweier konjugierter orthogonaler Geraden mit der X-Achse bilden mit den Brennpunkten vier harmonische Punkte. Trennen umgekehrt zwei orthogonale Gerade die beiden Brennpunkte harmonisch, so sind diese Geraden konjugiert.*

Danach findet man die durch einen gegebenen Punkt gehenden, orthogonalen, zueinander konjugierten Strahlen, indem man ihn mit den Brennpunkten verbindet und die Winkelhalbierenden zieht.

Insbesondere sind Tangente und Normale in einem Kurvenpunkt konjugiert. Diese beiden bilden demnach mit den Brennstrahlen (das sind die Verbindungen des Kurvenpunktes mit den Brennpunkten) ein harmonisches Strahlenbüschel. Also halbieren Normale und Tangente die Winkel der Brennstrahlen.

Denkt man sich die Ellipse als Spiegel, so werden alle von einem Brennpunkt ausgehenden Strahlen so reflektiert, daß sie sich im anderen Brennpunkt schneiden. Bei der Hyperbel ist dieser Schnittpunkt, gleichgültig an welchem Zweig gespiegelt wird, immer ein scheinbarer.

Für die Parabel $y^2 = 2px$ verläuft die gleiche Untersuchung folgendermaßen: Hier sind

$$\mathfrak{A} = \begin{pmatrix} 0 & 0 & -p \\ 0 & 1 & 0 \\ -p & 0 & 0 \end{pmatrix} \quad \text{und} \quad \mathfrak{A}^{-1} = \begin{pmatrix} 0 & 0 & -\dfrac{1}{p} \\ 0 & 1 & 0 \\ -\dfrac{1}{p} & 0 & 0 \end{pmatrix},$$

also ist

$$p\,v_0 v_1 - u_0 w_1 - u_1 w_0 = 0$$

die Bedingung dafür, daß die beiden Geraden u_0, v_0, w_0 und u_1, v_1, w_1 konjugiert sind. Hier werden, wie vorher, w_0 und w_1 ersetzt, und man erhält

$$p\,v_0 v_1 + 2 u_0 u_1 \xi + \eta\,(u_0 v_1 + u_1 v_0) = 0.$$

Um die Brennpunkte zu finden, wird wieder

$$u_0 u_1 + v_0 v_1 = 0$$

gesetzt, und ξ und η werden so bestimmt, daß die vorletzte Gleichung in u_0, u_1, v_0, v_1 identisch erfüllt ist. Für $u_0 = 0$ und $v_1 = 0$ ist

$$\eta\,u_1 v_0 = 0 \quad \text{oder} \quad \eta = 0,$$

und für beliebige andere Werte ergibt sich

$$p\,v_0 v_1 + 2 u_0 u_1 \xi = 0\,,$$

$$\xi = \frac{p}{2}\,.$$

Die Parabel besitzt also nur einen Brennpunkt.

Wie vorher untersuchen wir noch ein Paar konjugierter, orthogonaler Strahlen. Sie schneiden die X-Achse in S_0 und S_1. Die Abszissen dieser Punkte sind

$$x_0 = -\frac{w_0}{u_0}, \qquad x_1 = -\frac{w_1}{u_1}.$$

In

$$p\,v_0 v_1 - u_0 w_1 - u_1 w_0 = 0$$

werden $w_0 = -x_0 u_0$, $w_1 = -x_1 u_1$ und $v_0 v_1 = -u_0 u_1$ eingesetzt; das ergibt

$$x_0 + x_1 = p \quad \text{oder} \quad \frac{x_0 + x_1}{2} = \frac{p}{2}.$$

Also ist der Brennpunkt F die Mitte von S_0 und S_1. Damit ist es gerechtfertigt, den auf der X-Achse liegenden unendlich fernen Punkt als zweiten Brennpunkt zu erklären, weil S_0, S_1 F, ∞ vier harmonische Punkte bilden. V Satz 7 gilt demnach auch für die Parabel.

Die Konstruktion der beiden durch P gehenden, orthogonalen, konjugierten Strahlen geschieht jetzt in der Weise, daß man P mit F verbindet und durch P die Parallele zur X-Achse zieht; die Winkelhalbierenden sind die gesuchten Strahlen.

Nimmt man P als Punkt der Parabel, so erhalten wir den

Satz 8: *Ein vom Brennpunkt ausgehender Strahl wird von der Parabel parallel zur X-Achse reflektiert.*

§ 5. Aufgaben zum fünften Kapitel.

1. Die Diagonalen eines aus vier Tangenten einer C_2 bestehenden Vierseits bilden ein Polardreieck.

Anleitung: Ohne Einschränkung kann die Gleichung der C_2 in der Form

$$x_1 x_2 + x_2 x_3 + x_3 x_1 = 0$$

angenommen werden. Als Tangentenviereck nehme man die drei Tangenten in den Eckpunkten des Koordinatendreiecks und eine beliebige vierte Tangente in $(y_1; y_2; y_3)$. Es ergeben sich für die Koordinaten der Eckpunkte des Diagonaldreiecks $(0; y_2; y_3)$, $(y_1; 0; y_3)$ und $(y_1; y_2; 0)$.

2. Die sechs Eckpunkte zweier zu derselben C_2 gehörenden Polardreiecke liegen auf einer C_2.

Anleitung: Man wähle für die Gleichung der C_2 die Form

$$x_1^2 + x_2^2 - x_3^2 = 0.$$

Dann ist $A_1 A_2 A_3$ Polardreieck. Sind A, B, C die Ecken eines zweiten Polardreiecks mit den Koordinaten $a_1, a_2, a_3, \ldots$, so wird

$$a_1 b_1 c_1 x_2 x_3 + a_2 b_2 c_2 x_3 x_1 - a_3 b_3 c_3 x_1 x_2 = 0$$

die Gleichung der C_2, die den beiden Dreiecken umbeschrieben ist.

3. Ist $\mathfrak{x}'\mathfrak{A}\mathfrak{x} = 0$ die Gleichung einer C_2 in Punktkoordinaten, so ist $\mathfrak{u}'\mathfrak{A}^{-1}\mathfrak{u} = 0$ ihre Gleichung in Linienkoordinaten (vgl. § 2). Es ist zu zeigen, daß diese auch in der Form

$$\begin{vmatrix} a_{11} & a_{12} & a_{13} & u_1 \\ a_{21} & a_{22} & a_{23} & u_2 \\ a_{31} & a_{32} & a_{33} & u_3 \\ u_1 & u_2 & u_3 & 0 \end{vmatrix} = 0$$

geschrieben werden kann (vgl. IV § 13 Aufg. 17). Geht die C_2 durch die Eckpunkte des Grunddreiecks, so hat sie die Gleichung

$$\frac{\gamma_1}{x_1} + \frac{\gamma_2}{x_2} + \frac{\gamma_3}{x_3} = 0 \quad \text{in Punktkoordinaten}$$

und

$$\sqrt{\gamma_1 u_1} + \sqrt{\gamma_2 u_2} + \sqrt{\gamma_2 u_3} = 0 \quad \text{in Linienkoordinaten.}$$

Wenn die C_2 die drei Seiten berührt, so lautet ihre Gleichung in Linienkoordinaten

$$\frac{1}{u_1 y_1} + \frac{1}{u_2 y_2} + \frac{1}{u_3 y_3} = 0$$

und in Punktkoordinaten:

$$\sqrt{\frac{x_1}{y_1}} + \sqrt{\frac{x_2}{y_2}} + \sqrt{\frac{x_3}{y_3}} = 0.$$

Im ersten Falle sind die Koordinaten der Tangenten in A_1, A_2, A_3 anzugeben, und es ist zu zeigen, daß die drei Schnittpunkte dieser Tangenten mit den gegenüberliegenden Seiten in einer Geraden liegen, deren Koordinaten die Werte $\dfrac{1}{\gamma_1}$, $\dfrac{1}{\gamma_2}$, $\dfrac{1}{\gamma_3}$ besitzen.

Im zweiten Falle führen die dualen Untersuchungen zu dem Ergebnis, daß die Verbindungen der Berührungspunkte mit den Gegenecken durch einen Punkt gehen, nämlich $(y_1; y_2; y_3)$.

Beide Fälle zeigen, daß das aus den Berührungspunkten gebildete und das umbeschriebene Dreieck perspektiv zueinander liegen, ein Ergebnis, das uns als Sonderfall der Sätze von PASCAL und BRIANCHON bekannt ist.

4. Zwei Punkte $Y(y_1; y_2; y_3)$ und $Z(z_1; z_2; z_3)$, von denen keiner auf einer Seite des Grunddreiecks liegen soll, werden von einer Ecke aus auf die Seiten projiziert. Die so entstehenden sechs Punkte liegen auf einer C_2. Ihre Gleichung ist:

$$\begin{vmatrix} 0 & x_1 & x_2 & x_3 \\ x_1 & 0 & y_2 z_1 & y_3 z_1 \\ x_2 & y_1 z_2 & 0 & y_3 z_2 \\ x_3 & y_1 z_3 & y_2 z_3 & 0 \end{vmatrix} = 0 ,$$

wie man leicht erkennt.

a) Wird Y Schwerpunkt und Z Höhenschnittpunkt, so ist diese C_2 der FEUERBACHsche Kreis. Es ist die Übereinstimmung dieser Gleichung mit der in IV § 13 Aufg. 15c gegebenen nachzuweisen.

b) Fallen Y und Z zusammen, so berührt die Kurve die Dreiecksseiten und ihre Gleichung läßt sich auf die in der vorigen Aufgabe angegebene Form bringen.

$$\sqrt{\frac{x_1}{y_1}} + \sqrt{\frac{x_2}{y_2}} + \sqrt{\frac{x_3}{y_3}} = 0 \quad \text{bzw.} \quad \frac{1}{u_1 y_1} + \frac{1}{u_2 y_2} + \frac{1}{u_3 y_3} = 0 .$$

c) Danach ergeben sich Gleichungen für den Inkreis

$$\sqrt{x_1(s-a_1)} + \sqrt{x_2(s-a_2)} + \sqrt{x_3(s-a_3)} = 0 ,$$

wo

$$s = \frac{1}{2}(a_1 + a_2 + a_3)$$

bzw.

$$\frac{s-a_1}{u_1} + \frac{s-a_2}{u_2} + \frac{s-a_3}{u_3} = 0 ,$$

und für den an a_1 anbeschriebenen Kreis

$$\sqrt{-a\,x_1} + \sqrt{(s-a_3)\,x_2} + \sqrt{(s-a_2)\,x_3} = 0$$

bzw.

$$-\frac{s}{u_1} + \frac{s-a_3}{u_2} + \frac{s-a_2}{u_3} = 0$$

in baryzentrischen Koordinaten.

d) Fallen Y und Z mit dem Schwerpunkt zusammen, so entsteht eine Ellipse, deren Mittelpunkt S ist. (Man verwende wieder baryzentrische Koordinaten und beachte die Polare zu S.)

Sechstes Kapitel.

Flächen zweiter Ordnung.

§ 1. Projektive Klassifikation der F_2.

Die allgemeine Gleichung einer F_2 kann, wie gezeigt ist, auf die Form

$$\varepsilon_1 x_1^2 + \varepsilon_2 x_2^2 + \varepsilon_3 x_3^2 + \varepsilon_4 x_4^2 = 0$$

transformiert werden, wo die Zahlen $\varepsilon_1, \ldots, \varepsilon_4$ nur die Werte -1, 0 oder $+1$ haben können. Diese Umformung gelingt mit Hilfe der Theorie von Pol und Polaren ebenso wie bei den C_2. Man nehme als Koordinatentetraeder ein Polartetraeder, in ihm ist jede Ecke der Pol der gegenüberliegenden Seitenfläche. Da diese Untersuchungen hier genau so verlaufen wie bei den C_2, brauchen wir nicht näher darauf einzugehen.

Die verschiedenen Werte der $\varepsilon_1 \ldots \varepsilon_4$ bestimmen Rang und Signatur der F_2, und danach ergibt sich folgende Klassifikation:

1. $r = 4$,   a) $s = 4$,   b) $s = 2$,   c) $s = 0$.

2. $r = 3$,   a) $s = 3$,   b) $s = 1$.

3. $r = 2$,   a) $s = 2$,   b) $s = 0$.

4. $r = 1$.

§ 2. Gerade Linien auf den F_2.

Es sollen alle F_2 angegeben werden, die Scharen von geraden Linien enthalten. Sie werden Regelflächen genannt. Diese Eigenschaft ist natürlich eine projektive. (Vgl. Abb. 61 und 64 und die Beschreibung am Schluß des Kapitels.)

a) Flächen vom Range 4.

Es seien $y_1 \ldots y_4$ und $z_1 \ldots z_4$ die Koordinaten zweier verschiedener Punkte, durch die die Gerade

$$x_i = y_i s + z_i t \qquad (i = 1, 2, 3, 4)$$

geht. Y möge auf der Fläche selbst liegen und Z auf der unendlich fernen Ebene. Wir setzen also $z_4 = 0$. Die Gleichung der Fläche muß identisch in s und t erfüllt sein, wenn x_i durch $y_i s + z_i t$ ersetzt wird. Also

$$\sum_{i=1}^{4} \varepsilon_i (y_i s + z_i t)^2 \equiv 0 .$$

Ist $s = 4$, so hat die Fläche keinen reellen Punkt, demnach auch keine reelle Gerade.

Ist $s = 2$, so kann $\varepsilon_1 = \varepsilon_2 = \varepsilon_3 = +1$, $\varepsilon_4 = -1$ genommen werden. Für das Verschwinden der Koeffizienten von s^2, st und t^2 erhält man folgende Gleichungen:

$$y_1^2 + y_2^2 + y_3^2 - y_4^2 = 0,$$
$$y_1 z_1 + y_2 z_2 + y_3 z_3 = 0,$$
$$z_1^2 + z_2^2 + z_3^2 = 0.$$

Die letzte Gleichung führt zu $z_1 = z_2 = z_3 = 0$. Da auch $z_4 = 0$ sein sollte, ist ein solcher Punkt Z nicht vorhanden, und es liegen auf dieser Fläche keine reellen Geraden.

Ist $s = 0$, so wird ε_3 in -1 abgeändert, und wir erhalten folgende Gleichungen:

$$y_1^2 + y_2^2 - y_3^2 - y_4^2 = 0,$$
$$y_1 z_1 + y_2 z_2 - y_3 z_3 = 0,$$
$$z_1^2 + z_2^2 - z_3^2 = 0.$$

Da Y auf der F_2 liegt, ist die erste Gleichung erfüllt. Die beiden anderen dienen zur Ermittlung von

$$z_1 : z_2 : z_3,$$

und es ist

$$y_1 z_1 + y_2 z_2 = y_3 \sqrt{z_1^2 + z_2^2}$$

eine quadratische Gleichung in $z_1 : z_2$. Daß auch immer zwei reelle Wurzeln vorhanden sind, werden die folgenden Betrachtungen ergeben. Es können also durch einen Punkt der F_2 höchstens zwei gerade Linien gehen, die ganz auf der Fläche liegen.

Für die weitere Untersuchung ist folgende Transformation zweckmäßig. Wir setzen

$$x_1' = x_1 - x_3, \qquad x_3' = x_4 - x_2,$$
$$x_2' = x_1 + x_3, \qquad x_4' = x_4 + x_2,$$

dann geht die Gleichung der Fläche

$$x_1^2 + x_2^2 - x_3^2 - x_4^2 = 0$$

über in

$$x_1' x_2' - x_3' x_4' = 0.$$

Wir lassen die Striche wieder fort und schreiben

$$x_1 x_2 - x_3 x_4 = 0$$

als allgemeine Gleichung einer Fläche vom Rang 4 und der Signatur 0. Durch

$$x_1 = x_3 \lambda \quad \text{und} \quad \lambda x_2 = x_4$$

wird ein Parameter λ eingeführt, dessen Elimination die Gleichung der Fläche ergibt. Jedem Punkt der Fläche entspricht ein Wert für λ, und jeder Punkt, dessen Koordinaten diese beiden Gleichungen erfüllen, ist ein Punkt der Fläche.

Jede der beiden Gleichungen stellt ein Ebenenbüschel dar. Weil die λ-Koordinate dieselbe ist, sind beide Büschel projektiv aufeinander bezogen. Alle Punkte der Spurgeraden zweier zugeordneter Ebenen erfüllen die Gleichung der F_2. Diese Gerade liegt also ganz auf der Fläche. Wir erhalten so, wenn λ verändert wird, eine Schar gerader Linien, die mit (g) bezeichnet werden soll. Zwei verschiedene Werte λ und λ' führen zu zwei windschiefen Geraden, weil das Gleichungssystem

$$x_1 = \lambda x_3, \quad x_1 = \lambda' x_3, \quad \lambda x_2 = x_4, \quad \lambda' x_2 = x_4$$

vom Range 4 ist.

In gleicher Weise läßt sich noch durch

$$x_1 = x_4\mu \quad \text{und} \quad \mu x_2 = x_3$$

eine zweite Schar angeben, die mit (h) bezeichnet werden möge. Sie besitzt die gleiche Eigenschaft wie (g).

Jede Gerade aus (g) ist von jeder Geraden aus (h) verschieden, und jede Gerade aus (g) schneidet jede Gerade aus (h). Denn das Gleichungssystem

$$x_1 = \lambda x_3, \quad \lambda x_2 = x_4, \quad x_1 = \mu x_4, \quad \mu x_2 = x_3$$

hat für jedes λ und μ eine und nur eine Lösung, weil die Koeffizientenmatrix

$$\begin{pmatrix} 1 & 0 & -\lambda & 0 \\ 0 & \lambda & 0 & -1 \\ 1 & 0 & 0 & -\mu \\ 0 & \mu & -1 & 0 \end{pmatrix}$$

unabhängig von λ und μ den Rang 3 besitzt. Eine nicht verschwindende dreireihige Unterdeterminante findet man, wenn die erste Zeile und zweite Spalte ausgelassen werden, und das Verschwinden der vierreihigen Determinante ist durch Ausrechnung leicht zu bestätigen.

Durch jeden Punkt der F_2 gehen also zwei Gerade, je eine aus (g) und je eine aus (h). Wir haben aber gezeigt, daß durch jeden Punkt der Fläche höchstens zwei auf der Fläche liegende Gerade gehen können, es sind also durch (g) und (h) alle Geraden der Fläche erfaßt.

b) **Flächen vom Range 3.**

Hier kommen nur Flächen von der Signatur 1 in Frage. Sie haben die Gleichung

$$x_1^2 + x_2^2 = x_3^2.$$

Wir wollen die Wiederholung der vorher durchgeführten Untersuchung auf den vorliegenden Fall dem Leser überlassen. Das Ergebnis ist folgendes:

Wenn Y von $(0; 0; 0; 1)$ verschieden ist, hat die quadratische Gleichung, die zur Ermittlung der Flächengeraden dient, eine Doppelwurzel. Es geht also durch jeden Punkt nur eine Flächengerade. Im Falle $(0; 0; 0; 1)$ ist die quadratische Gleichung identisch erfüllt, und es gehen durch diesen Punkt, der ein singulärer Punkt ist, unendlich viele Gerade der Fläche.

Die vorher genannten Scharen (g) und (h) fallen hier in eine zusammen; denn nach der Umformung

$$x_1 = x_1', \qquad x_3 - x_2 = x_2', \qquad x_3 + x_2 = x_3'$$

geht die Gleichung über in

$$x_2 x_3 - x_1^2 = 0,$$

wo die Striche wieder weggelassen sind. Die beiden Ebenenbüschel haben die Gleichung

$$x_2 = \lambda x_1 \quad \text{und} \quad \lambda x_3 = x_1.$$

Die Spurgeraden je zweier zugeordneter Ebenen ergeben alle Gerade der F_2, die sich alle in $(0; 0; 0; 1)$ schneiden.

§ 3. Metrische Klassifikation der F_2.

Statt der homogenen Koordinaten $x_1 \ldots x_4$ werden im folgenden Cartesische Koordinaten x, y, z gebraucht.

$$(x \ y \ z \ 1) \, \mathfrak{A} \begin{pmatrix} x \\ y \\ z \\ 1 \end{pmatrix} = 0$$

ist die Gleichung der Fläche. $\mathfrak{A} = (a_{ik})$ ist vierreihig und symmetrisch. Die quadratischen Glieder werden durch die Matrix

$$\mathfrak{A}_{44} = \begin{pmatrix} a_{11} & a_{12} & a_{13} \\ a_{21} & a_{22} & a_{23} \\ a_{31} & a_{32} & a_{33} \end{pmatrix}$$

bestimmt. Auf diese wird die Hauptachsentransformation angewendet und durch Drehung des Koordinatensystems auf die Diagonalform gebracht. Nach dieser Umformung lautet die Gleichung der Fläche:

$$\lambda_1 x^2 + \lambda_2 y^2 + \lambda_3 z^2 + 2 a_{14} x + 2 a_{24} y + 2 a_{34} z + a_{44} = 0.$$

Die Bezeichnung der Koeffizienten für die linearen Glieder ist beibehalten worden, obwohl sie bei der Drehung verändert worden sind. Die $\lambda_1, \lambda_2, \lambda_3$ sind die Eigenwerte der Matrix $\mathfrak{A}_{44}$.

Sind diese alle von Null verschieden, so kann durch Parallelverschiebung erreicht werden, daß auch die linearen Glieder wegfallen, und die

Gleichung erhält die Form

$$\lambda_1 x^2 + \lambda_2 y^2 + \lambda_3 z^2 + \lambda_4 = 0.$$

(Beachte, daß $\lambda_1 \ldots \lambda_4$ nicht die Eigenwerte von $\mathfrak{A}$ sind.)

a) Flächen vom Range 4.

Wenn alle $\lambda_i \neq 0$ sind, unterscheiden wir nach den Vorzeichen dieser Größen folgende Fälle:

1. $\dfrac{x^2}{a^2} + \dfrac{y^2}{b^2} + \dfrac{z^2}{c^2} + 1 = 0$ imaginäres Ellipsoid $\qquad r = 4, \quad s = 4,$

2. $\dfrac{x^2}{a^2} + \dfrac{y^2}{b^2} + \dfrac{z^2}{c^2} = 1$ Ellipsoid $\qquad r = 4, \quad s = 2,$

3. $\dfrac{x^2}{a^2} + \dfrac{y^2}{b^2} - \dfrac{z^2}{c^2} = 1$ einschaliges Hyperboloid $\quad r = 4, \quad s = 0,$

4. $\dfrac{x^2}{a^2} - \dfrac{y^2}{b^2} - \dfrac{z^2}{c^2} = 1$ zweischaliges Hyperbolid $\quad r = 4, \quad s = 2.$

Der Fall $\lambda_1 > 0$, $\lambda_2 > 0$, $\lambda_3 = 0$ ermöglicht es, durch Parallelverschiebung der Gleichung folgende Form zu geben:

5. $\dfrac{x^2}{p} + \dfrac{y^2}{q} = 2z$ $(p, q > 0)$ elliptisches Paraboloid $\quad r = 4, s = 2,$

6. $\dfrac{x^2}{p} - \dfrac{y^2}{q} = 2z$ $(p, q > 0)$ hyperbolisches Paraboloid $\quad r = 4, s = 0.$

Um bei 5. und 6. Rang und Signatur zu ermitteln, gehen wir wieder zu homogenen Koordinaten über und transformieren auf die kanonische Form. Für das elliptische Paraboloid

$$q\, x_1^2 + p\, x_2^2 = 2p\, q\, x_3\, x_4$$

erhält man durch

$$x_1 = x_1', \qquad x_2 = x_2', \qquad x_3 = x_3' + x_4', \qquad x_4 = x_3' - x_4'$$

die Form

$$q\, x_1'^2 + p\, x_2'^2 + 2p\, q\, x_3'^2 - 2p\, q\, x_4'^2 = 0.$$

Da p und q positiv sind, tritt nur ein negatives Glied auf, also ist $s = 2$.

Wird q durch $-q$ ersetzt, dann enthält die letzte Gleichung zwei negative und zwei positive Glieder, also hat das hyperbolische Paraboloid die Signatur $s = 0$.

Bei den sechs metrisch verschiedenen Flächen zweiter Ordnung vom Range 4 sind das Ellipsoid, das zweischalige Hyperboloid und das elliptische Paraboloid projektiv nicht verschieden, weil sie gleichen Rang und gleiche Signatur haben. Ebenfalls sind die beiden Regelflächen, nämlich das einschalige Hyperboloid und das hyperbolische Paraboloid, projektiv aufeinander abbildbar, denn für beide ist $r = 4$ und $s = 0$.

Wir bringen noch eine Eigenschaft der Flächengeraden des einschaligen Hyperboloids. Die im vorigen Paragraphen mit (g) bezeichnete Schar wird durch die Ebenenbüschel

$$\frac{x}{a} - \frac{z}{c} = \lambda\left(1 - \frac{y}{b}\right) \quad \text{und} \quad \lambda\left(\frac{x}{a} + \frac{z}{c}\right) = 1 + \frac{y}{b}$$

erzeugt. Nehmen wir statt des Hyperboloids den Asymptotenkegel

$$\frac{x^2}{a^2} + \frac{y^2}{b^2} - \frac{z^2}{c^2} = 0\,,$$

so lauten die Gleichungen der beiden entsprechenden Ebenenbüschel

$$\frac{x}{a} - \frac{z}{c} = -\lambda\,\frac{y}{b} \quad \text{und} \quad \lambda\left(\frac{x}{a} + \frac{z}{c}\right) = \frac{y}{b}\,.$$

Nun ist jede Gerade aus (g) der demselben λ entsprechenden Geraden des Kegels parallel. Denn die Ebenen

$$\frac{x}{a} - \frac{z}{c} = \lambda\left(1 - \frac{y}{b}\right) \quad \text{und} \quad \frac{x}{a} - \frac{z}{c} = -\lambda\,\frac{y}{b}\,,$$

ebenso die beiden anderen Ebenen

$$\lambda\left(\frac{x}{a} + \frac{z}{c}\right) = 1 + \frac{y}{b} \quad \text{und} \quad \lambda\left(\frac{x}{a} + \frac{z}{c}\right) = \frac{y}{b}$$

sind parallel. Das gleiche gilt also auch für die Spurgeraden. Für den Kegel fallen aber die den Scharen (g) und (h) entsprechenden Scharen in eine zusammen. Somit gilt

Satz 1: *Jede Gerade aus (g) des Hyperboloids ist einer Geraden aus (h) und einer Geraden auf dem Mantel des Asymptotenkegels parallel.*

b) Flächen vom Range 3.

Wir gehen wieder von der Gleichung

$$\lambda_1 x^2 + \lambda_2 y^2 + \lambda_3 z^2 + 2a_{14} x + 2a_{24} y + 2a_{34} z + a_{44} = 0$$

aus. Sind die Eigenwerte λ_i der Matrix $\mathfrak{A}_{44}$ alle von Null verschieden, so können $a_{14} = a_{24} = a_{34} = 0$ gesetzt werden, und weil der Rang 3 ist, kann kein konstantes Glied mehr bleiben, also ist

$$\lambda_1 x^2 + \lambda_2 y^2 + \lambda_3 z^2 = 0$$

die Gleichung dieser Flächen. Nach den Vorzeichen der Eigenwerte haben wir

7. $\quad \dfrac{x^2}{a^2} + \dfrac{y^2}{b^2} + \dfrac{z^2}{c^2} = 0\,, \quad$ imaginärer Kegel $\quad r = 3,\ s = 3.$

Die Fläche hat nur einen reellen Punkt $(0;0;0)$

8. $\quad \dfrac{x^2}{a^2} + \dfrac{y^2}{b^2} - \dfrac{z^2}{c^2} = 0\,, \quad$ elliptischer Kegel $\quad r = 3,\ s = 1.$

Ist ein Eigenwert, etwa $\lambda_3 = 0$, so erhalten wir die Form

$$\lambda_1 x^2 + \lambda_2 y^2 + 2a_{34} z + a_{44} = 0\,.$$

Wäre $a_{34} \neq 0$, so hätten wir ein Paraboloid, und es wäre $r = 4$. Also ist $a_{34} = 0$ und $a_{44} \neq 0$. Es ergibt sich entweder

$$9. \quad \frac{x^2}{a^2} + \frac{y^2}{b^2} = 1, \quad \text{elliptischer Zylinder} \qquad r = 3,\, s = 1,$$

oder

$$10. \quad \frac{x^2}{a^2} - \frac{y^2}{b^2} = 1, \quad \text{hyperbolischer Zylinder} \quad r = 3,\, s = 1.$$

Schließlich können λ_2 und λ_3 beide verschwinden. Dann wird die Fläche zunächst in der Form

$$\lambda_1 x^2 + 2 a_{24} y + 2 a_{34} z + a_{44} = 0$$

dargestellt.

Wir drehen das Koordinatensystem um die X-Achse und setzen

$$y = y' \cos\varphi - z' \sin\varphi,$$
$$z = y' \sin\varphi + z' \cos\varphi.$$

Da wegen $r = 3$ die Größen a_{24} und a_{34} nicht beide verschwinden können, ist φ durch die Gleichung

$$- a_{24} \sin\varphi + a_{34} \cos\varphi = 0$$

bestimmt. Das Glied mit z' fällt dann fort, und durch Parallelverschiebung wird noch das konstante Glied weggebracht. Danach vereinfacht sich die Gleichung auf die Form

$$11. \quad x^2 = 2 p y \quad \text{parabolischer Zylinder} \qquad r = 3,\, s = 1.$$

Daß $s = 1$ ist, erkennt man wieder, wenn die homogene Form

$$x_1^2 = 2 p\, x_2\, x_4$$

benutzt wird und

$$x_2 = x_2' + x_4', \qquad x_4 = x_2' - x_4'$$

gesetzt werden.

Der elliptische Kegel, der elliptische, hyperbolische und parabolische Zylinder sind also projektiv nicht verschieden, denn für alle ist $r = 3$ und $s = 1$.

Die gleiche Untersuchung für die F_2 vom Range 2 und 1 durchzuführen, erübrigt sich, es wird auf die Aufzählung in IB § 17 verwiesen

§ 4. Kreisschnitte.

Im folgenden sollen alle F_2 angegeben werden, auf denen Kreise liegen; dabei werden auch alle Ebenen ermittelt, die die F_2 in Kreisen schneiden. Solche Schnitte werden Kreisschnitte genannt. Zuerst sind einige Betrachtungen über ähnliche C_2 vom Range 3 durchzuführen.

Zwei Parabeln $y^2 = 2 p x$ und $y^2 = 2 q x$ sind immer ähnlich; denn durch die Ähnlichkeitstransformation

$$x = \frac{p}{q} x' \quad \text{und} \quad y = \frac{p}{q} y'$$

geht die erste Parabel in die zweite über. Für Ellipse und Hyperbel gilt folgender

Satz 2:
$$\lambda_1 x^2 + \lambda_2 y^2 + \lambda_3 = 0,$$
$$\mu_1 x^2 + \mu_2 y^2 + \mu_3 = 0$$

sind ähnlich, wenn

$$\lambda_1 : \lambda_2 = \mu_1 : \mu_2$$

ist.

Beweis: Es sei $\lambda_1 > 0$, $\lambda_2 \gtrless 0$, $\lambda_3 < 0$, ebenso $\mu_1 > 0$, $\mu_2 \gtrless 0$, $\mu_3 < 0$. Wir setzen

$$x = \alpha x', \qquad y = \alpha y' \quad \text{mit} \quad \alpha = \sqrt{\frac{\mu_1 \lambda_3}{\mu_3 \lambda_1}} = \sqrt{\frac{\mu_2 \lambda_3}{\mu_3 \lambda_2}}.$$

Dann geht die erste Kurve in die zweite über.

Liegen die Gleichungen der Kurven in allgemeiner Form vor, so sind die Größen λ_1 und λ_2 durch die Koeffizienten der quadratischen Glieder allein bestimmt. Wenn diese im einen Falle mit a_{11}, $2 a_{12}$, a_{22} und im anderen mit b_{11}, $2 b_{12}$, b_{22} bezeichnet werden, so folgt aus

$$a_{11} : a_{12} : a_{22} = b_{11} : b_{12} : b_{22}$$

die Ähnlichkeit beider Kurven. Denn diese Proportion läßt sich leicht in Gleichheit der betreffenden Koeffizienten umwandeln, woraus sich auch die Übereinstimmung der Eigenwerte ergibt.

Satz 3: *Wird eine F_2 durch eine Schar paralleler Ebenen geschnitten, so sind die Schnittkurven ähnliche Kurven zweiter Ordnung.*

Beweis: Das Koordinatensystem werde so gedreht, daß die Schar der schneidenden Ebenen der XY-Ebene parallel wird. Sie werden durch die Gleichung $z = \gamma$ dargestellt. Setzt man diesen konstanten Wert für z in die Gleichung der Fläche ein, so erhält man die Gleichung der Schnittfigur, projiziert auf die XY-Ebene. Weil die Koeffizienten der quadratischen Glieder von z unabhängig sind, haben sie für alle γ dieselben Werte. Daher sind die Schnittkurven ähnlich.

Wir untersuchen die Kreisschnitte auf den Mittelpunktsflächen

$$A x^2 + B y^2 + C z^2 = 1.$$

(Vgl. hierzu die Abbildungen 60 bis 64, für die eine Beschreibung am Schluß des Kapitels gegeben wird.)

Wenn ein Kreisschnitt vorhanden ist, ist auch ein solcher durch den Mittelpunkt vorhanden, weil die schneidende Ebene parallel verschoben werden kann. Ist die Fläche eine Rotationsfläche, so müssen zwei der Koeffizienten A, B, C einander gleich sein. Ist etwa $A = B$, so ist jede zur XY-Ebene parallele Ebene ein Kreisschnitt. Daß es in diesem Falle keine anderen gibt, geht aus den folgenden Betrachtungen hervor.

Ist die durch 0 gehende Ebene von jeder der drei Koordinatenebenen verschieden, so ergibt sich ein zweiter Kreisschnitt, indem der erste an einer der Koordinatenebenen gespiegelt wird. Diese beiden Kreise haben denselben Mittelpunkt und denselben Radius. Sie bestimmen also eine Kugel, die diese beiden als Größtkreise enthält.

Die gesuchten Schnitte sind also dann gefunden, wenn der Radius dieser Kugel bekannt ist, und sie erscheinen dann als die in zwei Ebenen liegenden Schnittfiguren der Kugel mit der F_2.

Wir setzen

$$K \equiv x^2 + y^2 + z^2 - \varrho^2,$$

$$F \equiv A x^2 + B y^2 + C z^2 - 1$$

Hieraus bilden wir

$$F - \lambda K = 0.$$

Diese Gleichung stellt für jedes λ eine F_2 dar, die durch alle gemeinsamen Punkte der beiden Flächen $F = 0$ und $K = 0$ geht.

Es kommt jetzt darauf an, λ und ϱ so zu bestimmen, daß die Fläche

$$F - \lambda K \equiv (A - \lambda)\, x^2 + (B - \lambda)\, y^2 + (C - \lambda) z^2 - 1 + \varrho^2 \lambda = 0$$

in zwei Ebenen zerfällt. Dann müssen die Schnitte Kreise sein, weil sie die gemeinsamen Punkte je einer der Ebenen mit der Kugel enthalten. Die Fläche

$$F - \lambda K = 0$$

muß also vom Range 2 sein. λ ist daher gleich einer der Größen A, B oder C. Außerdem muß

$$1 - \varrho^2 \lambda = 0$$

sein.

Nehmen wir

$$A < B < C$$

an, dann führt $\lambda = A$ und $\varrho^2 = \dfrac{1}{\lambda}$ zu

$$(B - A)\, y^2 + (C - A) z^2 = 0.$$

Weil $B - A$ und $C - A$ positiv sind, ist diese Gleichung ein Paar imaginärer Ebenen, und daran ändert sich auch nichts, wenn die Ebenen parallel verschoben werden. Auch $\lambda = C$ ergibt imaginäre Schnittebenen. Es bleibt nur

$$\lambda = B.$$

Dann sind

$$x \pm z\, \sqrt{\frac{C - B}{B - A}} = 0$$

die Gleichungen der beiden gesuchten Ebenen, und die Schar der zu diesen parallelen Ebenen ist durch

$$x + z\, \sqrt{\frac{C - B}{B - A}} = t \quad \text{und} \quad x - z\, \sqrt{\frac{C - B}{B - A}} = s$$

gegeben, wo s und t alle Werte durchlaufen. Alle diese Ebenen sind der Y-Achse parallel. Die Betrachtungen gelten

1. für das dreiachsige Ellipsoid $\qquad 0 < A < B < C$,
2. für das einschalige Hyperboloid $\qquad A < O < B < C$,
3. für das zweischalige Hyperboloid $\qquad A < B < O < C$.

Für die durch den Mittelpunkt gehende Ebene ist der Radius der vorher erwähnten Kugel, der zugleich der Radius des Schnittkreises ist,

$$\varrho = \sqrt{\frac{1}{B}}\,.$$

Er ist im ersten und zweiten Falle reell, im dritten imagnär. Die Ebenen durch den Nullpunkt haben also in diesem Falle keinen reellen Schnittpunkt mit dem Hyperboloid, sondern müssen erst parallel verschoben werden. Das ändert natürlich nichts daran, daß die Schnittfiguren der reellen Schnitte den imaginären ähnlich, also Kreise sind.

Unter der Schar der parallelen Kreisschnitte sind solche ausgezeichnet, die die F_2 berühren. Die Berührungspunkte heißen **Kreispunkte** oder **Nabelpunkte**. Beim dreiachsigen Ellipsoid und beim zweischaligen Hyperboloid sind, sofern keine Rotationskörper vorliegen, vier Kreispunkte vorhanden. Beim einschaligen Hyperboloid existiert keine reelle, zu den Kreisschnitten parallele Tangentialebene, wie man anschaulich leicht erkennt.

Für einen Rotationskörper ist $A = B$ oder $B = C$. Die Gleichung

$$F - \lambda K = 0$$

zerfällt dann für $\lambda = B$ und ϱ beliebig in zwei zur XY-Ebene bzw. YZ-Ebene parallele Ebenen. Es gibt also hier keine anderen Kreisschnitte als solche, die auf der Rotationsachse senkrecht stehen.

Auch ein elliptischer Kegel

$$A x^2 + B y^2 + C z^2 = 0$$

hat Kreisschnitte.

Wendet man hier die gleichen Überlegungen an wie bei den anderen Mittelpunktsflächen, so ergeben sich für die Gleichungen der Schnittebenen dieselben wie vorher. Nur wird hier

$$\varrho = 0,$$

weil die durch den Nullpunkt gehende Ebene den Mantel nur in diesem Punkte trifft. Die parallelen Ebenen bilden aber wirkliche Kreisschnitte.

Die Ebenen, die den Asymptotenkegel eines Hyperboloids in Kreisen schneiden, sind die gleichen, die auch mit der Fläche Kreise bilden.

Die Kreisschnitte eines elliptischen Zylinders zu finden, kann dem Leser überlassen bleiben.

Die Lösung der gleichen Aufgabe für die Paraboloide müssen wir etwas anders ansetzen, weil diese Flächen keinen Mittelpunkt besitzen. Wir nehmen die Gleichungen in der Form

$$F = A x^2 + B y^2 - 2z = 0 \quad \text{und} \quad A < B.$$

Die XZ- und YZ-Ebene sind Symmetrieebenen. Nur wenn die schneidende Ebene auf der Z-Achse senkrecht steht, führt eine Spiegelung an einer der genannten Ebenen zu keiner neuen Schnittfigur. In diesem Falle würden aber Ellipsen ausgeschnitten, die wegen $A < B$ keine Kreise sein können. Für jeden anderen Schnitt gibt es eine symmetrisch gelegene Schnittfigur, die einen von dem ersten verschieden liegenden, aber sonst gleichen Kreis darstellt. Wir verlegen beide Ebenen parallel durch den Nullpunkt. Beide Kreise liegen dann auf einer Kugel durch den Nullpunkt, deren Mittelpunkt sich auf der Z-Achse befindet. Ihre Gleichung sei

$$K \equiv x^2 + y^2 + z^2 - 2\gamma z = 0.$$

Nun sind λ und γ so zu wählen, daß

$$F - \lambda K = (A - \lambda) x^2 + (B - \lambda) y^2 - \lambda z^2 - 2z + 2\gamma \lambda z = 0$$

in ein Ebenenpaar zerfällt.

Das ist der Fall, wenn

$$\gamma \lambda = 1 \quad \text{und} \quad A - \lambda = 0 \quad \text{oder} \quad B - \lambda = 0$$

ist. Für das elliptische Paraboloid

$$0 < A < B$$

ergibt $\lambda = A$, $\gamma = \dfrac{1}{A}$ ein reelles Ebenenpaar. Für das hyperbolische Paraboloid ist weder das Ebenenpaar $\lambda = A$ noch $\lambda = B$ reell, doch können auch hier reelle, aber uneigentliche Kreisschnitte nachgewiesen werden, wie nicht weiter ausgeführt werden soll.

Erläuterungen zu den Abbildungen 60 bis 64.

Abb. 60 zeigt das reelle Ellipsoid. Es sind die drei in den Koordinatenebenen liegenden Ellipsen gezeichnet und aus jeder Schar paralleler Kreisschnitte je drei Kreise, von diesen geht je einer durch den Mittelpunkt, und die beiden anderen liegen in der Nähe der Nabelpunkte N, N', N_1, N_1'. Die Verbindungen NN' und $N_1 N_1'$ sind zwei konjugierte Durchmesser der in der XZ-Ebene liegenden Ellipse.

Abb. 61 stellt das einschalige Hyperboloid dar. Es sind die in den Koordinatenebenen liegenden C_2 zu erkennen, nämlich zwei Hyperbeln und eine Ellipse. Ferner sind zwei zueinander symmetrisch liegende Kreisschnitte gezeichnet, die der Y-Achse parallel sind. Auf der Fläche liegen zwei Geradenscharen (g) und (h) Die drei Geraden g_1, g_2, g_3

aus (g) schneiden die drei Geraden h_1, h_2, h_3 aus (h) in neun Punkten, die in der Zeichnung kenntlich gemacht sind.

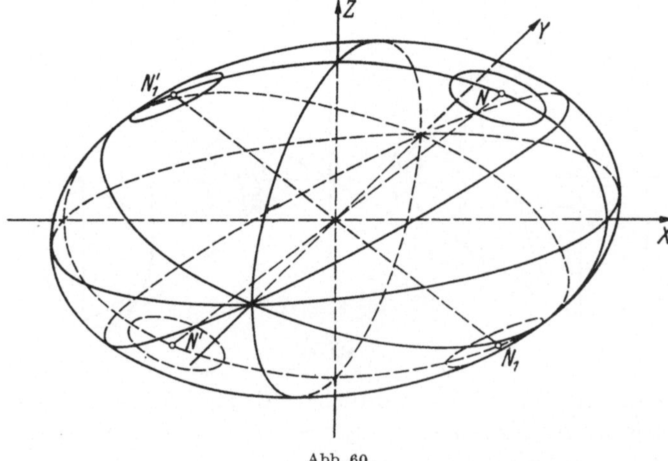

Abb. 60.

Abb. 62 zeigt das zweischalige Hyperboloid. Auch hier erkennt man die in den Koordinatenebenen liegenden Hyperbeln. Die Fläche, die

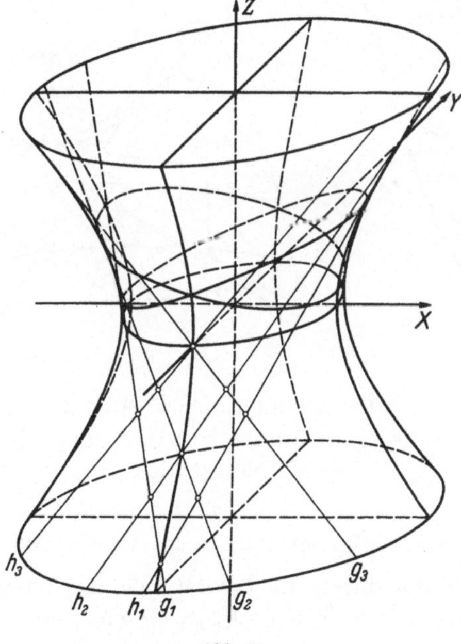

Abb. 61.

sich ins Unendliche ausdehnt, wird von zwei der YZ-Ebene parallelen Ebenen begrenzt. Wie beim Ellipsoid sind die vier Nabelpunkte kenntlich gemacht und vier Kreisschnitte gezeichnet, von denen je zwei symmetrisch zur XY-Ebene liegen.

Abb. 63 zeigt das elliptische Paraboloid. Auch hier wird die Fläche

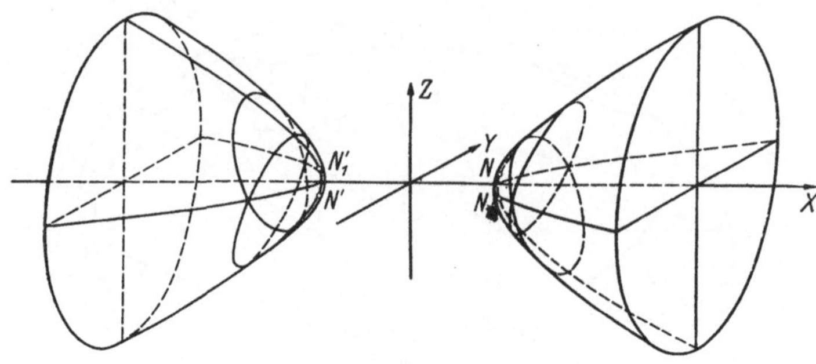

Abb. 62.

von einer zur XY-Ebene parallelen Ebene begrenzt. Es sind zwei symmetrisch zur XZ-Ebene gelegene Kreisschnitte zu erkennen und die beiden Nabelpunkte N und N_1.

Abb. 64 zeigt das hyperbolische Paraboloid. Die unendliche Fläche wird wie vorher durch drei Ebenen begrenzt. Eigentliche

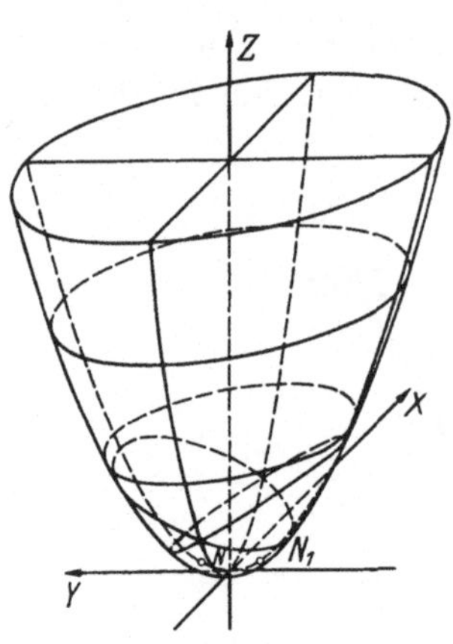

Abb. 63.

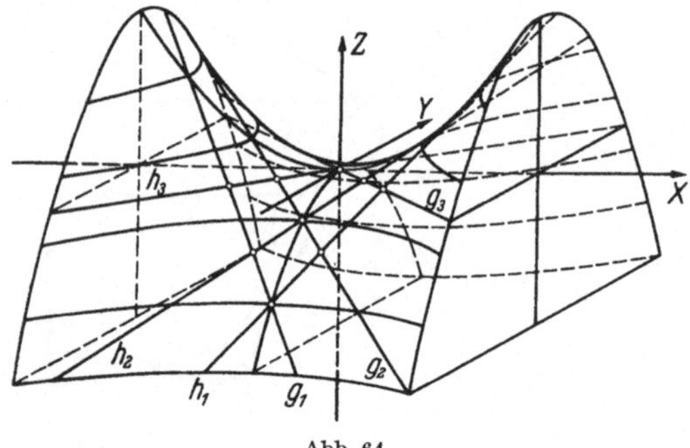

Abb. 64.

Kreisschnitte sind nicht vorhanden. Aus jeder der Geradenscharen (g) und (h) sind wieder je drei Geraden mit ihren neun Schnittpunkten gezeichnet. Beachte auch den Nullpunkt als Sattelpunkt.

§ 5. Aufgaben zum sechsten Kapitel.

1. Die Ebene, die durch die beiden Flächengeraden eines Punktes einer F_2 bestimmt ist, berührt die F_2 in diesem Punkte.

2. Der Ort der Spitzen aller Kegel, die das Ellipsoid mit den Halbachsen $a^2 > b^2 > c^2$ in Kreisen berühren, ist

$$y = 0, \qquad xc\sqrt{b^2 - c^2} = za\sqrt{a^2 - b^2}.$$

3. Es soll der Ort aller Punkte angegeben werden, von denen aus die Ellipse

$$\frac{x^2}{a^2} + \frac{y^2}{b^2} = 1 \quad \text{mit} \quad a^2 > b^2$$

als Kreis erscheint.

Anleitung: Wie aus dem Satz von den DANDELINschen Kugeln hervorgeht (vgl. IB § 24 Nr. 22), muß die Spitze eines solchen Kegels in der XZ-Ebene liegen. Damit ist die Aufgabe auf folgende zurückgeführt: Von einem Dreieck sind zwei Ecken $(\pm\, a;\, 0)$ und der Berührungspunkt des Inkreises $(e;\, 0)$, $e = \sqrt{a^2 - b^2}$ gegeben. Gesucht ist der Ort für die dritte Ecke des Dreiecks.

Lösung:

$$\frac{x^2}{a^2 - b^2} - \frac{z^2}{b^2} = 1\,.$$

Umgekehrt wird diese Hyperbel von den Punkten der gegebenen Ellipse aus als Kreis gesehen.

4. Gegeben sind drei Geraden

$$g_1 : \begin{matrix} y = 1 \\ z = -1 \end{matrix}\,, \quad g_2 : \begin{matrix} x = -1 \\ z = 1 \end{matrix} \quad \text{und} \quad g_3 : \begin{matrix} x = 1 \\ y = -1 \end{matrix}\,.$$

Es ist zu zeigen, daß alle Geraden, die g_1, g_2 und g_3 zugleich treffen, ein einschaliges Hyperboloid bilden.

5. Ein Punkt P der Geraden $\dfrac{x}{p} + \dfrac{z}{q} = 1$, $y = 0$ wird mit O verbunden. OP wird eine veränderliche Halbachse einer Ellipse, deren zweite Halbachse fest auf der Y-Achse liegt und gleich b ist, so daß die Ebene dieser Ellipse auf der XZ-Ebene senkrecht steht. Was für eine Fläche wird von dem Umfang der Ellipse erzeugt, wenn P auf der Geraden wandert, und welches ist ihre Gleichung?

6. Wann ist eine F_2 eine Drehfläche?

Dazu ist notwendig und hinreichend, daß die Matrix $\mathfrak{A}_{44}$ (vgl. § 3) zwei einander gleiche, von Null verschiedene Eigenwerte λ_0 besitzt, oder Rang $(\mathfrak{A}_{44} - \lambda_0 \mathfrak{E}) = 1$. Hieraus sind folgende Bedingungen für die Elemente von $\mathfrak{A}_{44}$ herzuleiten:

I. a_{12}, a_{13}, a_{23} seien alle von Null verschieden. Dann ist

$$\lambda_0 = \frac{a_{11} a_{23} - a_{12} a_{13}}{a_{23}} = \frac{a_{22} a_{13} - a_{12} a_{23}}{a_{13}} = \frac{a_{33} a_{12} - a_{13} a_{23}}{a_{12}}\,,$$

II. Wenn eine der drei Größen a_{ik} $(i \neq k)$ verschwindet, muß auch noch eine zweite gleich Null sein, und man erhält

$$a_{12} = a_{13} = 0, \quad \lambda_0 = a_{11} \neq 0, \quad (a_{22} - a_{11})(a_{31} - a_{11}) = a_{23}^2$$

bzw. entsprechende Gleichungen mit anderer Anordnung der Indizes.

III. Sind alle $a_{ik} = 0$ $(i \neq k)$, so müssen in der Hauptdiagonale zwei gleiche, von Null verschiedene Elemente vorkommen.

7. Der Ort aller Punkte, von denen aus der an das dreiachsige Ellipsoid gelegte Berührungskegel ein Rotationskegel wird, ist, sofern man nur reelle Kegel zulassen will, die **Fokalhyperbel**

$$\frac{x^2}{a^2 - b^2} - \frac{z^2}{b^2 - c^2} = 1, \quad y = 0.$$

Anleitung: Man wende das Ergebnis der vorigen Aufgabe auf die Gleichung des Tangentialkegels (IB § 21) an. Es ist z. B.

$$a_{11} = \frac{1}{a^2}\left(P - \frac{x_0^2}{a^2}\right).$$

Eine zyklische Vertauschung von a^2, b^2 und c^2 ergibt die beiden anderen Fokalkurven, von denen aus keine reellen Tangentialkegel an das Ellipsoid gelegt werden können:

$$\frac{x^2}{a^2 - c^2} + \frac{y^2}{b^2 - c^2} = 1, \quad z = 0 \text{ (Fokalellipse)},$$

$$\frac{y^2}{b^2 - a^2} + \frac{z^2}{c^2 - a^2} = 1, \quad x = 0 \text{ (ein imaginärer Kegelschnitt)}.$$

Beide führen auf imaginäre Tangentialkegel. Die Brennpunkte der Fokalellipse sind die Scheitel der Fokalhyperbel und umgekehrt.

Im Zusammenhang mit dem letzten Beispiel sei noch folgendes erwähnt:

$$\frac{x^2}{a^2 + s} + \frac{y^2}{b^2 + s} + \frac{z^2}{c^2 + s} = 1$$

bedeutet für $s = -\infty$ bis $+\infty$ eine Schar von **konfokalen Mittelpunktsflächen** zweiter Ordnung, die folgendermaßen eingeteilt sind:

$-\infty < s < -a^2$		imaginäre F_2,
$s = -a^2,$	$x = 0$	die imaginäre Fokalkurve,
$-a^2 < s < -b^2$		zweischalige Hyperboloide,
$s = -b^2,$	$y = 0$	die Fokalhyperbel,
$-b^2 < s < -c^2$		einschalige Hyperboloide,
$s = -c^2,$	$z = 0$	die Fokalellipse,
$-c^2 < s < +\infty$		Ellipsoide.

Durch jeden Punkt des Raumes gehen je ein Ellipsoid, ein einschaliges und ein zweischaliges Hyperboloid, die paarweise aufeinander senkrecht stehen. Alle diese Flächen haben dieselben Fokalkurven. Das Ergebnis des vorigen Beispiels erhält somit folgende allgemeinere Bedeutung: Die Fokalkurven geben die Spitzen aller Drehkegel, die jeder Fläche der konfokalen Schar umbeschrieben werden können.

Weiter sei noch ohne Beweis erwähnt, daß die Achsen dieser Kegel zugleich die Tangenten der Fokalkuiven sind.

Sachverzeichnis.

Die Zahlen geben die Seiten an.